浮体式航天器动力学与控制

张 伟 著

科 学 出 版 社
北 京

内 容 简 介

本书面向大型复杂航天器高精度控制问题，提出一类新概念航天器——浮体式航天器，并系统阐述了其总体设计与控制方法，主要内容包括浮体式航天器的定义及设计要点、运动控制建模、整体稳定控制和主从协同控制系统设计等。

本书可作为高等院校自动控制、飞行器设计等专业的本科生及研究生的教材，亦可作为工程技术人员在航天器总体设计与控制系统设计研究中的参考用书。

图书在版编目(CIP)数据

浮体式航天器动力学与控制 / 张伟著. —北京：科学出版社，2022. 11

ISBN 978-7-03-073339-9

Ⅰ. ①浮… Ⅱ. ①张… Ⅲ. ①航天器—飞行力学②航天器—飞行控制 Ⅳ. ①V412. 4②V525

中国版本图书馆 CIP 数据核字(2022)第 184580 号

责任编辑：徐杨峰 / 责任校对：谭宏宇
责任印制：黄晓鸣 / 封面设计：殷 靓

科学出版社 出版
北京东黄城根北街 16 号
邮政编码：100717
http：//www. sciencep. com
南京展望文化发展有限公司排版
苏州市越洋印刷有限公司印刷
科学出版社发行 各地新华书店经销

*

2022 年 11 月第 一 版 开本：B5(720×1000)
2022 年 11 月第一次印刷 印张：11
字数：178 000

定价：100.00 元

(如有印装质量问题，我社负责调换)

序

人造地球卫星是指环绕地球飞行的无人航天器。卫星一般由有效载荷与平台两大部分组成。有效载荷具体负责实施对地遥感与探测等特定任务，而平台则为有效载荷正常工作提供必要的保障与服务，负责卫星环绕地球稳定运行。

在轨指向精度和稳定度是保证有效载荷正常有效开展工作最核心的技术指标之一。传统上，由于总体设计的原因，尤其是构型与结构设计的原因，载荷的在轨指向精度和稳定度一直是由平台姿态控制系统负责保证的。随着航天任务需求的不断提升与技术的不断进步，航天器的规模越来越大，挠性越来越强，内外部干扰越来越复杂和严重，使得姿态控制系统精度和稳定度的提升成为了总体设计的难点和关键。尤其是近二十年来，随着载荷分辨率水平的不断提升，载荷对指向精度与稳定度的需求急剧提升，因此结构挠性振动与微振动等现象对载荷成像质量的影响问题变得愈发不容忽视。但由于传统姿态控制系统的设计对微振动的抑制能力有限，从而使得微振动对载荷指向精度，尤其是稳定度的影响，成为长期以来难以克服的瓶颈，严重制约了载荷成像质量的提升。

针对这一时代性的挑战和工程亟须解决的问题，该书作者创新性地提出了一类新概念航天器——浮体式航天器，并与研究团队深入开展了相关的总体设计与力学建模研究，形成了一套全新的非接触浮体式总体设计方法，其中控制系统的设计方法与现有设计和传统设计迥然不同。作者及其研究团队在开展了深入的理论研究以及工程实践验证基础上，形成了浮体式航天器“非接触整体稳定控制”“非接触主从协同控制”新方法，以及与之相应的非接触控制系统的闭环稳定性新理论，为有效解决航天器姿态与有效载荷指向控制的困难与矛盾、实现有效载荷的高精度高稳定度指向控制开辟了一条崭新的途径，为新时代航天技术的发展做出了积极的贡献。

该书作者及其研究团队长期工作在航天器设计与研制的工程一线，该书成果即是他们在多年来的设计实践经验和理论研究成果基础上提炼而成的。其内容真实地反映了当前我国航天器总体设计，尤其是构型及控制系统工程设计的时代需求和发展趋势，属于航天器总体与控制领域的前沿研究重点方向之一。书中所谈及的浮体式非接触航天器构型设计、双六自由度一般运动方程与整体运动控制模型、非接触稳定控制新概念和新方法，以及非接触控制系统的闭环稳定性理论等内容属首次提出，可为我国航天器总体设计、高性能航天器控制系统的设计与实践提供有益参考。

相信该书的出版一定会对提升我国航天器的设计水平起到积极的推动作用。

2021 年 12 月

前　言

“反者,道之动。”

当沿着传统的思维和方法,竭尽所能而不能最终很好地解决问题的时候,最好的办法就是换个完全相反的方法或视角去重新思考问题和审视困难,或许会突然发现一切都豁然开朗了。正所谓“蓦然回首,那人却在,灯火阑珊处”。

本书面向大型复杂航天器高精度控制的历史沉疴与现实亟须解决的问题,提出了航天器非接触浮体式设计新理念,孵化出一类新概念航天器——浮体式航天器,并对其空间构型设计等若干关键技术问题做了简要说明。然后针对浮体式航天器的整体姿态与载荷指向控制问题,通过引入两个非接触控制稳定的新概念,分析并建立起浮体式航天器的双六自由度一般运动方程和整体运动控制模型。最后重点基于控制模型的标准形式,分别针对整体稳定控制和主从协同控制新方法,深入研究了浮体式航天器控制系统的可控性、可观性,以及闭环稳定性等重要的理论问题。

作为对航天器总体设计与控制的全新思考与探索,深切希望此概念、理论与方法,能给广大的一线工程技术人员提供有益的参考与启发,同时对高等院校相关专业的教学与研究产生积极的推动作用。果能如此,平生之愿足矣。

张　伟

2022 年 4 月

符号说明

m	质量
$_{\mathrm{p}}$(下标)	载荷舱
$_{\mathrm{s}}$(下标)	服务舱
m_{p}	载荷舱质量
m_{s}	服务舱质量
$\boldsymbol{a}^{\times}$	矢量 $\boldsymbol{a}$ 的叉乘矩阵
$\dot{\boldsymbol{R}}\|_{l}$	矢量 $\boldsymbol{R}$ 在 $\boldsymbol{l}$ 坐标系下对时间的导数
$\boldsymbol{R}^{l}$	矢量 $\boldsymbol{R}$ 在 $\boldsymbol{l}$ 坐标系下的表示
$\boldsymbol{Q}>0$	矩阵 $\boldsymbol{Q}$ 为正定矩阵
$\boldsymbol{I}$	转动惯量
$\boldsymbol{I}_{\mathrm{p}}$	载荷舱转动惯量
$\boldsymbol{I}_{\mathrm{s}}$	服务舱转动惯量
$\boldsymbol{I}_{3\times3}$	3×3 单位矩阵
$\boldsymbol{F}$	力
$\boldsymbol{T}$	力矩
$\boldsymbol{F}_{\mathrm{pc}}$	载荷舱控制力
$\boldsymbol{T}_{\mathrm{pc}}$	载荷舱控制力矩
$\boldsymbol{F}_{\mathrm{sc}}$	服务舱控制力
$\boldsymbol{T}_{\mathrm{sc}}$	服务舱控制力矩
$\boldsymbol{T}_{\mathrm{pd}}$	载荷舱干扰力矩
$\boldsymbol{T}_{\mathrm{sd}}$	服务舱干扰力矩
$\boldsymbol{a}_{\mathrm{p}}$	载荷舱质心控制加速度
$\boldsymbol{u}_{j}$	弹性位移向量

φ、θ、ψ	姿态角(滚转角、俯仰角、偏航角)
$\boldsymbol{\omega}$	姿态角速度矢量
$\boldsymbol{\omega}_{\mathrm{po}}$	载荷舱本体坐标系相对轨道坐标系的角速度矢量,下标 p 代表载荷舱本体坐标系,o 代表轨道坐标系
$\boldsymbol{\omega}_{\mathrm{si}}$	服务舱本体坐标系相对于惯性坐标系的角速度矢量,下标 s 代表服务舱本体坐标系,下标 i 代表惯性坐标系
$\boldsymbol{\omega}_{\mathrm{sp}}$	服务舱本体坐标系相对载荷舱本体坐标系的角速度矢量
$\boldsymbol{q}$	姿态四元数
$\boldsymbol{q}_{\mathrm{e}}$	误差四元数
$\boldsymbol{Q}_{\mathrm{e}}$	$\boldsymbol{q}_{\mathrm{e}}$ 的向量部分
$\boldsymbol{q}_{\mathrm{esc}}$	量测误差四元数
$\hat{\boldsymbol{q}}$	估计姿态四元数
$\boldsymbol{\eta}$	振动模态坐标
$\boldsymbol{\lambda}$	振动模态频率
$\boldsymbol{l}$	振动位移矢量
$\boldsymbol{C}_{\mathrm{ba}}$	坐标系 a 到坐标系 b 的坐标转换矩阵
$\boldsymbol{C}_{\mathrm{poi}}$	J2000.0 地心惯性坐标系 $O_{\mathrm{i}}X_{\mathrm{i}}Y_{\mathrm{i}}Z_{\mathrm{i}}$ 到载荷舱轨道坐标系 $O_{\mathrm{p}}X_{\mathrm{po}}Y_{\mathrm{po}}Z_{\mathrm{po}}$ 的坐标转换矩阵
$\boldsymbol{C}_{\mathrm{ps}}$	服务舱本体坐标系到载荷舱本体坐标系的坐标转换矩阵
w	近地点幅角
f	真近点角
i	轨道倾角
Ω	升交点赤经
u	轨道相位角
$\boldsymbol{H}$	角动量矢量
$\boldsymbol{X}(t)$	状态矢量
$\boldsymbol{Z}(t)$	观测矢量
$\boldsymbol{W}(t)$	系统噪声矢量
$\boldsymbol{v}(t)$	量测噪声矢量
$\boldsymbol{\Phi}(t)$	状态转移矩阵
$\boldsymbol{P}$	稳态黎卡提方程的对称正定解

$\boldsymbol{\omega}_{\mathrm{g}}$	陀螺输出的角速度测量值
$\boldsymbol{n}_{\mathrm{v}}$	陀螺的测量噪声
$\delta(t)$	脉冲函数
$\boldsymbol{n}_{\mathrm{u}}$	长期漂移速率偏差
$\boldsymbol{G}(\boldsymbol{s})$	开环传递函数
$\boldsymbol{f}_{\mathrm{p}k}$	第 k 个作动执行机构在载荷舱本体坐标系下的作用力矢量方向
$\boldsymbol{L}_{\mathrm{p}k}$	载荷舱质心到第 k 个作动执行机构安装位置的矢量
$\boldsymbol{F}_{\mathrm{p}k}$	载荷舱受到第 k 个作动执行机构的作用力
$\boldsymbol{T}_{\mathrm{p}k}$	载荷舱受到第 k 个作动执行机构的作用力矩
$\boldsymbol{F}_{\mathrm{p}}$	载荷舱受到的所有作动执行机构合成作用力
$\boldsymbol{T}_{\mathrm{p}}$	载荷舱受到的所有作动执行机构合成作用力矩
$\boldsymbol{F}_{\mathrm{all}}$	所有作动执行机构的输出力向量
$\boldsymbol{F}_{\mathrm{s}}$	服务舱受到的所有作动执行机构合成作用力
$\boldsymbol{T}_{\mathrm{s}}$	服务舱受到的所有作动执行机构合成作用力矩
$\boldsymbol{\omega}_{r}$	服务舱相对于载荷舱的相对角速度
$\boldsymbol{q}_{r}$	服务舱本体坐标系相对于载荷舱本体坐标系的相对姿态四元数
$\boldsymbol{q}_{rv}$	相对姿态四元数 $\boldsymbol{q}_{r}$ 的矢量部分
$\boldsymbol{r}_{\mathrm{pd}}$	服务舱质心在载荷舱本体坐标系下的期望位置
$\boldsymbol{r}_{\mathrm{d}}$	服务舱质心在载荷舱轨道坐标系下的期望位置
$\boldsymbol{e}$	舱间相对位置与姿态的控制偏差状态量
$\boldsymbol{Q}_{c}$	线性定常系统的可控性矩阵
$\boldsymbol{Q}_{o}$	线性定常系统的可观性矩阵
$V(\boldsymbol{x})$	系统的李雅普诺夫函数
K_{p}	PID 控制律中的比例系数
K_{i}	PID 控制律中的积分系数
K_{d}	PID 控制律中的微分系数
$\boldsymbol{T}_{\mathrm{dinter}}$	舱间作动执行机构对服务舱的干扰力矩
$\tilde{\boldsymbol{T}}_{\mathrm{dinter}}$	舱间作动执行机构对服务舱干扰力矩的估计值

目 录

第1章
绪　论

1.1　航天器概念

航天是指进入、探索、开发和利用太空(即地球大气层以外的宇宙空间,又称外层空间)以及地球以外天体的各种活动的总称。航天活动包括空间科学、空间技术、空间应用三大部分。空间技术是为空间应用及空间科学提供技术手段和保障条件的综合性工程技术。空间应用是将空间技术及空间科学成果应用于国民经济、国防建设和文化教育等领域的各种内容的统称。空间科学则是指利用空间技术对宇宙空间的各种现象及规律的探索和研究,可为空间技术和空间应用的持续发展提供科学研究基础。空间科学、空间技术、空间应用三者互为促进,密不可分[1-3]。

人类要实现航天活动,就要建立庞大的航天工程系统,简称航天系统。航天系统是由航天器、航天运输系统、航天发射场系统、航天测控网、应用系统组成的完成特定航天任务的工程系统。**航天器是指在地球大气层以外的宇宙空间(太空)执行探索、开发和利用太空以及地球以外天体的特定任务的飞行器,又称空间飞行器**。航天运输系统是指在地球和太空之间或在太空中运送航天器、人员或物资的飞行器系统。航天发射场系统是指发射航天器的基地,包括测试区、发射区、指挥控制中心等。航天测控网是指对航天运输系统、航天器进行跟踪、测量、监视、指挥和控制的综合系统。应用系统是指航天器的用户系统。其中,航天器是航天系统的核心[4-6]。

1.2　航天器常见类别

自 1957 年世界上第一个航天器成功发射以来，人类航天经过了六十余年的快速发展，发射了大量种类、功能各异的航天器。航天器通常由平台与有效载荷两部分组成。其中，平台是为有效载荷正常工作提供支持和保障的所有部件的总称。有效载荷是指航天器上直接执行特定任务的仪器、设备或系统[7]。

依据不同的分类准则，航天器可被划分为不同的类别。

按是否载人，航天器通常可分为无人航天器和载人航天器两大类[8]。载人航天器可分为载人飞船、航天飞机、空间站等，例如我国的“天宫空间站”等。按是否环绕地球运行，无人航天器又分为人造地球卫星和空间探测器两大类。人造地球卫星是指环绕地球运行的无人航天器，简称人造卫星或卫星，是发射数量最多、用途最广的航天器。空间探测器是指对月球以及远天体和空间进行探测的无人航天器，如我国的“天问一号”火星探测器[9]（图 1－1）。

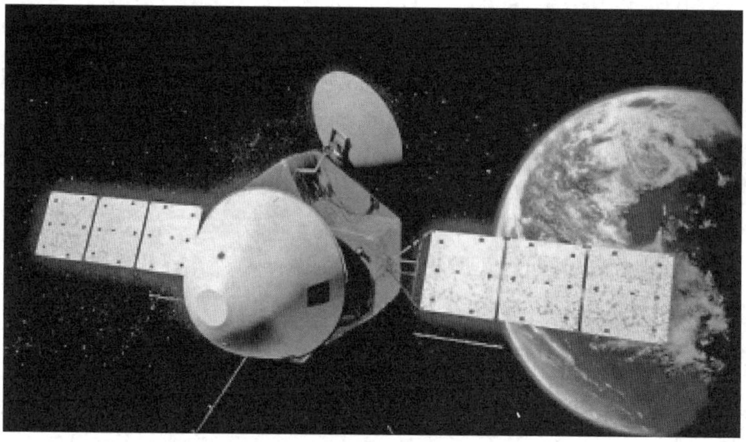

图 1－1　“天问一号”火星探测器

按姿态控制方式，航天器则可分为自旋稳定航天器、重力梯度稳定航天器及三轴稳定航天器。自旋稳定航天器整体呈绕自旋轴的对称构型，包括绕通过球心中轴旋转的球形和绕通过柱心主轴旋转的圆柱形等。对于圆柱形航天器，一般做成直径大于高度的构型，使得自旋轴与最大惯量轴重合，有利于整体的稳定。此外，自旋稳定航天器器体上一般贴有太阳电池片，以便在任何时候都有部分太阳电池片受到太阳照射以获得能源[10]。典型的自旋稳定航天器如图 1-2 所示。

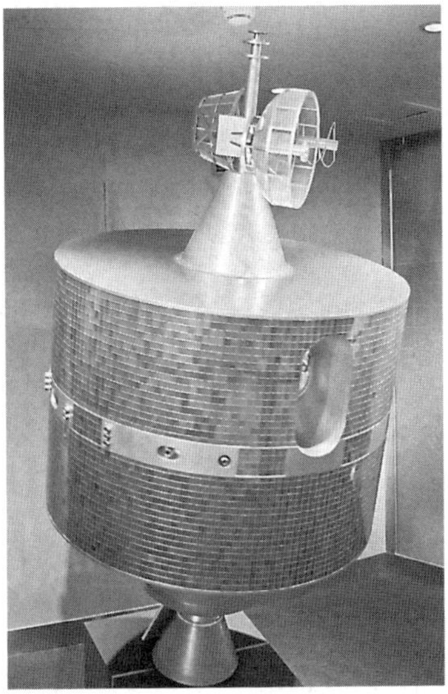

图 1-2 典型的自旋稳定航天器

重力梯度稳定航天器在绕地球运行时,利用航天器各部分质量所受到的不同引力所产生的重力梯度力矩来稳定航天器姿态[11]。为获得足够的控制力矩,这类航天器一般都设有一根重力杆。重力杆的长度一般大于航天器高度。为使航天器装入整流罩内,重力杆要做成可伸缩的结构。在发射时,重力杆收拢在航天器体内,入轨后再伸展到需要的长度[12]。

三轴稳定航天器的构型不像上述两种航天器那样具有明显的特点。三轴稳定姿态控制系统一般由姿态敏感器、姿态控制器和姿态控制执行机构三个子系统组成。航天器的构型必须满足姿态敏感器能够指向其敏感对象(如地球、太阳和其他特定恒星等)的要求。以喷气推力器作为执行机构的三轴稳定姿态控制系统,至少在俯仰、偏航和滚动三个轴各安装一对推力相反的推力器。构型设计时,应注意使推力器产生的控制力矩能实施高效率的控制,以节约推进剂。以飞轮为主的三轴稳定姿态控制系统,在用喷气力矩作为辅助时也要注意上述问题[13]。典型的三轴稳定卫星“风云三号”如图 1-3 所示。

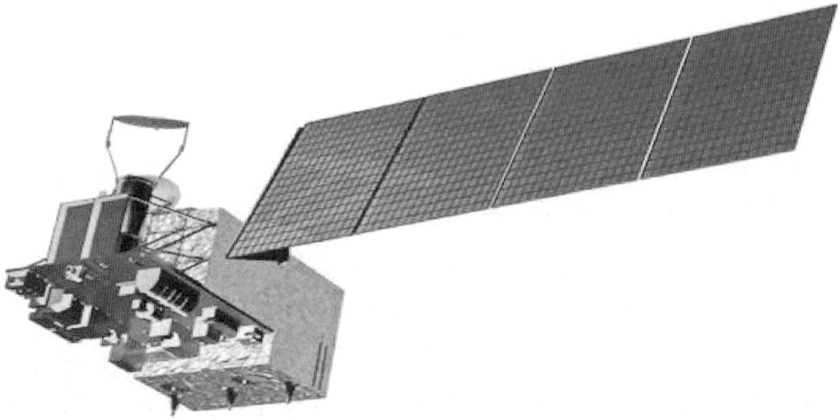

图 1-3 典型的三轴稳定卫星“风云三号”

此外，航天器通常是多部件组合体，按照部件的刚柔属性，可分为多刚体航天器及多柔体航天器。

刚体是对刚硬物体的抽象，可视为由密集质点组成的质点系，其中任意两个质点之间的距离在运动过程中保持不变。变形很小的物体或虽有变形但不影响整体运动特性的物体亦可简化为刚体。多刚体航天器即由多个刚体部件组成的航天器，各个刚体部件之间通常通过紧固螺栓、铆接或焊接等方式实现刚性连接，在运动过程中相对位置不发生变化。在航天技术发展初期，航天器的柔性部件质量和惯量占整体质量和惯量的比例较低，是大中心刚体-小柔性部件的耦合形式，柔性部件的振动几乎不会引起中心刚体的运动。同时，早期科学载荷对指向控制性能要求不高。因此，通常可忽略航天器部件的变形，将其简化为不变形的多刚体系统，基于多刚体系统动力学理论研究其运动和控制[14-16]。

柔体相对于刚体而言，其在运动过程中质点间距离会发生变化。航天器中，大型太阳翼、天线等均是典型的柔体，具有大跨度、低刚度、弱阻尼、模态密集等特点。随着新一代航天器对多功能、长寿命的要求越来越高，大面积太阳翼、大型天线等大柔性部件在航天器中的应用愈发广泛，其尺寸、体积和质量在航天器整体中占比越来越高，形成多柔体航天器，并逐渐成为当前航天器的主要形式[17]。多柔体航天器动力学特性复杂，难以对其进行精确的动力学建模，不能简单将航天器整体简化为刚体或半刚体进行控制。1958 年美国发射了“探险者 1 号”卫星，该卫星带有四根鞭状天线。在设计该卫星的姿态控制系统时，将其视为刚性卫星模型进行设计，最终该卫星因四根鞭状天线的振动耗散了能量使得卫星翻滚失控。图 1 - 4 为带有柔性附件的航天器示意图。

多柔体航天器是由多个柔性部件和刚性部件连接而成的组合体，刚柔部件之间除了刚性固连方式以外，还通过称为铰的元件加以连接以实现刚柔部件间的相对转动。从运动学角度看，铰是对邻接刚体施加运动学约束的元件。典型的铰元件如图 1 - 5 所示。

不论是多刚体航天器还是多柔体航天器，诸体之间不论是刚性固连或铰链，部件之间均为物理接触型连接状态，这就造成了多体之间运动状态的相互约束与耦合。特别是对航天器平台与有效载荷而言，这种接触型连接所造成的约束与耦合对载荷指向的高精度控制的实现制造了很大麻烦。在高分辨率遥感、大比例尺测绘等现代航天任务中，随着精密载荷对指向精度及稳定度的

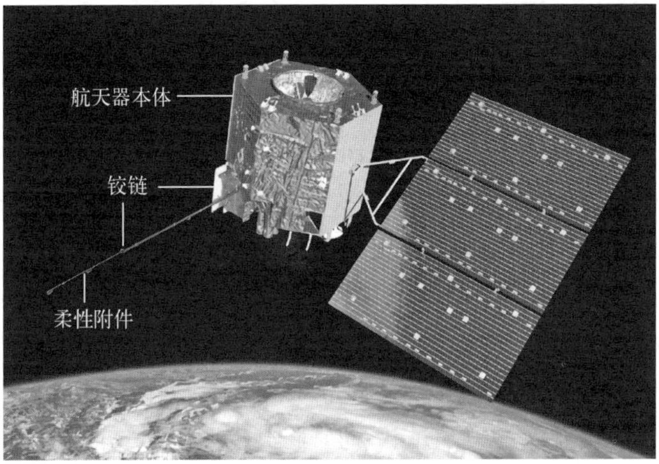

图1-4 带有柔性附件的航天器示意图

图1-5 典型的铰元件

要求日益提升,如何实现航天器姿态与载荷指向的高精度控制已成为当前航天研究的重点和难点问题之一。

1.3 航天器构型设计与高精度控制难题

多柔体航天器部件间的组合与连接方式是航天器构型与结构设计需要考虑的重要问题之一。由于航天器在主动段、稳态飞行段以及在轨机动段等各种不同任务阶段的力学环境条件很不相同,而其中尤以主动段的力学环境最为恶劣,因此航天器的构型设计需要着重考虑满足主动段的力学环境约束。采用有效载荷与平台接触型连接的方式,能够使得航天器的各分系统与产品在主动段高幅值、宽频带(一般典型值为 $10^2 \sim 10^3 g$、$0 \sim 10^4$ Hz)的力学冲击下仍然能够保持设计的性能,并且在姿态控制精度要求不高的时候同样可以满足空间运行需求。

但是,随着精密科学载荷在空间中的应用,其对航天器高精度姿态控制提出了较高需求。此时,对于多刚体航天器,平台飞轮、太阳翼驱动机构等活动部件产生的微振动将显著影响航天器的姿态控制精度。对于多柔体航天器,除了活动部件的微振动以外,柔性部件产生的挠性振动亦不可忽视。由于航天器在空间轨道上是在接近于零的过载下(微重力、无机动情况)工作的,因此,太阳翼、天线等柔性部件都设计得尽可能轻量化。又由于航天器在发射入轨过程中,要承受很大的力学过载,通常将其以紧凑形式折叠安装于航天器上,入轨后再展开。在展开过程中,除了柔性部件本身有弹性位移以外,柔性部件与航天器本体之间以及各柔性部件之间都有相对的刚体位移。并且已经展开状态的柔性部件,在航天器姿态控制与机动过程中相对航天器也会产生弹性及刚体位移。这些挠性振动动力学特性复杂,难以对其进行精确地建模,也就无法实现高精度的抑制,最终直接影响航天器姿态控制的精度。因此,航天器有效载荷的高精度、高稳定度指向控制问题已经成为当前航天器设计所面临的瓶颈难题之一。

1.4　本书的内容安排

本书将主要围绕航天器的构型设计与高精度控制这一主旨问题,介绍一种全新的总体设计方法——非接触分体式设计,由此引出一类新概念航天器——浮体式航天器。然后重点针对浮体式航天器的动力学及控制问题进行全面而深入地阐述。

第 2 章分析了当前航天器姿态控制面临的挑战与难题。由此,给出了浮体式航天器的设计思路,并概要地阐述了浮体式航天器总体设计中的几个关键技术问题的一般性解决方法,提出了与浮体式航天器控制相关的几个重要概念。相较于传统设计,浮体式航天器在构型布局上提出的两舱可分离、非接触分体式设计技术,主要带来了平台的结构与热控、信息与能源,以及姿态稳定控制等相关分系统设计的变化。

第 3 章从传统航天器的一般运动方程出发,分析了浮体式航天器的运动特性，建立了载荷舱自身姿态和轨道运动模型、服务舱自身姿态和轨道运动模型、舱间作动执行机构的作用模型、舱间相对位置与姿态运动模型，构建了浮体式航天器的一般运动方程；进一步分析了浮体式航天器的运动控制问题，并针对该控制问题分别提出了非接触整体稳定控制和非接触主从协同控制两种控制策略。

第4章在浮体式航天器一般运动方程的基础上，阐述了非接触整体稳定控制系统的一般性设计方法。非接触整体稳定控制系统由载荷舱和服务舱分别控制自身姿态，同时施加舱间相对位置控制，使得两舱满足姿态和相对位置控制需求。从可观、可控性分析可见，整体稳定控制系统完全可控可观。按照载荷舱姿态、服务舱姿态和舱间相对位置三部分分别设计控制器，可证明三部分均闭环稳定，整个浮体式航天器姿态整体稳定控制系统闭环稳定。

第5章针对浮体式航天器控制系统设计，提出了一种全新的面向载荷舱指向这一局部指标进行优化的主从协同控制方法。该方法不仅工程上简单易行，而且可以很好地满足航天器载荷指向高精度、高稳定度控制的应用需求。

第6章给出了浮体式航天器的设计实例，并对浮体式航天器的整体稳定控制和主从协同控制开展了数学仿真和对比分析。

第 2 章
浮体式航天器概念的提出

航天器设计包括航天器总体设计、平台设计及有效载荷设计。其中，总体设计是航天器系统研制的顶层设计，在整个航天器研制过程中起着主导性和决策性的作用，是航天器研制实施的前提，同时也是航天器研制工作的重要内容之一。总体设计主要包括任务与环境约束分析、轨道设计、构型设计、指标分配以及平台设计等几方面内容。

航天器平台则是由若干分系统组成的、支持与保障有效载荷正常工作的组合体。这些分系统通称为保障分系统，为有效载荷正常工作提供支持、控制、指令和管理保障等服务。按各自服务功能不同，一般分为结构、热控、能源、信息、姿态与轨道控制等多个保障分系统，分别涉及力学、热学、电学、信息学与控制学等多门专业学科。其中姿态与轨道控制分系统是航天器姿态控制分系统和轨道控制分系统的总称，简称姿轨控分系统或控制分系统。控制分系统是航天器上复杂而必要的分系统，是完成飞行任务和保障其他分系统正常工作的前提。

构型设计与控制设计作为航天器设计的重要内容，与航天器总体能力的提升密切相关。如第 1 章所述，传统航天器构型设计都具有一个明显的特征，即有效载荷与平台均采用了接触型连接方式。这种构型设计可以很好地适应航天器在发射阶段的复杂动力学环境，但对其他阶段任务的适应性问题，尤其是对稳态阶段姿态控制系统的影响问题，长期以来受传统惯性思维的影响，被很自然地忽略掉了。而随着现代遥感、测绘、通信等航天应用任务需求的不断提升，航天器姿态与载荷指向控制的要求也越来越高，这就使得航天器的构型设计、结构设计和姿态控制分系统设计所面临的挑战也愈发艰巨，困难显著提升。

2.1　传统航天器的姿态控制

2.1.1　姿态控制系统概述

航天器姿态控制系统实际包含姿态确定和姿态控制两部分功能。

姿态确定是通过航天器姿态测量系统获取航天器姿态角及姿态角速度的变化,即测量航天器相对于空间某一基准方位的姿态信息,并将这些信息输入到姿态滤波器,以确定航天器的一轴或三轴指向。

航天器在轨道上的运动将受到各种内外干扰力和力矩的作用。干扰力矩是使航天器姿态发生变化的原因,使其姿态会偏离期望值。姿态控制是根据姿态确定的信息,通过设计合理的控制算法,利用执行机构把姿态稳定到期望值。姿态指向精度和稳定度是考核姿态稳定性能的重要指标。

传统航天器姿态控制系统原理框图见图2-1。

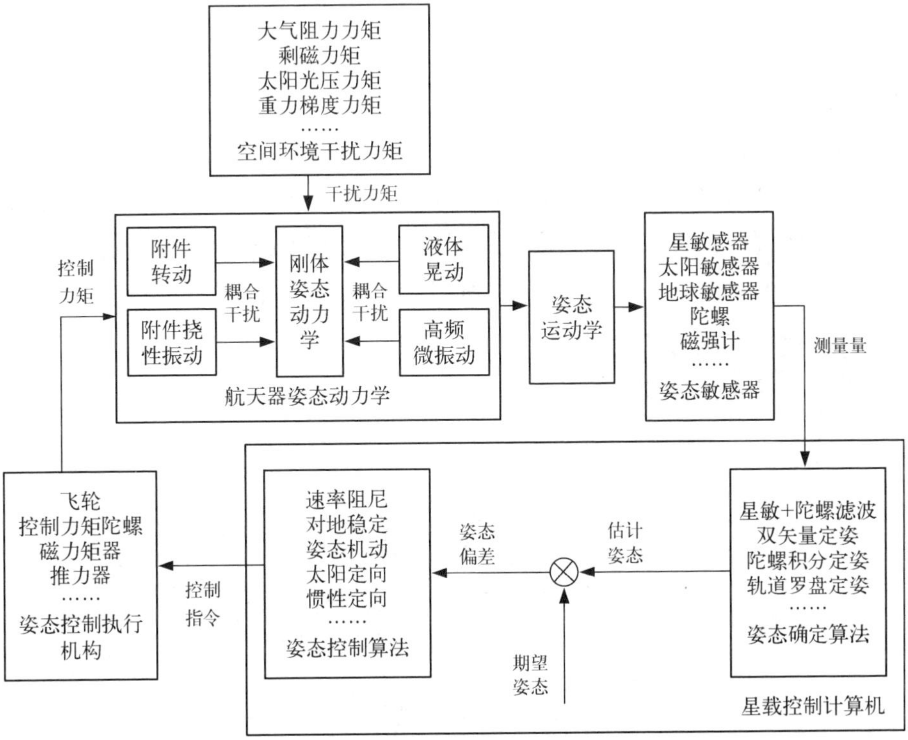

图2-1　传统航天器姿态控制系统原理框图

由图 2－1 可见，航天器姿态控制系统一般包含多种不同的姿态敏感器、姿态控制执行机构，存在多种不同的姿态控制模式，分别对应不同的姿态确定和姿态控制算法。其中，对地或惯性定向的稳定控制，一般用于满足航天器载荷正常工作的需求，常常面临高精度、高稳定度控制的需求，代表了航天器姿态控制的核心能力水平[18]。

2.1.2　敏感器与执行机构

目前高精度姿态确定的主要测量敏感器为陀螺仪和星敏感器，通过陀螺仪测量的本体旋转角速度与星敏感器测量的姿态信息联合滤波，实现航天器高精度姿态确定。飞轮或控制力矩陀螺是实现航天器高精度、高稳定度姿态控制的主要执行机构。由于这些敏感器和执行机构与本章将要讨论的大型挠性航天器高精度姿态控制问题关系紧密，尤其是其精度与带宽。因此，本节首先对其进行简要介绍。

2.1.2.1　星敏感器

星敏感器是一种高精度的光学姿态敏感器，是以空间恒星为目标进行姿态测量的仪器，是航天器的关键测量单机之一。星敏感器通过光学系统将恒星成像于光电探测敏感器上，经图像处理、星点提取后，利用星点识别算法，获得星敏感器测量坐标系相对于天球惯性坐标系的姿态，再经过星敏感器在航天器上的安装矩阵转换，最后确定航天器在惯性坐标系下的三轴姿态。星敏感器主要由光机系统、光电探测敏感器件、信号处理电路、软件等组成，具有全天捕获、星跟踪和姿态解算等功能。典型的星敏感器如图 2－2 所示。

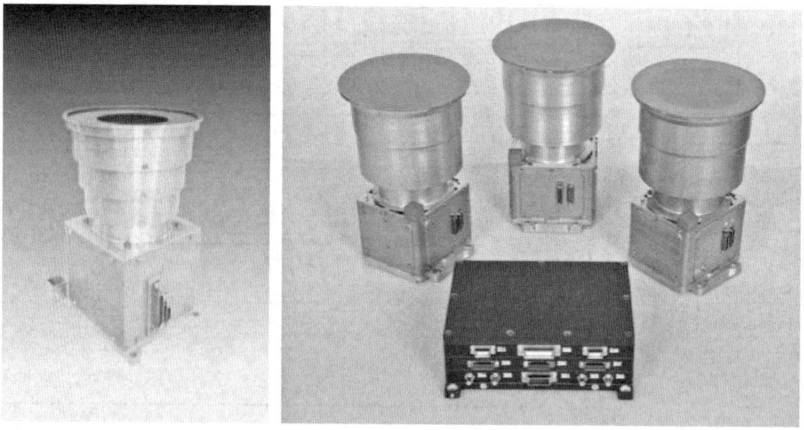

图 2－2　典型的星敏感器

根据测量精度不同,星敏感器可分为中等精度星敏感器(5″~10″)、高精度星敏感器(3″~5″)和甚高精度星敏感器(优于 1″);根据所使用探测器类型的不同,星敏感器主要有面阵电荷耦合器件(charge coupled device, CCD)型和有源像元敏感器(active pixel sensor, APS)型两种。

星敏感器姿态测量精度高、可靠性高,可与陀螺输出的测量量进行融合滤波,修正陀螺漂移,实现高精度姿态确定,是当前航天器高精度姿态控制系统普遍采用的方案。

2.1.2.2　陀螺

陀螺主要用于测量航天器的旋转角速度。按照测量原理,主要包括机械陀螺、光纤陀螺、半球谐振陀螺、微机械陀螺等。目前,满足高精度测量需求的陀螺主要为光纤陀螺、半球谐振陀螺等。

光纤陀螺组合的基本原理是基于光学的萨尼亚克(Sagnac)效应,即沿闭合光路相向传播的光波返回到起始点干涉后,干涉信号的相位差正比于闭合光路敏感轴的输入角速度。根据测量精度不同,光纤陀螺可分为中等精度(零偏稳定性 0.03°/h)、高精度(零偏稳定性 0.003°/h)和甚高精度(零偏稳定性优于 0.000 3°/h)。

半球谐振陀螺组件包括若干个半球谐振陀螺仪,半球谐振陀螺仪包括一个半球谐振陀螺敏感器件和一块半球谐振陀螺控制电路板。半球谐振陀螺仪是半球谐振陀螺惯导系统的核心部件,其主要功能是作为惯性敏感元件测量角速率值,并以角位置增量的形式送给陀螺惯导系统计算机处理,然后把角速率信息送给姿控系统。半球谐振陀螺仪中的半球谐振子在静电力的作用下受激产生驻波振动,其振动是一个四波幅振动,驻波由四个波腹和四个波节点组成。当载体静止的时候,波腹和波节的位置保持不变,当载体旋转时,振动驻波发生进动,进动比例为载体旋转角度(或角速率)的 30%。通过检测波节处的驻波振动分量的幅度和相位,就可得出驻波旋转进动角度或角速率。目前半球谐振陀螺精度可达 0.005°/h,且可进一步提高到 0.000 5°/h 以上。典型光纤陀螺和半球谐振陀螺核心组件如图 2-3 所示。

2.1.2.3　飞轮

飞轮是航天器三轴稳定姿态控制系统中重要的惯性执行部件,通过产生的动量矩和反作用力矩与航天器进行角动量交换,主要由轮体、轴承组件、壳体、无刷直流电机、速度(位置)传感器、控制电路(含软件)等部分构成。

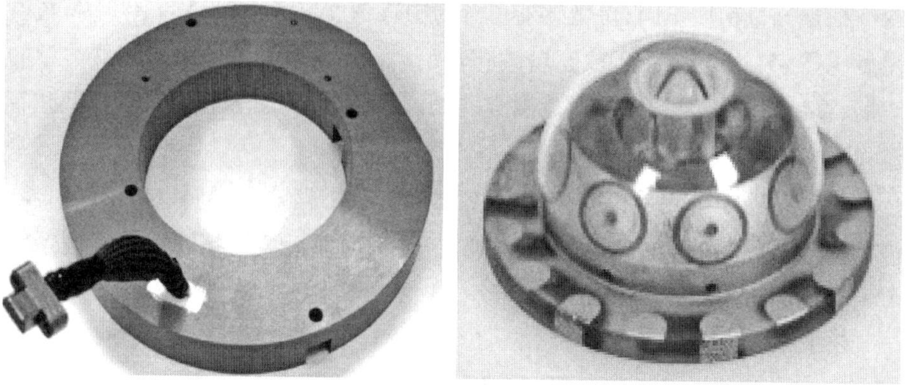

图 2-3 典型光纤陀螺和半球谐振陀螺核心组件

依据产品功能划分,可分为反作用飞轮、偏置动量轮和补偿动量轮。依据支承形式划分,可分为磁悬浮飞轮和机械式飞轮,两者各有其优缺点。磁悬浮飞轮工作时无机械接触,具有高转速、无摩擦、长寿命的特点,但其支承刚度低、需要增加许多附加组件。

图 2-4 典型飞轮内部组件

飞轮固定安装在航天器上,轮体在电机带动下按照不同转速旋转,形成一定的角动量,与航天器构成一个总角动量守恒系统。在航天器姿态控制系统中,飞轮按照姿态控制系统指令,调整轮体转速,改变飞轮的角动量,则航天器角动量随之变化,表现为姿态转动,从而实现航天器的姿态控制[19,20]。典型飞轮内部组件如图 2-4 所示。

2.1.2.4 控制力矩陀螺

控制力矩陀螺(control moment gyroscope, CMG)属于一种角动量交换装置,是大型航天器和中小型敏捷航天器姿态控制重要的惯性执行部件,通过改变内转子角动量矢量方向(内转子角动量大小保持不变)来产生控制力矩,为卫星姿态控制提供所需求的角动量,具有输出力矩大(比飞轮一般至少大 10 倍)、控制精度高、工作寿命长等优势。

依据结构形式划分,控制力矩陀螺可以分为单框架结构和双框架结构。

俄罗斯一般使用单框架控制力矩陀螺,美国早期多使用双框架控制力矩陀螺,后来随着应用的成熟,也开始使用单框架控制力矩陀螺。

单框架控制力矩陀螺由一个框架和一个以恒定转速转动的动量轮组成。动量轮以正交的方式架在框架上,框架轴与动量轴垂直,框架可绕基座相对转动,提供一个控制自由度。单框架控制力矩陀螺的工作过程:框架转动迫使内转子的角动量改变方向,内转子角动量进动将产生陀螺反作用力矩作用在框架基座上,形成等效的内控制力矩。力矩在数值上等于单位时间内角动量的变化率,方向沿角动量变化的负方向。典型单框架控制力矩陀螺如图 2-5 所示。

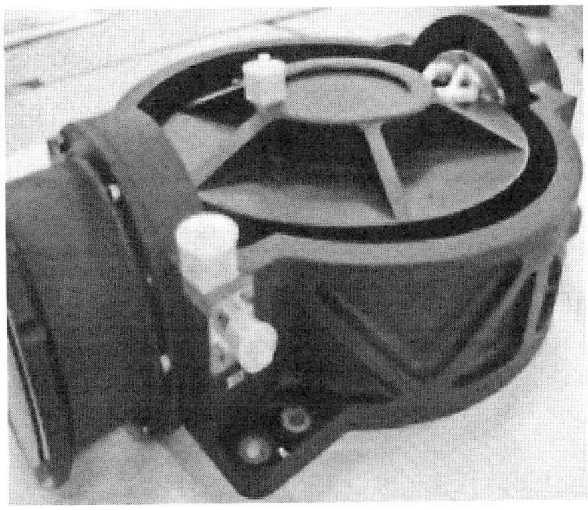

图 2-5　典型单框架控制力矩陀螺

2.1.3　大型挠性航天器的姿态控制

如图 2-6 所示,现代大型应用型航天器的主流构型,通常由中心主刚体带有若干大尺度的附件组成,如太阳帆板、通信天线、载荷天线等。通常,这些附件的伸展空间远大于中心主刚体,并均为挠性结构,其弹性振动会对航天器姿态造成耦合干扰[21]。一般从动力学角度统称此类航天器为挠性航天器。

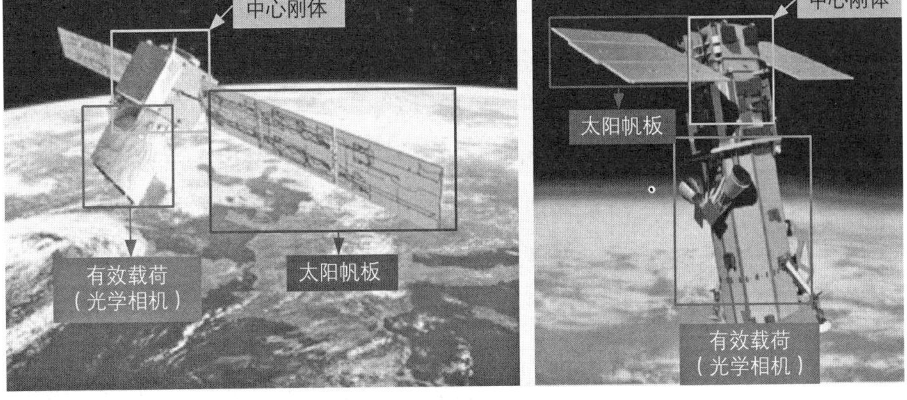

图 2-6　典型大型航天器构型[欧洲风神卫星(左)、美国 Worldview-2 卫星(右)]

长期以来，大型挠性航天器的高精度姿态控制始终是现代航天器控制系统设计的传统主题和重点问题。

以对地成像观测卫星为代表，随着观测分辨率、成像品质、定位精度等性能需求的不断提升，航天器上安装的有效载荷（如光学相机）的指向控制精度与稳定度要求也越来越高。当前对地成像观测卫星的指向精度和稳定度一般要求在 10^{-3}°、10^{-4}°/s 量级，未来高性能航天器的载荷指向精度与稳定度甚至要提高到 10^{-4}°、10^{-6}°/s。对于传统构型的大型挠性航天器，由于存在挠性振动耦合干扰、载荷与平台非共位测量和控制以及高速转动部件微振动耦合干扰等问题，其高精度与高稳定度的姿态控制面临很大的困难。

2.1.3.1 挠性航天器姿态动力学模型

为了减轻质量，大型挠性航天器上安装的大型天线、太阳电池阵等附件，一般采用轻型材料，导致附件存在挠性运动特性。在外界力矩和力激发下，容易诱发结构振动，通过连接机构传递到航天器本体和载荷，对姿态动力学形成耦合干扰，严重影响航天器和载荷的姿态指向控制[22]。为分析并说明该问题，首先建立挠性航天器姿态动力学模型。

如图 2－7 所示，不失一般性，首先考虑单侧帆板挠性航天器姿态动力学问题，将航天器结构简化为本体和挠性附件两部分的连接体。

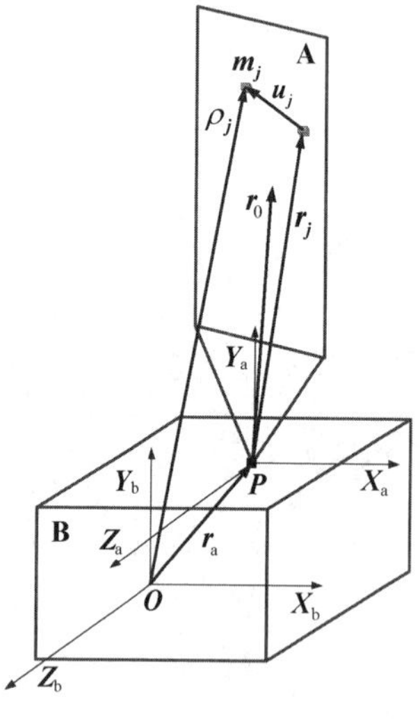

图 2－7 单侧帆板挠性航天器结构简化与坐标关系示意图

本体坐标系 $OX_bY_bZ_b$ 的原点为系统质心，挠性附件坐标系 $PX_aY_aZ_a$ 的原点在附件铰链点 P。航天器本体 B 在本体坐标系的转动惯量矩阵为 $\boldsymbol{I}_b$，附件 A 在本体坐标系与附件坐标系下的转动惯量矩阵分别为 $\boldsymbol{I}_a$ 和 $\boldsymbol{I}'_a$。本体坐标系到附件坐标系的转移矩阵为 $\boldsymbol{C}_{ab}$，系统质心到附件铰链点的距离矢量为 $\boldsymbol{r}_a$，铰链点到附件质心的距离矢量为 $\boldsymbol{r}_0$。定义本体相对空间的姿态角速度 $\boldsymbol{\omega}$，附件相对中心体的角速度为 $\boldsymbol{\omega}_{ba}$。铰链点到附件质量元 m_j 的距离矢量为 $\boldsymbol{r}_j$，且其弹性位移向量为 $\boldsymbol{u}_j$。系统质心到附件质量元 m_j 的距离矢量为 $\boldsymbol{\rho}_j$。

基于动量和角动量定理，航天器系统转动动力学方程、附件转动和弹性振动动力学方程可列为[23,24]

$$\frac{\mathrm{d}}{\mathrm{d}\boldsymbol{t}}\left(\sum_{\mathrm{A+B}}\boldsymbol{\rho}_j\times m_j\frac{\mathrm{d}\boldsymbol{\rho}_j}{\mathrm{d}\boldsymbol{t}}\right)=\boldsymbol{T}_{\mathrm{e}}$$

$$\frac{\mathrm{d}}{\mathrm{d}\boldsymbol{t}}\left[\sum_{\mathrm{A}}(\boldsymbol{r}_j\times\boldsymbol{u}_j)\times m_j\frac{\mathrm{d}\boldsymbol{\rho}_j}{\mathrm{d}\boldsymbol{t}}\right]=\boldsymbol{T}_{\mathrm{a}} \tag{2-1}$$

$$\frac{\mathrm{d}}{\mathrm{d}\boldsymbol{t}}\left(m_j\frac{\mathrm{d}\boldsymbol{\rho}_j}{\mathrm{d}\boldsymbol{t}}\right)=\boldsymbol{F}_j(j\in\mathrm{A})$$

式中，$\frac{\mathrm{d}\boldsymbol{\rho}_j}{\mathrm{d}\boldsymbol{t}}$ 为质量元相对空间的速度；$\boldsymbol{T}_{\mathrm{e}}$ 为作用在本体上的外力矩；$\boldsymbol{T}_{\mathrm{a}}$ 为本体与附件之间相互作用的铰链力矩；$\boldsymbol{F}_j$ 为作用在附件质量元 m_j 上的弹性应力和阻尼力。

质量元 m_j 的位置 $\boldsymbol{\rho}_j$ 为

$$\boldsymbol{\rho}_j=\boldsymbol{r}_{\mathrm{a}}+\boldsymbol{r}_j+\boldsymbol{u}_j \tag{2-2}$$

在航天器姿态三轴稳定时，通常引用三个基本假设：

(1) 航天器系统的惯性加速度为小量；

(2) 附件的转动和挠性振动引起系统质心的位移为小量；

(3) 本体的转速、附件的转速以及附件的弹性变形位移为小量。

基于第(1)、(2)项假设，航天器系统相对空间固定基准的角动量可简化为相对系统自身质心的角动量；基于第(3)项假设，动力学参数的乘积为二阶小量，可被忽略，得出线性近似化的动力学方程。

定义矢量叉乘 $\boldsymbol{a}\times\boldsymbol{b}$ 表示为 $\boldsymbol{a}^{\times}\boldsymbol{b}$，$\boldsymbol{a}^{\times}$ 为矢量 $\boldsymbol{a}$ 的叉乘矩阵。基于前述假设，分别对本体质量元和附件质量元导出质量元相对空间的惯性加速度，引入惯量和质量的基本式，展开上述动力学方程，可以得到动力学基本方程：

$$\boldsymbol{I}\dot{\boldsymbol{\omega}}+\boldsymbol{J}_{\mathrm{a}}\boldsymbol{C}_{\mathrm{ab}}^{\mathrm{T}}\dot{\boldsymbol{\omega}}_{\mathrm{ba}}+\sum_{A}m_j(\boldsymbol{r}_{\mathrm{a}}^{\times}\boldsymbol{C}_{\mathrm{ab}}^{\mathrm{T}}+\boldsymbol{C}_{\mathrm{ab}}^{\mathrm{T}}\boldsymbol{r}_j^{\times})\ddot{\boldsymbol{u}}_j=\boldsymbol{T}_{\mathrm{e}} \tag{2-3}$$

$$\boldsymbol{I}'_{\mathrm{a}}\dot{\boldsymbol{\omega}}_{\mathrm{ba}}+\boldsymbol{C}_{\mathrm{ab}}\boldsymbol{J}_{\mathrm{a}}^{\mathrm{T}}\dot{\boldsymbol{\omega}}+\sum_{A}m_j\boldsymbol{r}_j^{\times}\ddot{\boldsymbol{u}}_j=\boldsymbol{C}_{\mathrm{ab}}\boldsymbol{T}_{\mathrm{a}} \tag{2-4}$$

$$m_j\ddot{\boldsymbol{u}}_j+m_j\boldsymbol{r}_j^{\mathrm{T}}\dot{\boldsymbol{\omega}}_{\mathrm{ba}}+m_j(\boldsymbol{C}_{\mathrm{ab}}\boldsymbol{r}_{\mathrm{a}}^{\mathrm{T}}+\boldsymbol{r}_j^{\mathrm{T}}\boldsymbol{C}_{\mathrm{ab}})\dot{\boldsymbol{\omega}}=\boldsymbol{F}_j(j\in\mathrm{A}) \tag{2-5}$$

式中，

$$\boldsymbol{I} = \boldsymbol{I}_{\mathrm{a}} + \boldsymbol{I}_{\mathrm{b}}$$
$$\boldsymbol{J}_{\mathrm{a}} = m_{\mathrm{a}}\boldsymbol{r}_{\mathrm{a}}^{\times}\boldsymbol{C}_{\mathrm{ab}}^{\mathrm{T}}\boldsymbol{r}_{\mathrm{o}}^{\times\mathrm{T}} + \boldsymbol{C}_{\mathrm{ab}}^{\mathrm{T}}\boldsymbol{I}'_{\mathrm{a}}\boldsymbol{C}_{\mathrm{ab}} \tag{2-6}$$

式中，$\boldsymbol{I}$ 为挠性附件固定时航天器的惯量矩阵。

进一步采用集中参数法，简化挠性体弹性位移 $\boldsymbol{u}_j$ 的描述，并加以规范化。将无限自由度质量元构成的挠性附件简化为按一定几何分布的有限集中质量集，质点间由无质量弹簧连接。利用弹性结构的振型和模态分析方法，进一步将挠性航天器动力学方程规范化。

利用振型矢量、振型矩阵和模态坐标，将挠性航天器动力学方程规范化，形成由欧拉参数坐标和挠性模态坐标混合表示的动力学方程，最后可得带单个挠性附件的航天器姿态动力学方程：

$$\boldsymbol{I}\dot{\boldsymbol{\omega}} + \boldsymbol{\omega}^{\times}\boldsymbol{I}\boldsymbol{\omega} + \boldsymbol{C}\ddot{\boldsymbol{\eta}} + \boldsymbol{R}_{\mathrm{a}}\dot{\boldsymbol{\omega}}_{\mathrm{ba}} = \boldsymbol{T}_{\mathrm{e}} \tag{2-7}$$

$$\boldsymbol{I}'_{\mathrm{a}}\dot{\boldsymbol{\omega}}_{\mathrm{ba}} + \boldsymbol{B}\ddot{\boldsymbol{\eta}} + \boldsymbol{R}_{\mathrm{a}}^{\mathrm{T}}\dot{\boldsymbol{\omega}} = \boldsymbol{T}_{\mathrm{a}} \tag{2-8}$$

$$\ddot{\boldsymbol{\eta}} + 2\boldsymbol{\zeta}\boldsymbol{\Lambda}\dot{\boldsymbol{\eta}} + \boldsymbol{\Lambda}^2\boldsymbol{\eta} + \boldsymbol{C}^{\mathrm{T}}\dot{\boldsymbol{\omega}} = \boldsymbol{0} \tag{2-9}$$

式中，$\boldsymbol{C}$ 为挠性附件振动对本体转动的耦合系数阵；$\boldsymbol{B}$ 为挠性附件振动对自身转动的耦合系数阵；$\boldsymbol{\eta}$ 为挠性附件的模态坐标阵；$\boldsymbol{\Lambda}$ 为挠性附件的模态频率对角阵；$\boldsymbol{\zeta}$ 为挠性附件的模态阻尼系数对角阵。方程的动态变量包含本体坐标和模态坐标，因此称为混合坐标系统方程。本体与挠性附件相互作用的耦合系数互为转置矩阵。

在忽略挠性附件转动动力学的情况下，挠性航天器姿态动力学方程可以简化为航天器姿态转动和挠性附件弹性振动两部分：

$$\boldsymbol{I}\dot{\boldsymbol{\omega}} + \boldsymbol{\omega}^{\times}\boldsymbol{I}\boldsymbol{\omega} + \boldsymbol{C}\ddot{\boldsymbol{\eta}} = \boldsymbol{T}_{\mathrm{e}} \tag{2-10}$$

$$\ddot{\boldsymbol{\eta}} + 2\boldsymbol{\zeta}\boldsymbol{\Lambda}\dot{\boldsymbol{\eta}} + \boldsymbol{\Lambda}^2\boldsymbol{\eta} + \boldsymbol{C}^{\mathrm{T}}\dot{\boldsymbol{\omega}} = \boldsymbol{0} \tag{2-11}$$

从上述挠性航天器姿态动力学方程可见，即便不考虑挠性附件的转动，航天器姿态运动仍然受到挠性附件弹性振动的耦合影响。在控制系统设计中，不仅需要控制航天器姿态角速度 $\boldsymbol{\omega}$，还要同时控制其挠性附件振动模态 $\boldsymbol{\eta}$。后者的特殊属性，恰恰为姿态控制达到更高的精度和稳定度带来了难题，下面分别从现代控制理论和古典控制理论两个维度，加以分析说明。

2.1.3.2 现代控制理论分析

根据挠性航天器姿态动力学方程，为尽量提高挠性航天器姿态控制的性能，最理想的情况是实现航天器姿态转动和挠性附件振动的完全控制。对于航天器姿态角速度 $\boldsymbol{\omega}$，一般可以分解为滚动、俯仰、偏航三维转动的耦合。但是，对于挠性附件振动模态，其每一维对应挠性附件的固有频率或模态，理论上可以达到无限维。全维控制显然是不可能实现的，而且受限于敏感器和执行机构的带宽、数量，以及控制系统复杂程度的限制，只能选取有限数量模态施加控制，从而必须对系统模态进行截断，这就带来了测量溢出与控制溢出等问题，制约了挠性航天器的控制精度与稳定度水平。

类似前述分析方法，对于挠性附件上位置矢量为 $\boldsymbol{r}_j$ 的任一质量元 m_j，其弹性位移 $\boldsymbol{u}_j$ 可以表示为

$$\boldsymbol{u}_j = \boldsymbol{u}(\boldsymbol{r}_j, t) \tag{2-12}$$

假设已经求得挠性附件的固有频率 $\boldsymbol{\lambda}_1, \boldsymbol{\lambda}_2, \boldsymbol{\lambda}_3, \cdots$ 和固有振型 $\boldsymbol{\varphi}_1(\boldsymbol{r}_j)$，$\boldsymbol{\varphi}_2(\boldsymbol{r}_j)$，$\boldsymbol{\varphi}_3(\boldsymbol{r}_j)$，…，则弹性位移可以表示为

$$\boldsymbol{u}(\boldsymbol{r}_j, t) = \sum_{i=1}^{n} \boldsymbol{\varphi}_i(\boldsymbol{r}_j)\boldsymbol{\eta}(t) \tag{2-13}$$

式中，$\boldsymbol{\eta}$ 为模态坐标矢量；n 为固有频率阶数，理论上是无限大的，但是在工程上需要做截断处理。一方面是由于固有频率充分大后，因远离敏感器与执行器频带，无法测量和控制；另一方面，高频振型相对难以激励，且具有较大阻尼，当 n 充分大后，截断部分的影响可以忽略。

充分考虑各阶振型对系统的影响程度，以及敏感器和执行机构的响应能力，选择 N 个振型作为受控振型，为此把弹性位移分为两部分[25]：

$$\boldsymbol{u}_j = \boldsymbol{u}_N(\boldsymbol{r}_j, t) + \boldsymbol{u}_R(\boldsymbol{r}_j, t) \tag{2-14}$$

式中，

$$\boldsymbol{u}_N(\boldsymbol{r}_j, t) = \sum_{i=1}^{N} \boldsymbol{\varphi}_i(\boldsymbol{r}_j)\boldsymbol{\eta}(t) \tag{2-15}$$

此部分称为受控部分，相应振型称为受控振型，是按照一定规则挑选后排列而成。剩余部分 $\boldsymbol{u}_R(\boldsymbol{r}_j, t)$ 是无控部分，相应振型称为剩余振型。

对于上述弹性振动，分别考虑受控弹性位移变量和剩余弹性位移变量，可以写成如下形式的线性系统方程：

$$\dot{\boldsymbol{x}}_N = \boldsymbol{A}_N\boldsymbol{x}_N(t) + \boldsymbol{B}_N\boldsymbol{f}(t) \tag{2-16}$$

$$\dot{\boldsymbol{x}}_R = \boldsymbol{A}_R\boldsymbol{x}_R(t) + \boldsymbol{B}_R\boldsymbol{f}(t) \tag{2-17}$$

$$\boldsymbol{Y}(t)=\boldsymbol{C}_N\boldsymbol{x}_N(t)+\boldsymbol{C}_R\boldsymbol{x}_R(t) \tag{2-18}$$

式中,$\boldsymbol{f}(t)$ 为控制量;$\boldsymbol{Y}(t)$ 为输出量。

对于该线性系统,控制系统设计的主要问题在于以下几方面:

(1) 选择哪些受控振型;

(2) 受控部分的控制器如何设计;

(3) 剩余振型的影响程度如何;

(4) 如何抑制或消除剩余振型的不利影响。

在航天器姿态控制精度和稳定度要求不是特别高(如 10^{-3}°、10^{-4}°/s 量级)时,这些问题较为容易解决。但是在精度与稳定度要求提高到一定程度后,这些问题就全都变得复杂而棘手。

1. 受控振型选择与全维控制实现难题

对于问题(2),首先需要考虑各阶振型对航天器姿态转动的影响程度,根据姿态控制精度和稳定度的指标要求,分析确定需要控制的振型,从而对系统模型进行模态截断简化。当前,基于耦合系数矩阵、模态增益等方法,分别有多种模态截断准则。

基于耦合系数矩阵的截断准则最为简单,观察前述挠性航天器姿态动力学方程:

$$\boldsymbol{I}\dot{\boldsymbol{\omega}}+\boldsymbol{\omega}^{\times}\boldsymbol{I}\boldsymbol{\omega}+\boldsymbol{C}\ddot{\boldsymbol{\eta}}=\boldsymbol{T}_{\mathrm{e}} \tag{2-19}$$

$$\ddot{\boldsymbol{\eta}}+2\boldsymbol{\zeta}\boldsymbol{\Lambda}\dot{\boldsymbol{\eta}}+\boldsymbol{\Lambda}^2\boldsymbol{\eta}+\boldsymbol{C}^{\mathrm{T}}\dot{\boldsymbol{\omega}}=\boldsymbol{0} \tag{2-20}$$

耦合系数矩阵 $\boldsymbol{C}$ 决定了挠性振动对姿态转动的耦合影响,其第 i 列元素是挠性附件第 i 阶模态对姿态转动的耦合系数。这些元素的值越大,表明相应模态对姿态运动影响越大。由此可得截断准则:在耦合系数矩阵 $\boldsymbol{C}$ 中,如果某些列的元素全为 0 或充分小,则相应模态可以截断。

基于模态价值的截断准则,考虑了各阶模态对控制系统性能的价值影响,能够更直接地反映与控制性能的关系,主要思想概括如下。

考虑线性系统:

$$\begin{aligned}\dot{\boldsymbol{x}}(t)&=\boldsymbol{A}\boldsymbol{x}(t)+\boldsymbol{B}\boldsymbol{f}(t)\\ \boldsymbol{y}(t)&=\boldsymbol{C}\boldsymbol{x}(t)\end{aligned} \tag{2-21}$$

与性能指标:

$$V=\int_0^{\infty}(\boldsymbol{y}^{\mathrm{T}}\boldsymbol{Q}\boldsymbol{y}+\boldsymbol{f}^{\mathrm{T}}\boldsymbol{R}\boldsymbol{f})\mathrm{d}t \tag{2-22}$$

设最优反馈律为

$$\begin{aligned}\boldsymbol{f}(t)&=-\boldsymbol{K}\boldsymbol{x}(t)\\ \boldsymbol{K}&=\boldsymbol{R}^{-1}\boldsymbol{B}^{\mathrm{T}}\boldsymbol{P}\end{aligned} \tag{2-23}$$

式中，$\boldsymbol{P}$ 为稳态黎卡提方程的对称正定解，相应的最优指标 V^* 是初始状态的二次型形式：

$$V^*=\boldsymbol{x}_0^{\mathrm{T}}\boldsymbol{P}\boldsymbol{x}_0 \tag{2-24}$$

可以推导得到各阶模态分解描述的最优指标表达式：

$$V^*=\sum_{i=1}^{r}V_i^* \tag{2-25}$$

易知，V_i^* 的值越大，表明第 i 阶模态的价值越大。首先按照价值大小顺序排列各阶模态价值：

$$V_1^*\geqslant V_2^*\geqslant\cdots\geqslant V_r^* \tag{2-26}$$

记：

$$\zeta_n=\frac{\sum_{i=n}^{r}V_i^*}{\sum_{i=n+1}^{r}V_i^*} \tag{2-27}$$

如

$$\zeta_{n^*}=\max[\zeta_1\quad\zeta_2\quad\cdots\quad\zeta_{r-1}] \tag{2-28}$$

则以 n^* 个模态为保留模态，可组成系统的最佳简化模型。

上述截断准则为受控振型选择提供了一定依据，但是姿态控制精度与稳定度等指标要求越高，需要保留的受控振型越多。即便能够分析出受控振型，部分振型可能超出敏感器和执行机构的频带范围，导致这些振型不可测，控制指令无法响应，也就无法实现期望的受控振型全维控制。针对这些振型的控制需求，研制新的适应更宽频带范围的敏感器和执行机构，不仅会使控制系统更加复杂，遇到成本、周期上的难题，而且会面临无法逾越的技术鸿沟，甚至完全无法实现。

2. 模态截断带来的测量溢出与控制溢出问题[25]

对于挠性振动控制,考虑到敏感器和执行机构频带范围以及控制系统复杂程度,需要在系统的 n 个振型中选取 N 个受控振型,并设计针对受控振型的控制器。该方法实际上是用降维系统控制器实现全维系统的控制。剩余振型的影响对控制性能产生直接影响,由此带来的测量溢出和控制溢出是核心因素。

如前所述,针对挠性附件振动控制问题,降维控制器控制下的线性系统描述如下:

$$\dot{\boldsymbol{x}}_N = \boldsymbol{A}_N\boldsymbol{x}_N(t) + \boldsymbol{B}_N\boldsymbol{f}(t) \tag{2-29}$$

$$\dot{\boldsymbol{x}}_R = \boldsymbol{A}_R\boldsymbol{x}_R(t) + \boldsymbol{B}_R\boldsymbol{f}(t) \tag{2-30}$$

$$\boldsymbol{Y}(t) = \boldsymbol{C}_N\boldsymbol{x}_N(t) + \boldsymbol{C}_R\boldsymbol{x}_R(t) \tag{2-31}$$

设受控子系统的反馈控制律为

$$\boldsymbol{f}(t) = \boldsymbol{K}_N\hat{\boldsymbol{x}}_N(t) \tag{2-32}$$

式中,$\hat{\boldsymbol{x}}_N(t)$ 为状态 $\boldsymbol{x}_N(t)$ 的观测估计,由下述观测器估计输出。

$$\begin{aligned}&\dot{\hat{\boldsymbol{x}}}_N(t) = \boldsymbol{A}_N\hat{\boldsymbol{x}}_N(t) + \boldsymbol{B}_N\boldsymbol{f}(t) - \boldsymbol{M}_N[\boldsymbol{y}(t) - \hat{\boldsymbol{y}}(t)]\\&\hat{\boldsymbol{y}}(t) = \boldsymbol{C}_N\hat{\boldsymbol{x}}_N(t)\\&\hat{\boldsymbol{x}}_N(0) = \boldsymbol{0}\end{aligned} \tag{2-33}$$

从式(2-29)~式(2-33)可以看出,剩余振型的影响首先通过式(2-31)的输出方程中引入。即敏感器测量得到的信息既有受控振型信息,又有剩余振型信息,称为观测溢出。其次,在观测器(2-33)中,又用受剩余振型污染的输出信息进行反馈,得到的状态估计值 $\hat{\boldsymbol{x}}_N(t)$ 也必将受到剩余振型影响。在反馈控制律(2-32)中,基于受剩余振型污染的状态估值 $\hat{\boldsymbol{x}}_N(t)$ 求解反馈控制量 $\boldsymbol{f}(t)$,使得反馈控制性能下降。此外,控制力 $\boldsymbol{f}(t)$ 不仅会产生受控振型需要的控制力 $\boldsymbol{B}_N\boldsymbol{f}(t)$,还会产生剩余振型受到的控制力 $\boldsymbol{B}_R\boldsymbol{f}(t)$,从而对剩余振型产生激励作用,使得控制器性能下降,甚至失稳。控制作用的这种影响称为控制溢出。剩余振型的上述观测溢出和控制溢出影响也可以通过框图 2-8 描述。

对于上述降维控制系统,不难证明:如果没有观测溢出,则控制溢出将激励剩余子系统而使系统控制性能降低,但不会使系统失稳;如果没有控制溢出,则观测溢出将使受控子系统受到激励而降低控制器性能,但不会使系统失

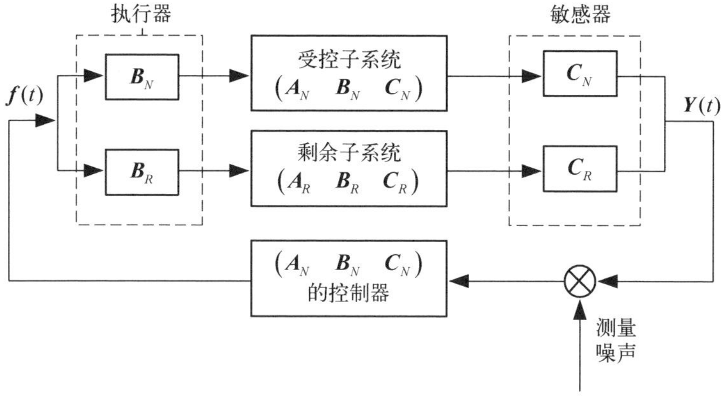

图 2-8　剩余振型在降维控制系统中的影响示意

稳；当观测溢出与控制溢出同时存在时，全维系统的闭环极点与 C_R 有关，可能导致系统失稳。

在实际工程中，无论采取何种方式，尽量降低观测溢出和控制溢出的影响，但是由于剩余振型的存在，观测溢出和控制溢出无法完全避免，控制性能始终会因此降低，从而限制了系统能够达到的控制精度和稳定度水平。

3. 挠性参数不确定带来的控制性能受限问题

为尽量抑制观测溢出和控制溢出的影响，在控制器设计中，一方面对敏感器输出的观测量进行预滤波，将剩余振型的污染过滤或剔除，基本思路是使得敏感器输出信息中只有接近受控模态频率的窄带部分通过滤波器；另一方面通过反馈增益阵的设计，令剩余振型的反馈分块为 0，使得控制器不受剩余振型的影响。

上述控制器设计均建立在挠性附件的固有频率、振型等参数能够准确建模、估计的基础上。但是在实际工程中，受到地面模态分析模型简化、地面测试环境与设备偏差、挠性附件材料特性、安装结构形式、展开形态变化、空间环境变化等因素的影响，挠性附件的相关振动参数无法完全准确估计。尤其对于大尺寸、复杂构型的大型天线等挠性附件，振型、模态等参数的准确建模估计难度极大，实际在轨参数与估计参数之间往往存在较大的不确定误差。即便能够设计得到具有足够鲁棒性的控制系统，使得系统保持稳定，但是在参数不确定的情况下，系统控制精度和稳定度水平仍会受到很大的限制。

2.1.3.3　古典控制理论分析

大型挠性航天器姿态控制的最终目标之一，是实现有效载荷指向的高精度高稳定度控制。在对有效载荷指向控制要求不高的情况下（当前一般的指向精度和稳定度要求在 10^{-3}°、10^{-4}°/s 量级），可忽略有效载荷指向精度和稳定度与航天器姿态精度和稳定度的微小差异，有效载荷的指向与航天器姿态可视作近似相等，此时可将航天器姿态控制及有效载荷的指向控制问题视为同一个问题处理。事实上，长期以来航天器的总体设计、构型设计与控制系统设计就是如此默认和处理的。但若要实现有效载荷更高精度和稳定度的指向控制（如指向精度达到 10^{-4}°、稳定度达到 10^{-6}°/s 以上）时，有效载荷指向和航天器本体指向的差异就无法再忽略，而应当作为两部分分别考虑。

这就引出了由于敏感器和执行机构安装部位不同所带来的共位与非共位两类不同的安装布局，以及它们所对应的不同控制模型和控制系统传递函数，需要分别加以分析与说明。

1. *敏感器与执行机构的共位与非共位安装布局*

对于航天器本体与有效载荷两个部位，敏感器与执行机构安装在同一部位时，称为共位安装布局；安装在不同部位时，称为非共位安装布局。一般来说，飞轮、控制力矩陀螺等执行机构由于质量、体积、功耗需求，以及振动干扰因素，基本都安装在航天器本体上。星敏感器是高精度姿态指向测量的核心敏感器，与陀螺形成高精度的姿态指向测量组合。因此，共位与非共位布局的区别主要在于星敏感器、陀螺等敏感器安装在航天器本体上还是安装在有效载荷上。

如图 2-9(a)所示，两台星敏感器安装在航天器本体上，与执行机构安装部位一致，属于共位安装布局。如图 2-9(b)所示，星敏感器安装在有效载荷

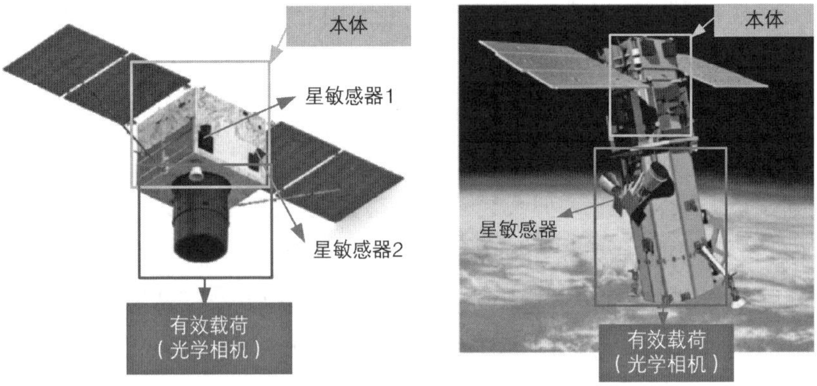

(a) 共位安装布局　　(b) 非共位安装布局

图 2-9　敏感器与执行机构的共位与非共位安装布局

上，与执行机构安装部位不同，属于非共位安装布局。

2. 共位安装布局下的控制问题

为叙述简便，以一维姿态 θ 为例，并令附件转动 $\omega_{ba}=0$，则动力学方程(2-10)、方程(2-11)的简化形式为

$$\boldsymbol{I}\ddot{\theta}+\boldsymbol{C}\ddot{\eta}=\boldsymbol{T} \tag{2-34}$$

$$\ddot{\eta}+\lambda^2\eta+\boldsymbol{C}^{\mathrm{T}}\ddot{\theta}=0 \tag{2-35}$$

姿态量测方程的一般形式可写为

$$y=\theta+l\xi\cdot\eta \tag{2-36}$$

式中，η 为挠性部件模态坐标；$\boldsymbol{C}$ 为模态耦合系数阵；λ^2 为模态频率对角阵；l 为观测系数；ξ 为敏感器安装点结构振型阵的行。

对于共位控制模型，姿态测量敏感器位于本体上，直接测量本体的姿态角($y=\theta$, $\xi=0$)。

(1) 约束模型。如将动力学的传递过程视为外作用力矩 T 使本体转动，它激励挠性体振荡，对式(2-35)模态坐标作拉氏变换，它对本体的反馈作用代入式(2-34)形成本体姿态的传递方程：

$$\theta(s)=\frac{1}{Is^2}\left[1-\sum_{i=1}^{n}\frac{s^2k_i}{s^2+\lambda_i^2}\right]^{-1}T(s) \tag{2-37}$$

式中，$k_i=C_i^2/I_s$ 为模态耦合系数的平方除以整体的惯量，C_i 为行阵 $\boldsymbol{C}$ 的元素，k_i 表征模态耦合作用的效果，因此 k_i 称为模态增益。由于式(2-35)的模态频率 $\boldsymbol{\lambda}$ 和耦合系数 $\boldsymbol{C}$ 是在附件被孤立约束情况下得出的，因此姿态的传递函数(2-37)称为约束模型。

(2) 整体模型。挠性附件的弹性振动亦可视为由作用力矩通过本体直接激励，将姿态方程(2-34)代入模态坐标方程(2-35)，推导得到相应的姿态传递方程为

$$\theta(s)=\frac{1}{Is^2}\left[1-\sum_{i=1}^{n}\frac{s^2K_i}{s^2+\Lambda_i^2}\right]^{-1}T(s) \tag{2-38}$$

此模态是作用力矩作用在本体上，由本体和附件组成的整体引起的，因此，称为整体模态，或称为非约束模态。Λ_i 为非约束模态频率。式中 K_i 为非约束模态增益。由约束模态增益 k_i 得出，其关系式为

$$K_i = \frac{k_i}{1 - k_i} \tag{2-39}$$

进一步,结合约束模型和整体模型,可以推导得到挠性航天器姿态的共位控制模型的传递函数:

$$\theta(s) = \frac{1}{Is^2}\prod_i \frac{(s^2/\lambda_i^2 + 1)}{(s^2/\Lambda_i^2 + 1)}T(s) \tag{2-40}$$

并有

$$\Lambda_i^2 = \frac{\lambda_i^2}{1 - k_i},\ k_i = \frac{C_i^2}{I_s} \tag{2-41}$$

$$\lambda_1 \leqslant \Lambda_1 \leqslant \lambda_2 \leqslant \Lambda_2 \leqslant \cdots \leqslant \lambda_i \leqslant \Lambda_i \leqslant \cdots$$

可见,挠性航天器姿态运动的自然频率为非约束模态频率,各约束模态与非约束模态对应地形成一个带通滤波器,模态增益越大,约束和非约束模态频率之差越大,模态带通滤波器的带宽越宽,姿态运动的振荡特性越显著。

在相平面上,控制对象的特性是:本体有一对极点位于原点,沿正、负虚轴,各阶非约束模态的极点都有一个对应的约束模态的零点为伴,零点比极点靠近原点,各阶模态的零点、极点在虚轴上交替分布。纯比例反馈闭路的根轨迹是:本体的极点由左半平面绕入一阶模态的零点,模态的极点沿虚轴趋向高阶模态的零点。因此,共位模型的挠性耦合是稳定的。抑制挠性振荡的最简易的方法是压缩控制闭合回路的带宽 ω_c,使非约束模态频率位于控制带宽之外。

压缩控制回路带宽的方法一方面会导致系统对外部干扰力矩灵敏度的增加,对于空间环境带来的不确定干扰力矩,控制系统抑制效果受限,导致控制精度和稳定度受限;另一方面,压窄控制回路带宽,只能保证控制系统稳定,但是带外挠性振动对航天器本体和有效载荷运动的影响仍然存在,限制了载荷指向控制的精度和稳定度。

为获得宽带高性能的控制回路,一阶或更高阶模态频率接近或落入系统带宽内,需用特定的成形滤波器,如超前、带通、陷阱谐振等滤波器,使系统稳定在选定的增益和阻尼比的情况下,对某些特定的引起不稳定的模态频率,降低控制回路中该频率的传递,或针对控制过程的动态振荡,增大该频率的反馈,抑制振荡,从而达到兼顾带宽和稳定的要求。这种方式需要能够准确估计挠性附件的模态和振型参数，但是由于结构安装、空间环境、展开形态、材料特性等不确定性，挠性参数很难准确估计，并且在轨可能发生不确定变化，导致按照模态估计参数设计的控制器并不能准确抑制选定的各阶模态影响。此外，当前成形滤波器一般只考虑到一阶模态，考虑更高阶模态的控制器设计异常复杂，且参数不准确导致性能下降甚至不稳定的问题更加突出。

可见，对于挠性附件振动耦合影响下的航天器姿态控制，采用压缩控制回路带宽、成形滤波抑制低阶模态的方法，难以达到很高的控制精度和稳定度。

此外，共位安装布局下，姿态测量和控制都是针对航天器本体，并没有考虑有效载荷指向与航天器本体指向之间的差异。实际上，高精度高稳定度控制的最终对象是有效载荷的指向，在其指标要求较高时，忽略这一差异所造成的不利影响将会变得更加明显和突出。

3. 非共位安装布局下的控制问题

如前所述，非共位安装布局下，星敏感器和陀螺直接安装在有效载荷上，直接测量有效载荷的指向，可以为后续载荷数据处理提供更加准确的载荷指向数据，是目前高分辨率对地观测卫星普遍采用的安装布局形式。

有效载荷与航天器本体之间存在安装关系，载荷的安装标定残差、挠性振动使得有效载荷指向与本体指向存在差异，有效载荷上安装的敏感器测量输出耦合了卫星本体挠性部件与载荷本身的挠性振动的影响。

对于一维姿态测量方程可表示为

$$y = \theta + l\xi \cdot \eta' \tag{2-42}$$

式中，θ 为本体姿态角；l 为姿态敏感器的观测系数；y 为敏感器安装部位的结构振型；η' 包含了本体挠性部件与载荷的挠性模态坐标 η_1 和 η_2。ψ 包含本体挠性结构部件与载荷挠性结构振型阵的行。因此挠性体振动的模态坐标直接参与姿控反馈。非共位模型的姿态传递函数可列为

$$\begin{aligned} y(s) &= \theta(s) + l\xi \cdot \eta'(s) \\ &= \frac{1}{I_s s^2}\left[1 - \sum_i \frac{s^2 k_i}{s^2 + \lambda_i^2}\right]^{-1}\left[1 + l\sum_i \frac{-s^2 \xi_i C_i}{s^2 + \lambda_i^2}\right] T(s) \\ &= \frac{1}{I_s s^2 \prod_i (s^2/\lambda_i^2 + 1)}\left[\prod_i (s^2/\lambda_i^2 + 1) - l s^2 \sum_i \frac{\xi_i C_i}{\lambda_i} \prod_{j \neq i} (s^2/\lambda_j^2 + 1)\right] T(s) \end{aligned} \tag{2-43}$$

式中，ξ_i 为振型阵 ξ 行的元素。此传递函数的极点与共位模型的极点相同，但零点的分布与敏感器的安装部位有关，显得无一定规律，与极点无伴随关系，挠性模态起不稳定作用。

非共位安装布局下，敏感器测量得到的载荷指向数据在航天器本体指向基础上，耦合了载荷自身的挠性振动；执行机构安装在航天器本体上，输出力矩直接控制的是航天器本体的姿态指向，进而通过传递间接控制有效载荷指向，由此导致式(2－43)所示的复杂传递函数。控制回路中不仅包含了帆板等挠性附件的振动耦合，还包含了有效载荷自身的挠性振动耦合。因此，非共位安装布局下，简单的压窄带宽、成形滤波抑制低阶模态等方法的控制性能同样受到限制，而且在挠性振动影响明显的情况下，挠性体动力学参数的一些变化会使模态零点跳入与原先不同的模态极点区，使反映控制对象特性的零极点分布发生根本性变化，导致控制品质严重恶化或失控。因此，非共位安装布局的挠性航天器高精度姿态控制问题，比共位安装布局的挠性航天器困难得多。

2.1.3.4 挠性航天器微振动抑制难题

前述分别基于现代控制理论和古典控制理论，分析了挠性附件振动耦合下的航天器高精高稳姿态控制难题。实际工程中，挠性航天器采用飞轮或控制力矩陀螺作为姿态控制执行机构，这些执行机构中都包含有高速转动的轮体，由于轮体本身残余动不平衡，其高速转动会使星体结构产生一种幅值很小、频率较高的抖动响应。在航天器姿态控制精度和稳定度面临较高要求时，这一微振动耦合问题，成为不得不解决的瓶颈难题。目前主要采用振动隔离的办法来抑制微振动的影响，包括被动隔振和主动隔振两种主要方式。该方法可在一定程度上减小微振动耦合干扰，但其适应性窄，存在残余振动，可能引发“水床效应”，使得挠性航天器能够达到的控制精度和稳定度仍然受限。

1. 目前工程中采用的被动隔振方法及其问题

被动隔振装置是一个紧凑的连接器，其组成包括弹力刚性单元、能量耗散单元(吸收振动)或能量阻尼单元，主要利用了弹簧阻尼系统以及结构自身的柔性来吸收振动能量，不需要外部能量和信息，像是低通过滤器。国内外对活动和挠性部件被动隔振进行了大量研究和应用。

Worldview－2 是第一批采用控制力矩陀螺群的商业航天器，于 2009 年 10

月6日发射升空,能够提供0.5 m全色图像和1.8 m分辨率的多光谱图像。它的CMGs组件中包含四个力矩陀螺,通过八根隔振器连接到航天器结构上实现微振动隔离,具体布置如图2-10所示。

图2-10　Worldview-2航天器CMGs隔振方案布置图

更为常见的转动干扰部件为飞轮,其被动隔振形式如图2-11所示。

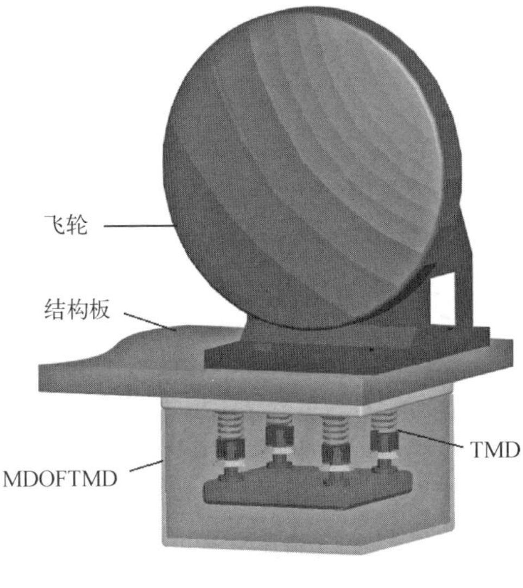

图2-11　飞轮被动隔振

被动振动系统设计适应性窄，与活动或干扰部件特性密切相关。下面以飞轮为例加以说明。

图 2 - 12 列出了日本 OICETS 航天器飞轮的地面微振动时域信号，其加速度的量级随着转速的改变而改变。在个别转速上，加速度量级随飞轮不平衡量的程度以及飞轮本体的固有频率有明显波动。

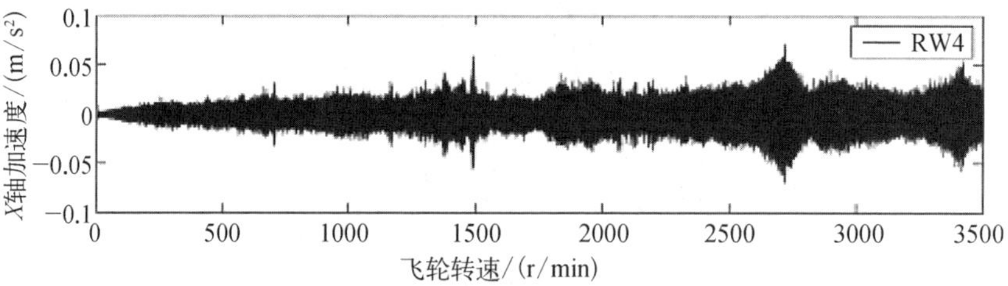

图 2 - 12　OICETS 航天器飞轮加速试验图谱

由飞轮振动引发的个别频段的振动与星体结构板局部固有频率相耦合，通过结构的传递途径，在某些部位会发生振动放大现象。

被动隔振结构简单，不需要额外提供能源及测量信息，但是适应性窄，与活动或干扰部件特性密切相关，参数变化时，其性能会明显衰退，且其对低频振动没有抑制力。

2. *目前工程中采用的主动隔振方法及其问题*

主动隔振是利用作动器进行隔振，主要针对中低频微振动进行抑制。作动器嵌入了振动传感器、压电执行器等构成的控制回路隔离振动。目前用于载荷振动隔离的隔振系统主要以多杆并联为典型特征，如以正交六杆组成的 Stewart 平台。AFRL、Honeywell 公司等开发的 MVIS，隔振频带可为 5~200 Hz。基于 Stewart 平台的主动隔振系统如图 2 - 13 所示；AFRL、Honeywell 公司等开发的主动隔振系统如图 2 - 14 所示。

相较于被动隔振，主动隔振理论上有更好的适应性，可以根据环境变化随时改变控制算法，有效抑制高频振动。但是，主动隔振需要额外提供能源及测量信息，也需要控制器、作动器等，控制结构与系统设计复杂。更重要的是，主动隔振会导致“水床效应”，即高频振动被抑制的同时，低频振动被放大。

进一步地，主动隔振控制无论隔振对象是飞轮、控制力矩陀螺，还是有效载荷，瞬态输出力都很大，与航天器本体姿态控制、挠性附件振动控制相互耦

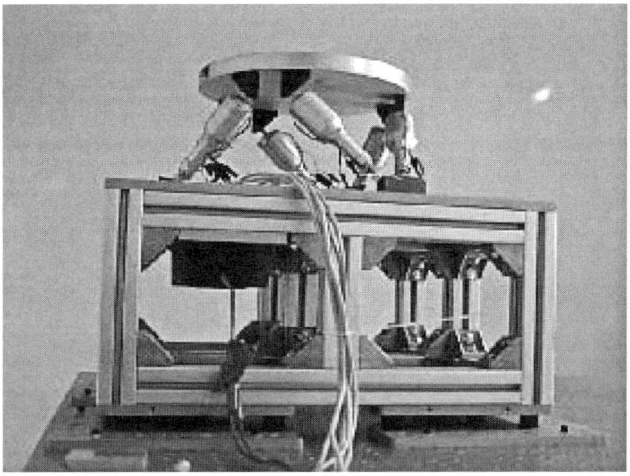

图 2－13　基于 Stewart 平台的主动隔振系统

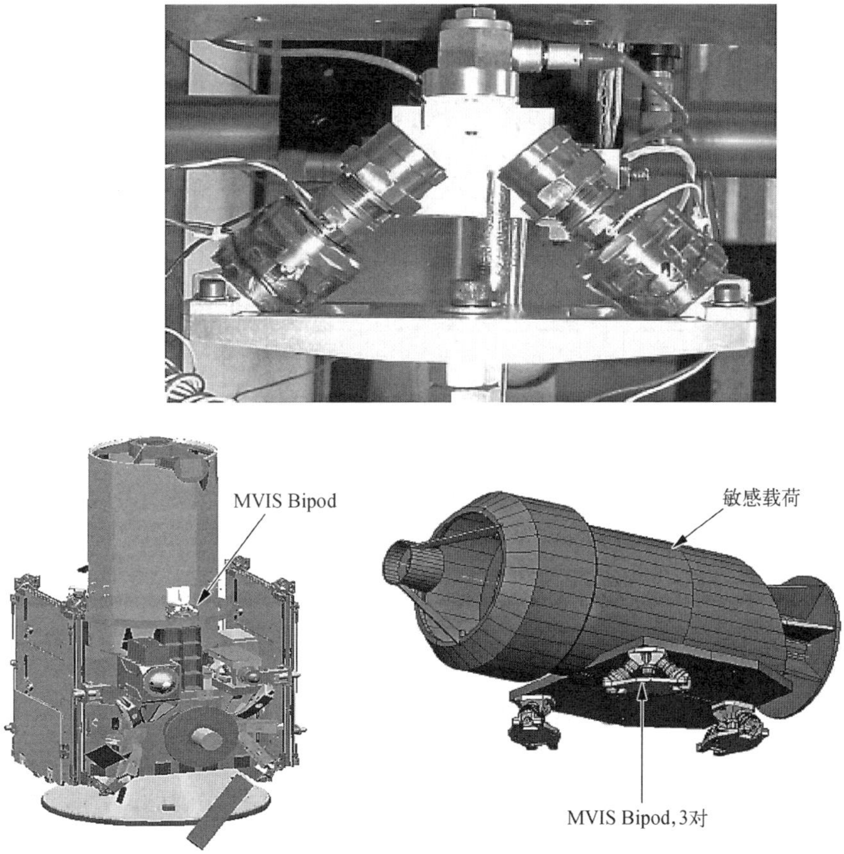

图 2－14　AFRL、Honeywell 公司等开发的主动隔振系统

合,使得系统稳定性更加复杂。

如图2-15所示,不失一般性,考虑共位安装布局,对有效载荷(如光学相机)进行主动隔振,则挠性航天器姿态控制呈现航天器姿态控制、挠性附件振动控制、微振动主动隔振控制三个控制回路的复杂耦合。航天器同时受到姿控执行机构输出的控制力矩、微振动干扰力矩,也受到主动隔振装置作动器动作所带来的主动隔振耦合力矩,还受到挠性附件转动和挠性振动带来的耦合干扰力矩、微振动导致航天器结构振动所带来的耦合干扰力矩。这些力矩相互耦合,共同影响航天器的姿态转动、微振动和挠性振动,三种运动掺杂在姿态敏感器、挠性传感器和微振动传感器的测量量中,进一步耦合影响挠性航天器姿态控制指令和主动隔振控制指令。

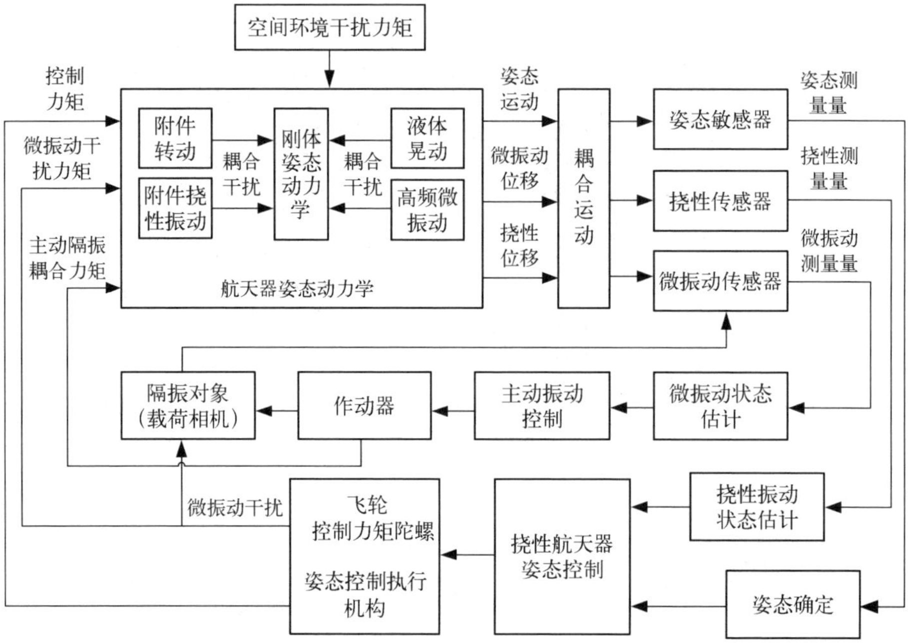

图2-15 共位安装布局、载荷相机主动隔振挠性航天器控制系统耦合关系

对于上述复杂耦合系统,准确描述动力学传递关系和耦合系数变得异常困难,当前工程设计方案中,只能基于大量简化假设,截断舍弃各控制回路之间的复杂耦合关系,分别独立施加控制,但是,这样设计得到的简化控制系统即使能够保证稳定,其控制精度与稳定性也很难达到很高水平。

为满足载荷的高精度、稳定度指向控制需求,在采用主动隔振方法控制微振动时,需要准确估计并最大限度地处理好三个控制回路之间的耦合关系,但是,一方面航天器姿态转动、挠性附件振动、执行机构微振动的频率覆盖范围超过 200 Hz,现有敏感器和执行器的带宽很难满足这一指标;另一方面挠性振动、微振动相关参数估计的不确定性,使得三个控制回路的控制律很难准确补偿控制耦合影响,各回路控制残差对其他回路的耦合影响也就难以避免。这些都严重限制了基于主动隔振抑制微振动的挠性航天器载荷指向控制精度与稳定度所能达到的水平。

3. 主被动隔振残余微振动抑制的难题

挠性航天器执行机构导致的在轨微振动主要有如下特点[26]。

(1) 固有性: 微振动是由运动部件正常工作引起的,而非部件故障造成。现有超精密机械制造、加工、安装与检测等手段虽然使得转动部件的精度具有很高的水平,但在其正常工作时仍然会输出一定量级的扰动,微振动是这些部件引发的固有特性,除非不使用此类运转设备,否则微振动的扰动影响将始终存在,不可消除。

微振动很少会造成结构的破坏。然而,微振动所引起的高频、微小幅值的动态响应、位移或应变,会直接影响载荷的指向精度和稳定度。此外,微振动有时候还会引发非线性因素,这将造成采用传统方法进行微振动环境下的结构参数设计和仿真分析的可信度下降。

(2) 频带宽: 一般地,相对航天器姿态控制系统带宽而言,微振动的频率范围要宽很多。低频部分通常可通过调整航天器姿态控制系统来进行振动抑制,而高频部分则远远超出现有控制系统的带宽。因此,微振动控制主要考虑的带宽范围是从姿态控制系统带宽频率上限,到航天器有效载荷的敏感上限。

(3) 幅值小、难测量、难抑制: 微振动的量级很小,一般量级在 $10^{-3}g$,对应的位移大约在微米量级,因此很难被测量与抑制。

由于微振动所具有的上述特点,使得不论是采用被动隔振还是主动隔振方法对微振动加以抑制,现实的隔振效果一般难以超过 95%。残余的微振动能量最终会传递到有效载荷的指向上,从而对载荷输出数据质量产生严重影响。如采用推扫形式的高分辨率对地观测相机,成像模式一般为延迟积分成像,线阵相机每一行的曝光时间一般为亚毫秒级,且需要多行曝光数据的叠加。每个像元尺寸为微米级,这就导致成像时微米级别的微振动位移,都会导致 1 个像元以上的图像偏移。一般超过 0.3 像元的偏移即会严重影响成像质量，超过 1 个像元的偏移则会导致图像的明显异常变形，表现为图像模糊、图像错位等，严重影响后续数据使用。

由于在主被动隔振之后的残余微振动频带更宽、位移量级更小，对其抑制与控制面临极大挑战。一是测量难，对传感器的带宽（超过 400 Hz）、灵敏度和分辨率（亚微米级）要求更高；二是控制难，抑制控制执行器的带宽（超过 400 Hz）和输出精度（超过 0.01%）要求更高。从目前水平看，要在短时间之内研制出实现这些指标的敏感器和执行器，工程上还存在很大的困难。

2.2 浮体式航天器定义

如前面所述，由于挠性及微振动等影响因素的存在，在传统的刚性固连构型下，希望通过星体的姿态控制而将当前载荷的指向精度提升至更高的水平已经非常困难，因此改变传统的构型设计就变得非常必要。一种很自然的想法是采用非接触分体式构型设计，由此随之产生了一类新概念航天器——浮体式航天器。

与传统刚性固连航天器的分舱设计不同，浮体式航天器特指这样一类全新构型的航天器，该类航天器由两个或多个舱体组成，舱体之间可分开、可吸合，并且舱体之间在轨可长期稳定地保持非接触且不远离状态的多舱体式航天器。其构型与传统刚性固连航天器相比，具有两个显著的特点：一是两舱体之间可重复分开与吸合；二是在轨稳态运行时，航天器两个舱体在空间上呈现非接触但并不远离的相对悬浮状态。根据此特点，特将该类航天器称为“浮体式”航天器。

需要特别指出的是，浮体式航天器的一般形式可以设计为多舱体式，并且其中某两体之间的相对悬浮状态可以通过磁浮或电浮等多种不同的方式实现。为叙述简便并不失一般性，本书后续章节论述中所提及的浮体式航天器特指两舱体（载荷舱与服务舱）航天器。

2.3 浮体式航天器设计概要

为了有效解决平台挠性振动和微振动对载荷指向控制的复杂影响，浮体式航天器采用全新的两舱可分离式构型设计理念和方法，可以很好地适应航天器在不同任务阶段所处的复杂动力学环境，尤其是对于在轨稳态运行阶段，可为遥感载荷指向的高精度控制创造优越的动力学条件。在轨稳态运行时，载荷舱与服务舱在空间上彻底物理分离，呈现出非接触相对悬浮状态，以实现载荷舱与服务舱干扰源的空间隔离，从而有效隔离服务舱微振动和挠性振动对载荷舱载荷指向控制的干扰。

因此，相较于传统设计，浮体式航天器需要实现载荷舱与服务舱在构型布局上的物理可分离、非接触、动静隔离式设计。这就涉及航天器总体设计的多个分系统，产生了卫星总体与平台实现技术上的若干关键问题，需要在设计时针对性地考虑与解决。

这些问题除了与总体构型布局相关的动力学分析与建模等方面的重大变化以外，还主要涉及平台的结构与热控、信息与能源，以及姿态控制等几个重要分系统的设计变化。其中，动力学建模与姿态控制分系统，相较于传统航天器设计，具有很大的不同，姿态控制还是浮体式航天器改变构型设计的初衷所在，因此动力学建模与姿态控制问题将作为本书的主要内容，在后续的第 4 章、第 5 章、第 6 章予以重点阐述。而对于其他几个关键问题，由于主要是工程技术实现问题，并非本书关注的重点，因此在本章仅对其一般性的设计方法进行概述。

2.3.1　浮体式航天器构型

图 2－16 为典型浮体式航天器构型设计示意图，航天器上有太阳翼、飞轮等活动部件，以及推力器和贮箱等微振动源。需要说明的是，浮体式航天器概念与地面磁悬浮列车有明显区别。浮体式航天器是在地外失重空间环境下，基于某个空间参考坐标系来看，服务舱与载荷舱均处于相对的悬浮状态，没有绝对的上下空间位置关系。

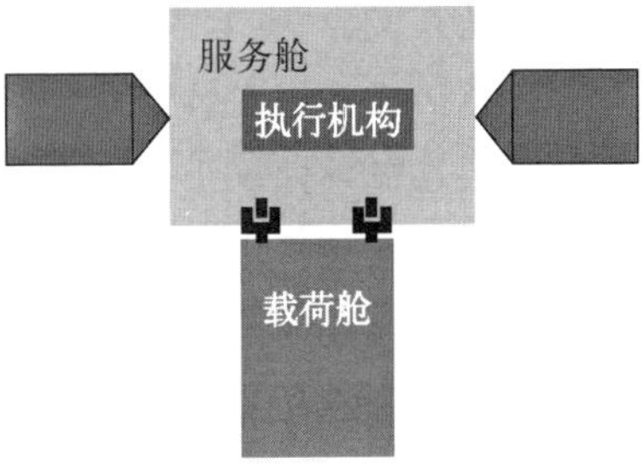

图 2－16　典型浮体式航天器构型设计示意图

浮体式航天器需要将振动源布置在服务舱，与载荷舱的载荷形成空间隔离。浮体式航天器微振动的隔离效果与传统固连式航天器主被动隔振的本质区别在于，对平台活动部件、挠性部件能够做到在物理空间上从两舱分离面，完全而彻底地隔离一切振源，方法简单有效，并且对平台活动部件、挠性部件的状态变化适应性强。

需要说明的是，浮体式航天器在航天任务的不同阶段可以很方便地调整空间构型以适应不同任务的需求。例如，在主动段，浮体式航天器两舱处于吸合状态，与传统航天器一致；在稳态飞行段，浮体式航天器两舱可以实现安全分离，保持稳定的非接触相对悬浮状态，以实现载荷舱的高精度控制；而在有姿态机动需求时，浮体式航天器又可以根据不同机动任务的需要，恢复吸合状态或者保持分离状态。

2.3.2　动静隔离布局

为了实现微振动的有效隔离，首先需要将航天器上除有效载荷之外的静态和活动部件分舱布局，载荷舱中布置有效载荷、光纤陀螺、星敏感器等静态部件，服务舱与传统航天器的设计方法基本一致，除保证航天器的能源以及信息等供应外，太阳翼、飞轮等活动部件，推力器、天线等振动源，则统一安装在服务舱。

航天器分体式设计实现了载荷舱与服务舱在空间上的动静分区，在物理上使得两者姿态具备了相互解耦的可能性。传统设计中，由于姿态动力学模型建模不充分所导致的结构挠性振动、微振动与姿态运动相互耦合、难以实现彻底解耦，非接触分体式设计则为从根本上解决该困难创造了条件。航天器通过分体式设计，有效解决了服务舱微振动、挠性振动等对载荷舱控制系统带宽设计所造成的根本性困难，载荷舱不受服务舱运动部件的微振动干扰影响，而对于本身无挠性部件与活动部件的载荷，则可等效为刚体处理，易于实现载荷指向控制精度的提高。

2.3.3　结构与热控分系统设计

浮体式航天器与传统航天器在结构与热控的设计上也会有很多的不同和变化。

在结构设计方面，相比于传统航天器，由于挠性结构、转动部件等都集中布置在服务舱，浮体式航天器控制系统对服务舱结构设计的约束要求会降低。由于构型采用非接触分体式构型，浮体式航天器具备在轨重复吸合和分离的能力，以便在任务的不同阶段调整空间构型状态，适应不同航天任务的需求。航天器在吸合状态下，服务舱与载荷舱之间的力可通过舱间重复连接装置、舱间电缆等结构传递；在分离状态下，服务舱与载荷舱之间处于非接触状态，服务舱中的微振动、液体晃动等干扰通过物理空间的隔离，即在实体结构上传递不到载荷舱，因此服务舱干扰对载荷舱几乎没有影响。相比于服务舱，载荷舱的刚度会更好些，控制的稳定度也更易于实现。

浮体式航天器载荷舱和服务舱之间的连接结构设计可采用重复连接释放装置，以实现两舱可重复的连接与解锁功能，一般的两舱分离状态下的间距设计为 1~10 mm，就可以很好地满足载荷舱控制系统与服务舱控制系统对于舱间相对距离的需求。

在结构设计时为适应主动段力学环境，需要考虑在航天器两舱之间同时增加火工品连接，比普通的航天器要稍微复杂一些。但相对于指向精度的提高和对任务更强的适应性好处而言，这点轻微的代价是可承受的，也是非常值得的。

在热控设计方面，相比传统航天器，浮体式航天器载荷受平台热变形的影响更小，因而其热控设计将变得更为简化[27]。由于采用浮体式构型，服务舱热变形不会传递到载荷舱，因此对载荷的指向控制系统没有干扰，解决了传统固连设计平台与载荷热变形耦合处理的历史性难题。服务舱与载荷舱隔离，服务舱的温度对载荷舱没有结构传导，载荷舱的热控独立性更好，自主温控可以做得效果更佳。浮体式航天器这一载荷独立温控的特点，对于光学遥感类载荷具有显著的优势[28,29]。

航天器采用浮体式构型设计，在结构和热控上做到了非接触隔离设计，服务舱与载荷舱在结构与热控设计上可实现一定程度的独立，减轻了航天器结构与热控设计的难度，尤其是在工程上弱化了服务舱的设计约束，可以有效地降低服务舱的成本。

2.3.4　能源分系统设计

浮体式航天器在轨飞行时，服务舱的能源供应及调配方式与传统航天器相同。在光照期间，由航天器太阳翼通过吸收太阳能转换为电能，为服务舱(含器上蓄电池)供电；在阴影期间，通过器上蓄电池为航天器供电。与传统航天器不同的是，在两舱非接触隔离状态下，载荷舱的供电需要采取两种特殊形式：软电缆传输或无线能源传输。

图 2－17 为典型浮体式航天器能源分系统设计示意图，对于无线传输形式，浮体式航天器的服务舱可以通过无线能源传输子系统为载荷舱提供能源；对于软电缆有线连接形式，浮体式航天器服务舱可以通过舱间光电混合脱落装置或者重复插拔机构为载荷舱提供能源[30,31]。

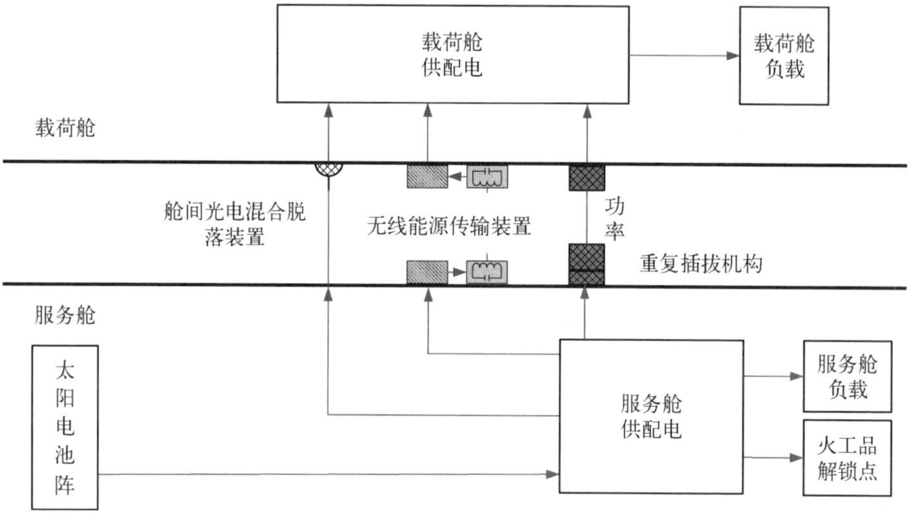

图 2－17　典型浮体式航天器能源分系统设计示意图

当浮体式航天器的两舱处于有线连接状态时，服务舱可通过舱间光电混合脱落装置或重复插拔机构的功率节点为载荷舱供电。

在两舱非接触状态下，浮体式航天器可以采用无线能源或软电缆的方式，实现服务舱和载荷舱之间供电传输，满足载荷舱在航天器整个寿命期间、各种工作模式下的功率需求。无线能源传输可以彻底消除电源线引入的振动和干扰，而采用软电缆连接，则可在保证服务舱为载荷舱提供能源的同时，高效减小服务舱微振动对载荷舱姿态的影响。

2.3.5　信息分系统设计

航天器一般通过器地链路，接收地面上行遥控信号，并通过器上综合电子分系统处理、分发、执行。浮体式航天器信息分系统包括器上综合电子和舱间信息传输终端。器上综合电子通过采集、处理、存储及传输器上的遥测信息或者有用数据,再通过星地链路下发至地面;浮体式航天器载荷舱与服务舱之间的信息传输,可采用无线通信终端的方式,实现载荷舱与服务舱之间的遥测、遥控、载荷数据的双向传输[32]。

图2-18为典型浮体式航天器信息分系统设计示意图,载荷舱与服务舱之间的测控信息流可以通过无线通信终端,利用无线微波的方式实现上行遥控指令和下行遥测信息之间的互传;同时,可通过舱间激光通信终端构建舱间数传信道,利用激光作为高速通信载波,实现载荷舱至服务舱的大容量数据通信。另外,无线测控信道与激光数传信道可以互为备份,进一步提升舱间通信的可靠性。

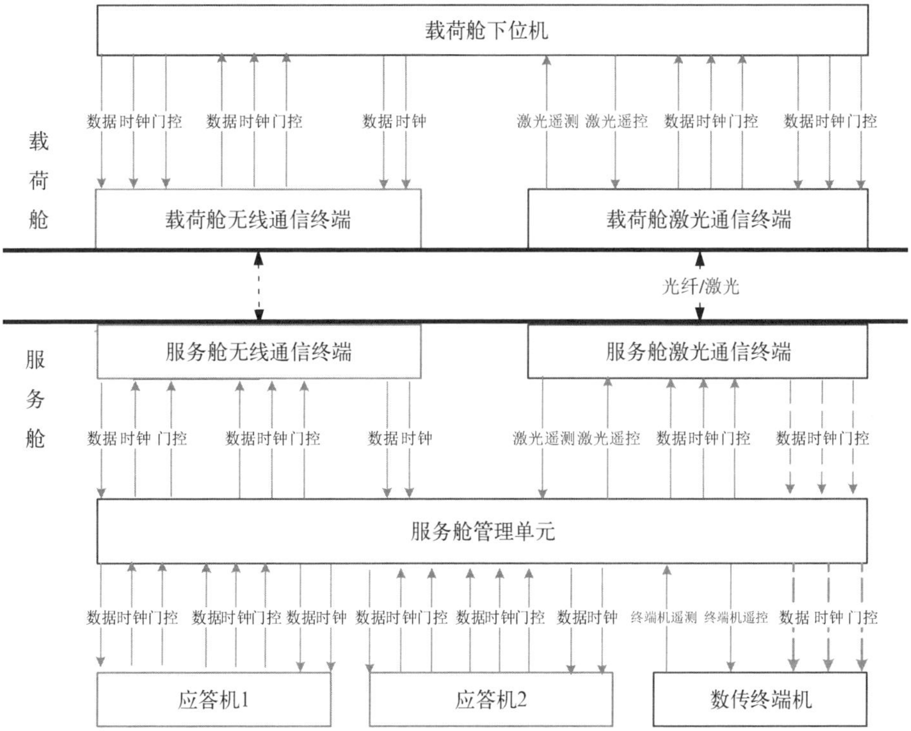

图2-18　典型浮体式航天器信息分系统设计示意图

2.3.6　浮体式航天器的控制问题

根据定义,浮体式航天器与传统的刚体航天器不同,由于采用非接触分体式设计,其在轨整体结构分成了两个相对悬浮、非接触但并不远离的关联体。

因此整器的在轨运动比传统的航天器要复杂，其控制系统设计也要比传统的航天器困难许多。一方面，从空间上看，两舱长期保持相对悬浮非接触，因此其在轨运动似乎可以看作是两个相对独立的航天器；另一方面，两舱各自受到的内外部力和力矩存在耦合，需对两舱的相对位置和相对姿态分别采取有效控制，以实现两舱相对悬浮状态的稳定和保持。这就给航天器的力学分析和控制系统的设计带来了一系列新的问题和难度。

首先，浮体式航天器在轨运动涉及多项系统状态。这些状态除了服务舱姿态、载荷舱姿态以外，还涉及两舱相对位置和相对姿态，并且这些状态变量间相互耦合、关系复杂。其次，浮体式航天器的闭环控制系统比传统的航天器更复杂，且对稳定性的要求更高。除了需要保证整器的姿态稳定和满足一定精度要求以外，其内部两舱相对位置和相对姿态之间还需要保证满足一定的约束关系。因此，相较于传统的固连式航天器，浮体式航天器控制系统的稳定性概念和控制设计均需要重新加以考虑。为了后续章节清楚说明和有效阐述这些问题，首先需引入两个新的稳定性概念——非接触整体控制稳定与非接触主从协同控制稳定。下面介绍传统的控制稳定性概念。

2.3.6.1 控制稳定性

稳定性是控制系统的重要性能，也是系统能够正常运行的首要条件。自动控制系统最重要的特性莫过于它的稳定性，一个不稳定系统是无法完成预期控制任务的。因此如何判别一个系统是否稳定以及怎样改善其稳定性是系统分析与设计的一个首要问题。

控制系统在实际运行过程中，总会受到外界和内部一些因素的扰动。系统的稳定性，表示系统在遭受外界和内部扰动偏离平衡状态，而在扰动消失后，系统自身仍有能力恢复到原来平衡状态的一种性质。如果系统不稳定，就会在任何微小的扰动作用下偏离原来的平衡状态，并随着时间的推移而发散。因此系统的稳定性分析和稳定性控制是自动控制理论的基本任务之一。

就系统的稳定性而言，有内部稳定和外部稳定的区别。内部稳定指的是系统受扰并且扰动消失后，在无控状态下，系统能够从初始偏差状态恢复到平衡状态的性能。外部稳定指的是输入输出稳定，即当系统受到有界的内外部干扰时，在有界的控制输入作用下，系统输出能够保持有界的性能。对于航天器姿态控制系统而言，一般地，稳态时姿态偏差较小，系统参数变化很慢且变化范围不大，在此情况下，可视其为线性定常系统。对线性定常系统而言，其内部稳定性与外部稳定性是等价的。如前所述，由于两舱惯量和所受内外部空间环境干扰的不同，两舱相对位置和相对姿态在无控状态下明显趋于发散，故后续章节所探讨的航天器姿态稳定性问题，特指航天器姿态的输入输出稳定，即研究系统能否通过有效的闭环控制，保持航天器的姿态不发散，并且维持一定精度和稳定度的定向性能。

因为两舱的惯量和各自的外部空间环境干扰不同，所以两舱的在轨姿态与位置变化完全不同。为保证实现两舱长期稳定的相对悬浮——非接触且不远离，必须对整器姿态和两舱的相对位置进行必要且有效的控制。所涉及的控制变量主要包括服务舱姿态、载荷舱姿态以及两舱相对位置和相对姿态。考虑到两舱相对姿态与各自姿态的相关性，通常只需采取以下两种针对性的控制策略之一即可。第一种策略是不直接控制两舱间的相对姿态，而是控制两舱各自的姿态。由于舱间相对姿态取决于两舱各自的姿态，因此在两舱间距离或两舱的相对位置满足一定的范围条件下，两舱姿态实现稳定受控就可以很好地实现相对姿态受控且两舱互不碰撞，因此该种情况下，可以不对两舱的相对姿态采取直接控制。第二种策略则是直接控制相对姿态，并在保证舱间相对位置受控的前提下，实现服务舱姿态跟踪随动载荷舱姿态。为阐述方便，需要引入与这两种控制策略相对应的系统控制稳定的新概念和系统控制的新方法。

2.3.6.2　稳定性新概念

非接触整体控制稳定：在某种控制作用下，浮体式航天器稳态时其载荷舱与服务舱能够始终保持非接触，并且其各自的姿态指向精度和稳定度能够分别满足一定的指标要求，则称浮体式航天器系统为非接触整体控制稳定，并称该种控制作用为非接触整体稳定控制，简称整体稳定控制。

非接触主从协同控制稳定：在某种控制作用下，浮体式航天器稳态时实现非接触整体控制稳定，且服务舱姿态随动载荷舱姿态，则称浮体式航天器系统非接触主从协同控制稳定，并称该种控制作用为非接触主从协同稳定控制，简称主从协同控制。

从上述定义可以看出，与传统航天器的姿态控制不同，整体稳定控制与主从协同控制是两种全新的控制方法，其状态变量、控制变量和控制目标都发生了很大的变化。但是具体控制律的设计，则可以采取传统的 PID 控制、滑模控制等算法。

在后续章节将提到浮体式航天器的服务舱与载荷舱保持非接触主从协同控制稳定,此时服务舱姿态随动载荷舱姿态,且载荷舱的姿态闭环控制律中仅包含载荷舱的姿态与状态反馈,而与服务舱的姿态与状态无关。因此载荷舱姿态控制相对于服务舱的姿态解耦。该策略是一种简单易行、实效性高的"单边解耦"控制策略,即载荷舱姿态控制相对于服务舱姿态实现解耦,反之则不然。该解耦作用至关重要,能够有效解决服务舱的姿态运动、挠性振动、液体晃动、结构微振动以及热变形等外部环境干扰对载荷舱姿态的影响,为实现载荷舱的高精度指向控制创造了有利条件。这也正是浮体式航天器采用非接触分体式设计的主旨所在。

由于主从协同控制与整体稳定控制对浮体式航天器设计的至关重要性,所以其系统设计方法与性能分析将作为本书的重要内容,分别在第5、6章进行重点阐述。

2.4 小　　结

本章分析了多柔体航天器姿态控制面临的一系列棘手的挑战与难题,传统方法均很难取得突破。在此基础上,给出了浮体式航天器的概念,并概要地阐述了浮体式航天器总体设计中的几个关键技术问题的一般性解决方法,提出了与浮体式航天器控制相关的几个重要概念。相较于传统设计,浮体式航天器在构型布局上提出的两舱可分离、非接触分体式设计技术,主要带来了平台的结构与热控、信息与能源,以及姿态稳定控制等相关分系统设计的变化。其中浮体式构型设计、动静隔离布局、结构与热控设计、能源及信息流设计等问题,属于工程实现技术问题,本章仅对其做简要概述;而作为本书的主要内容,浮体式航天器的力学分析与建模以及控制系统设计等重要问题,将在后续的章节进行深入阐述。

第 3 章
浮体式航天器运动方程

一般地，为了对航天器的在轨运动状态进行分析与控制，需要对航天器的空间运动建立完整的描述，即需要建立起航天器的一般运动方程，包含航天器的轨道运动学与动力学方程，姿态运动学与动力学方程。

航天器的一般运动方程是以牛顿力学为基础进行研究的。一部分是从几何学的角度，只讨论运动的几何性质，而不涉及产生运动和改变运动的原因，通过坐标系转换得出的运动学方程；另一部分则是研究航天器在内外部力及力矩的作用下，质心运动或航天器绕质心运动的状态和性质的动力学方程。

浮体式航天器由稳定相对悬浮的载荷舱和服务舱组成，其运动方程与传统航天器不同。首先，载荷舱与服务舱在稳态相对悬浮状态下，两者各自受到地球引力场、空间环境等影响，呈现各自独立的轨道和姿态运动；但同时，载荷舱和服务舱的轨道和姿态运动又相互关联，两者需要在毫米级的间隙范围内，保持稳定相对悬浮状态，避免发生碰撞。因此，两舱的相对姿态和轨道运动必须同时满足防碰撞的约束条件。

可见，为准确完整描述浮体式航天器的在轨运动，不仅需要分析并建立描述两舱独立姿态和轨道运动的一般运动方程，还需要建立两舱相对姿态和轨道运动的一般运动方程。两部分相结合才能准确构建满足控制系统设计需求的标准运动模型，从而为浮体式航天器控制系统设计奠定模型基础。

3.1 传统航天器的一般运动方程

传统航天器的运动包含绕质心的旋转运动、质心的轨道运动两部分，需要分别建立对应的数学描述。

一般地，对于传统的航天器，设航天器质量为 m，质心为 O，建立地心惯性坐标系 $O_iX_iY_iZ_i$、航天器质心轨道坐标系 $O_oX_oY_oZ_o$、航天器本体坐标系 $O_bX_bY_bZ_b$，如图 3－1 所示。

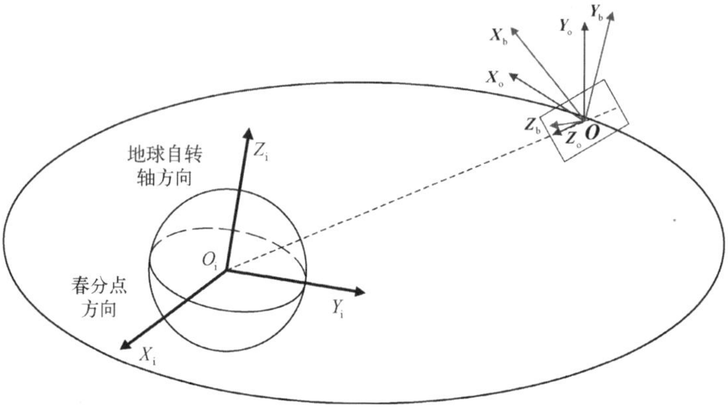

图 3－1　传统航天器常用的空间坐标系

1）地心惯性坐标系 $O_iX_iY_iZ_i$

J2000.0 地心惯性坐标系选取原点 O_i 为地心，O_iX_i 在赤道面上，指向公元 2000 年 1 月 1 日 12 时的春分点，O_iZ_i 轴指向北极，即地球自转轴，O_iY_i 轴的方向由右手法则确定。

2）航天器质心轨道坐标系 $O_oX_oY_oZ_o$

航天器质心轨道坐标系的原点 O_o 为航天器质心，O_oZ_o 轴指向地心，O_oX_o 轴在航天器轨道平面内且垂直于 O_oZ_o，约束指向航天器轨道运动方向，O_oY_o 轴方向由右手法则确定。

3）航天器本体坐标系 $O_bX_bY_bZ_b$

航天器本体坐标系原点 O_b 为整器质心，O_bX_b、O_bY_b、O_bZ_b 一般沿航天器三个相互正交的惯性主轴方向，构成右手坐标系。

地心惯性坐标系下，航天器的轨道动力学方程可以描述为

$$
\begin{cases}
\ddot{R}_x = -\dfrac{\mu}{r^3}R_x + a_x + J_x \\
\ddot{R}_y = -\dfrac{\mu}{r^3}R_y + a_y + J_y \\
\ddot{R}_z = -\dfrac{\mu}{r^3}R_z + a_z + J_z
\end{cases}
\tag{3-1}
$$

式中，μ 为地球引力常数；r 为航天器质心到地心的距离；R_x、R_y、R_z 为航天器在惯性坐标系下的位置矢量坐标分量；a_x、a_y、a_z 为航天器受到的轨道控制加速度分量；J_x、J_y、J_z 为航天器受到的空间摄动加速度分量。

根据质心的动量矩定理，按照刚体考虑时，航天器绕质心运动的姿态动力学方程在本体坐标系中的投影为

$$\begin{cases} I_x \dfrac{\mathrm{d}\omega_x}{\mathrm{d}t} + \omega_y H_z - \omega_z H_y = T_x \\ I_y \dfrac{\mathrm{d}\omega_y}{\mathrm{d}t} + \omega_z H_x - \omega_x H_z = T_y \\ I_z \dfrac{\mathrm{d}\omega_z}{\mathrm{d}t} + \omega_x H_y - \omega_y H_x = T_z \end{cases} \tag{3-2}$$

式中，I_x、I_y、I_z 为航天器主惯量轴的转动惯量；T_x、T_y、T_z 是沿航天器本体坐标系各轴的合外力矩分量；ω_x、ω_y、ω_z 是航天器在惯性空间转动角速度沿本体坐标系各轴的分量；H_x、H_y、H_z 为三轴角动量分量，根据角动量定义具体展开为

$$\begin{cases} H_x = I_x\omega_x - I_{xy}\omega_y - I_{xz}\omega_z \\ H_y = -I_{xy}\omega_x + I_y\omega_y - I_{zy}\omega_z \\ H_z = -I_{xz}\omega_x - I_{yz}\omega_y + I_z\omega_z \end{cases} \tag{3-3}$$

式中，I_{xy}、I_{yz}、I_{xz} 为航天器各主惯量轴之间的惯量积。

采用欧拉角描述姿态时，从欧拉角转动顺序可以推导得到姿态运动学方程。对于典型的 $X-Y-Z$ 转序，航天器姿态运动学方程为

$$\begin{cases} \omega_x = \dot{\varphi}\cos\psi\cos\theta + \dot{\theta}\sin\psi \\ \omega_y = -\dot{\varphi}\sin\psi\cos\theta + \dot{\theta}\cos\psi \\ \omega_z = \dot{\psi} + \dot{\varphi}\sin\theta \end{cases} \tag{3-4}$$

式中，φ、θ、ψ 依次为滚动角、俯仰角、偏航角。

以上三组方程就完整地构成了传统航天器的一般运动方程。

考察该一般运动方程可以看出，传统的刚性固连式航天器在空间有六个运动自由度，其中 3 个为质心平动自由度，描述轨道运动；3 个为转动自由度，描述姿态运动。公式(3-1)的 3 个二阶微分方程描述了航天器的质心运动规律，即航天器的轨道运动。公式(3-4)的航天器姿态运动学方程与公式(3-2)的姿态

动力学方程共同描述了航天器绕质心的旋转运动规律,即航天器的姿态运动。

联立式(3-1)和式(3-2)的6个二阶微分方程,在给定12个初始条件以后,可以全部解出传统航天器6个自由度的轨道和姿态运动。

3.2 浮体式航天器运动特性分析

如图3-2所示,在稳定相对悬浮状态下,浮体式航天器的运动实际上包含相互关联的四部分,各部分运动对应的作用影响不同,相互之间的关联关系也不同,下面将分别描述。

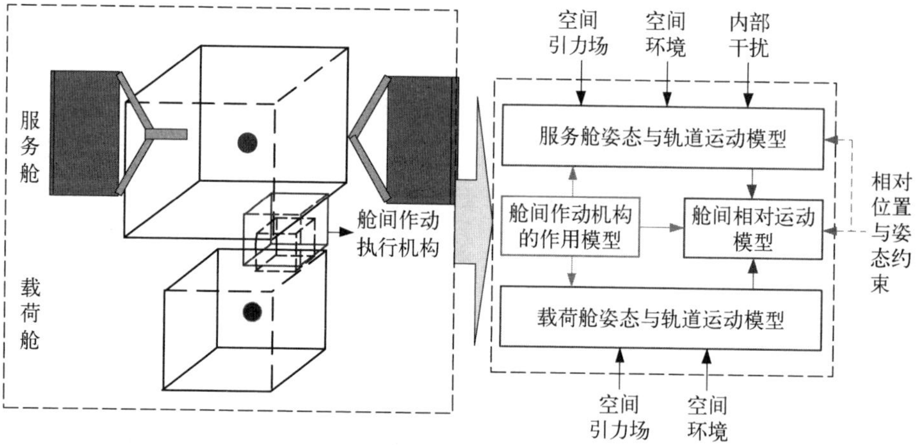

图3-2 浮体式航天器的运动特性组成与关系示意

1. 服务舱姿态与轨道运动

服务舱的姿态与轨道运动不仅受到空间引力场、空间环境的作用影响,同时由于帆板、天线等挠性附件,以及飞轮等旋转执行部件均安装在服务舱上,服务舱的姿态运动同时受到挠性振动、高频振动等干扰因素的影响,且由于外形和质量特性更加复杂,空间环境带来的太阳光压、大气阻力、重力梯度等影响也更加明显。此外,舱间作动执行机构主要用于同步输出舱间相对位置控制和载荷舱姿态控制所需控制力和力矩,但工作时会对服务舱带来反作用力和力矩。可见,服务舱的姿态和轨道运动受到复杂的作用力矩和力影响,且其运动直接影响与载荷舱之间的相对位置和姿态关系,从而面临与载荷舱"非即非离"的相对位置与姿态约束。

2. 载荷舱姿态与轨道运动

载荷舱的姿态与轨道运动同样受到空间引力场、空间环境的作用影响，但是，由于载荷舱上不安装挠性附件与转动部件，外形与质量特性也相对简单，其受到的内外部干扰得到最大限度的简化。另外，与传统飞轮、推力器等控制执行机构不同，载荷舱采用舱间作动执行机构输出自身姿态控制力矩和舱间相对位置控制力，带来全新的作用机理。

在相对运动约束方面，载荷舱姿态控制只关注自身指向的精确和稳定，相对姿态运动约束主要由服务舱满足；相对位置运动约束则需要由两舱轨道运动联合满足。

3. 舱间相对位置与姿态运动

载荷舱和服务舱各自的姿态和轨道运动，会自然地造成相对位置和姿态运动。需要分析两舱相对运动特性并建立对应模型。这主要有两方面原因：一是两舱“非即非离”的相对稳定悬浮对相对姿态和位置运动提出约束；二是相对位置控制和相对姿态控制需要以相对运动模型为基础。

严格来说，舱间防撞约束对相对位置和相对姿态提出了耦合约束，但是在相对稳定悬浮状态下，通过将相对位置或相对姿态约束在充足裕度的安全范围内，相对位置和相对姿态约束可以分别考虑和单独描述，这就为相对位置和相对姿态的解耦控制提供了条件。

4. 舱间作动执行机构的作用机理

舱间作动执行机构的两部分分别安装在服务舱和载荷舱上，产生的作用力也分别作用在两舱上，对于整个浮体式航天器属于内力，对于服务舱和载荷舱则均属于外力。在考虑两舱自身姿态和轨道运动时，需要作为外力和外力矩加以考虑。

舱间作动执行机构的作用原理与传统飞轮、推力器等执行机构不同，多个机构分布安装，组合输出载荷舱姿态控制力矩、舱间相对位置控制力，同时对服务舱产生姿态干扰力矩，作用效果与安装布局和作用方向有关。

综合上述分析，浮体式航天器的稳定相对悬浮状态和舱间作动机理使其运动特性与传统航天器截然不同，作为控制系统设计的基础，不仅需要分别建立载荷舱和服务舱自身姿态和轨道运动模型，还需要建立舱间相对运动模型、舱间作动执行机构作用模型，各部分模型相结合，共同组成浮体式航天器的一般运动模型和标准控制模型。

3.3 坐标系定义与转换关系

3.3.1 坐标系定义

由于浮体式航天器在轨运动时两个舱体完全不接触，并呈现出非即非离、高度关联的整体稳定状态，所以为了建立起浮体式航天器的一般运动方程，除了需要建立起整器坐标系，还涉及载荷舱轨道坐标系、载荷舱本体坐标系、服务舱轨道坐标系、服务舱本体坐标系，如图 3－3 所示。本节首先对此进行说明，进而阐述各坐标系间的转换关系。其中，地心惯性坐标系 $O_iX_iY_iZ_i$、整器轨道坐标系 $O_oX_oY_oZ_o$、整器本体坐标系 $O_bX_bY_bZ_b$ 与传统航天器相关坐标系定义相同，此处不再赘述。

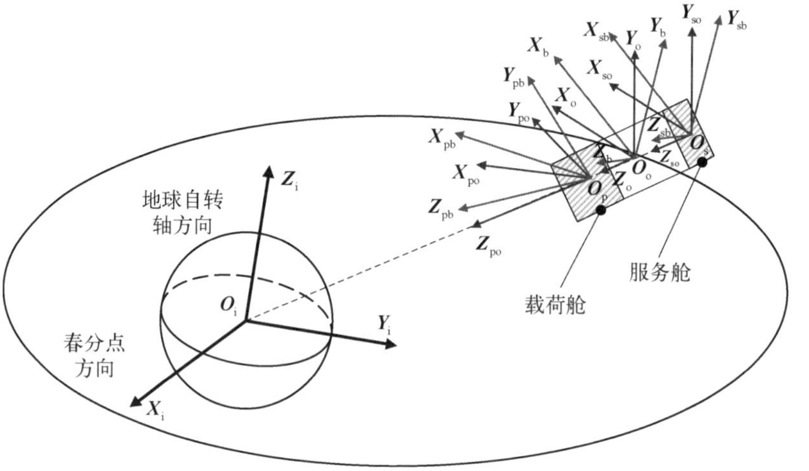

图 3－3 浮体式航天器常用的空间坐标系

1. 载荷舱轨道坐标系 $O_pX_{po}Y_{po}Z_{po}$

载荷舱轨道坐标系的原点 O_p 为载荷舱质心，O_pZ_{po} 轴指向地心，O_pX_{po} 轴在载荷舱轨道平面内且垂直于 O_pZ_{po}，约束指向载荷舱轨道运动方向，O_pY_{po} 轴方向由右手法则确定。

2. 载荷舱本体坐标系 $O_pX_{pb}Y_{pb}Z_{pb}$

载荷舱本体坐标系原点 O_p 为载荷舱质心，O_pX_{pb}、O_pY_{pb}、O_pZ_{pb} 为载荷舱本体的三个坐标轴，一般与整器本体坐标系的三个坐标轴平行。

3. 服务舱轨道坐标系 $O_sX_{so}Y_{so}Z_{so}$

服务舱轨道坐标系的原点 O_s 为服务舱质心，O_sZ_{so} 轴指向地心，O_sX_{so} 轴在服务舱轨道平面内且垂直于 O_sZ_{so}，约束指向服务舱轨道运动方向，O_sY_{so} 轴方向由右手法则确定。

4. 服务舱本体坐标系 $O_sX_{sb}Y_{sb}Z_{sb}$

服务舱本体坐标系原点 O_s 为载荷舱质心，O_sX_{sb}、O_sY_{sb}、O_sZ_{sb} 为载荷舱本体的三个坐标轴，一般与整器本体坐标系的三个坐标轴平行。

3.3.2 坐标系转换

坐标系间的转换关系主要用航天器轨道根数和姿态来描述，其中姿态的表达方式主要有转换矩阵、欧拉角和四元数三种。下面给出浮体式航天器控制系统设计所需的主要坐标转换关系。

1. J2000.0 地心惯性坐标系与载荷舱轨道坐标系的转换

将 J2000.0 地心惯性坐标系按 $Z-X-Z$ 顺序依次旋转 Ω_p、i_p、u_p 角度后，即可得到 J2000.0 地心惯性坐标系 $O_iX_iY_iZ_i$ 到载荷舱轨道坐标系 $O_pX_{po}Y_{po}Z_{po}$ 的坐标转换矩阵 $\boldsymbol{C}_{poi}$：

$$\boldsymbol{C}_{poi}=\begin{bmatrix}0&1&0\\0&0&-1\\-1&0&0\end{bmatrix}\begin{bmatrix}\cos u_p&\sin u_p&0\\-\sin u_p&\cos u_p&0\\0&0&1\end{bmatrix}\begin{bmatrix}1&0&0\\0&\cos i_p&\sin i_p\\0&-\sin i_p&\cos i_p\end{bmatrix}\begin{bmatrix}\cos\Omega_p&\sin\Omega_p&0\\-\sin\Omega_p&\cos\Omega_p&0\\0&0&1\end{bmatrix}$$

$$=\begin{bmatrix}-\sin u_p\cos\Omega_p-\cos u_p\cos i_p\sin\Omega_p & -\sin u_p\sin\Omega_p+\cos u_p\cos i_p\cos\Omega_p & \cos u_p\sin i_p\\ -\sin u_p\sin\Omega_p & \sin i_p\cos\Omega_p & -\cos i_p\\ -\cos u_p\cos\Omega_p+\sin u_p\cos i_p\sin\Omega_p & -\cos u_p\sin\Omega_p-\sin u_p\cos i_p\cos\Omega_p & -\sin u_p\sin i_p\end{bmatrix} \tag{3-5}$$

式中，$u_p=w_p+f_p$ 称为载荷舱的轨道角，w_p 为近地点幅角，f_p 为真近点角；i_p 为轨道倾角；Ω_p 为升交点赤经。

进而可以求得载荷舱轨道坐标系 $O_pX_{po}Y_{po}Z_{po}$ 到 J2000.0 地心惯性坐标系 $O_iX_iY_iZ_i$ 的坐标转换矩阵为

$$\boldsymbol{C}_{ipo}=(\boldsymbol{C}_{poi})^{-1}=(\boldsymbol{C}_{poi})^{\mathrm{T}} \tag{3-6}$$

2. 载荷舱轨道坐标系到载荷舱本体坐标系的转换

载荷舱轨道坐标系 $O_pX_{po}Y_{po}Z_{po}$ 到载荷舱本体坐标系 $O_pX_{pb}Y_{pb}Z_{pb}$ 的转换一般采用欧拉角或四元数的方式描述，下面首先介绍欧拉角的描述方式，再介绍四元数的描述方式，最后给出两种描述之间的关系。

据欧拉定理，刚体绕空间中固定点的任一位移，可由绕通过该点的某一转轴转动一个相应的角度得到。因此，将载荷舱轨道坐标系按某一顺序转动三次即可得到载荷舱本体坐标系，每次的旋转轴是被转动坐标系的某一轴，转动角我们就称为欧拉角，由欧拉角法描述航天器姿态的矩阵为三次坐标转换矩阵的有序乘积。欧拉转动的顺序共有 12 种，这里采用 $Z-X-Y$ 转序，从载荷舱轨道坐标系 $O_pX_{po}Y_{po}Z_{po}$ 变换到载荷舱本体坐标系 $O_pX_{pb}Y_{pb}Z_{pb}$，如图 3－4 所示。

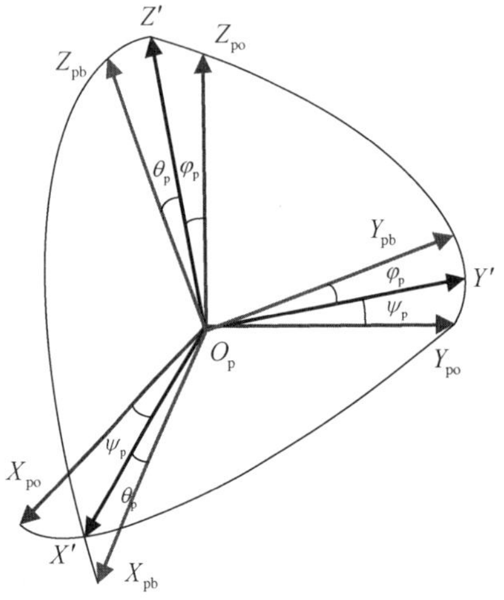

图 3－4　载荷舱轨道坐标系到本体坐标系 Z－X－Y 旋转变换示意图

图 3－4 中，ψ_p 为载荷舱偏航角，θ_p 为载荷舱俯仰角，φ_p 为载荷舱滚转角，绕 Z 轴转动的转换矩阵为

$$\boldsymbol{R}_{pz}=\begin{bmatrix}\cos\psi_p & \sin\psi_p & 0\\ -\sin\psi_p & \cos\psi_p & 0\\ 0 & 0 & 1\end{bmatrix} \tag{3-7}$$

绕 X 轴转动的转换矩阵为

$$\boldsymbol{R}_{px}=\begin{bmatrix}1 & 0 & 0\\ 0 & \cos\varphi_p & \sin\varphi_p\\ 0 & -\sin\varphi_p & \cos\varphi_p\end{bmatrix} \tag{3-8}$$

绕 Y 轴转动的转换矩阵为

$$\boldsymbol{R}_{py}=\begin{bmatrix}\cos\theta_p & 0 & -\sin\theta_p\\ 0 & 1 & 0\\ \sin\theta_p & 0 & \cos\theta_p\end{bmatrix} \tag{3-9}$$

则由欧拉角表示的载荷舱轨道坐标系到载荷舱本体坐标系的姿态转换矩阵 $\boldsymbol{C}_{\mathrm{pbpo}}$ 如下所示：

$$\begin{aligned}\boldsymbol{C}_{\mathrm{pbpo}} &= \boldsymbol{R}_y(\theta_{\mathrm{p}})\boldsymbol{R}_x(\varphi_{\mathrm{p}})\boldsymbol{R}_z(\psi_{\mathrm{p}}) \\ &= \begin{bmatrix} \cos\theta_{\mathrm{p}}\cos\psi_{\mathrm{p}} - \sin\theta_{\mathrm{p}}\sin\varphi_{\mathrm{p}}\sin\psi_{\mathrm{p}} & \cos\theta_{\mathrm{p}}\sin\psi_{\mathrm{p}} + \sin\theta_{\mathrm{p}}\sin\varphi_{\mathrm{p}}\cos\psi_{\mathrm{p}} & -\sin\theta_{\mathrm{p}}\cos\varphi_{\mathrm{p}} \\ -\cos\varphi_{\mathrm{p}}\sin\psi_{\mathrm{p}} & \cos\varphi_{\mathrm{p}}\cos\psi_{\mathrm{p}} & \sin\varphi_{\mathrm{p}} \\ \sin\theta_{\mathrm{p}}\cos\varphi_{\mathrm{p}} + \cos\theta_{\mathrm{p}}\sin\varphi_{\mathrm{p}}\sin\psi_{\mathrm{p}} & \sin\theta_{\mathrm{p}}\sin\psi_{\mathrm{p}} - \cos\theta_{\mathrm{p}}\sin\varphi_{\mathrm{p}}\cos\psi_{\mathrm{p}} & \cos\theta_{\mathrm{p}}\cos\varphi_{\mathrm{p}} \end{bmatrix}\end{aligned} \tag{3-10}$$

欧拉角与姿态转换矩阵的解算关系如下所示：

$$\psi_{\mathrm{p}} = \tan^{-1}\left[-\frac{\boldsymbol{C}_{\mathrm{pbpo}}(2,1)}{\boldsymbol{C}_{\mathrm{pbpo}}(2,2)}\right] \tag{3-11}$$

$$\varphi_{\mathrm{p}} = \sin^{-1}[\boldsymbol{C}_{\mathrm{pbpo}}(2,3)] \tag{3-12}$$

$$\theta_{\mathrm{p}} = \tan^{-1}\left[-\frac{\boldsymbol{C}_{\mathrm{pbpo}}(1,3)}{\boldsymbol{C}_{\mathrm{pbpo}}(3,3)}\right] \tag{3-13}$$

式中，$\boldsymbol{C}_{\mathrm{pbpo}}(i,j)$ 表示 $\boldsymbol{C}_{\mathrm{pbpo}}$ 的第 i 行、第 j 列元素，其中 $i \in \{1\quad 2\quad 3\}$；$j \in \{1\quad 2\quad 3\}$。

由上述推导可见，欧拉角描述方法参数简单、几何意义明确，并且利用姿态敏感器可以直接进行测量，但是使用欧拉角描述方法需要大量的三角函数计算，另外不可避免地存在奇异问题。

为了避免欧拉角解算时出现的奇异问题，四元数方法在航天器姿态描述中得到了广泛的应用。根据上述欧拉定理，对载荷舱而言，假设转轴的单位矢量 $\boldsymbol{e}_{\mathrm{p}}$ 的三个方向余弦 $e_{\mathrm{p}x}$、$e_{\mathrm{p}y}$、$e_{\mathrm{p}z}$，绕转轴的转角为 $\boldsymbol{\Phi}_{\mathrm{p}}$，有

$$\boldsymbol{q}_{\mathrm{p}} = \begin{bmatrix} q_{\mathrm{p0}} \\ \bar{\boldsymbol{q}}_{\mathrm{p}} \end{bmatrix} = \begin{bmatrix} q_{\mathrm{p0}} \\ q_{\mathrm{p1}} \\ q_{\mathrm{p2}} \\ q_{\mathrm{p3}} \end{bmatrix} = \begin{bmatrix} \cos\dfrac{\boldsymbol{\Phi}_{\mathrm{p}}}{2} \\ e_{\mathrm{p}x}\sin\dfrac{\boldsymbol{\Phi}_{\mathrm{p}}}{2} \\ e_{\mathrm{p}y}\sin\dfrac{\boldsymbol{\Phi}_{\mathrm{p}}}{2} \\ e_{\mathrm{p}z}\sin\dfrac{\boldsymbol{\Phi}_{\mathrm{p}}}{2} \end{bmatrix} \tag{3-14}$$

式中，$\bar{\boldsymbol{q}}_{\mathrm{p}}$ 为四元数的矢量部分。

单位四元数满足约束条件：

$$q_{\mathrm{p}0}^2+q_{\mathrm{p}1}^2+q_{\mathrm{p}2}^2+q_{\mathrm{p}3}^2=1 \tag{3-15}$$

设有两个四元数 $\boldsymbol{q}_{\mathrm{p}}$ 和 $\boldsymbol{p}_{\mathrm{p}}$，四元数乘法定义为

$$\boldsymbol{q}_{\mathrm{p}}\otimes\boldsymbol{p}_{\mathrm{p}}=[\boldsymbol{q}_{\mathrm{p}}]\boldsymbol{p}_{\mathrm{p}} \tag{3-16}$$

$$[\boldsymbol{q}_{\mathrm{p}}]=\begin{bmatrix} q_{\mathrm{p}0} & -\bar{\boldsymbol{q}}_{\mathrm{p}}^{\mathrm{T}} \\ \bar{\boldsymbol{q}}_{\mathrm{p}} & q_{\mathrm{p}0}\boldsymbol{I}_3+[\bar{\boldsymbol{q}}_{\mathrm{p}}^{\times}] \end{bmatrix} \tag{3-17}$$

式中，$\bar{\boldsymbol{q}}_{\mathrm{p}}^{\times}$ 表示矢部 $\bar{\boldsymbol{q}}_{\mathrm{p}}$ 的叉乘矩阵，具体为

$$[\bar{\boldsymbol{q}}_{\mathrm{p}}^{\times}]=\begin{bmatrix} 0 & -q_{\mathrm{p}3} & q_{\mathrm{p}2} \\ q_{\mathrm{p}3} & 0 & -q_{\mathrm{p}1} \\ -q_{\mathrm{p}2} & q_{\mathrm{p}1} & 0 \end{bmatrix} \tag{3-18}$$

根据上述计算，可得由四元数表示的载荷舱轨道坐标系 $O_{\mathrm{p}}X_{\mathrm{po}}Y_{\mathrm{po}}Z_{\mathrm{po}}$ 转换到载荷舱本体坐标系 $O_{\mathrm{p}}X_{\mathrm{pb}}Y_{\mathrm{pb}}Z_{\mathrm{pb}}$ 的转换矩阵 $\boldsymbol{C}_{\mathrm{pbpo}}$ 为

$$\begin{aligned}\boldsymbol{C}_{\mathrm{pbpo}}&=(q_{\mathrm{p}0}^2-\bar{\boldsymbol{q}}_{\mathrm{p}}^{\mathrm{T}}\bar{\boldsymbol{q}}_{\mathrm{p}})\boldsymbol{I}_{3\times3}+2\bar{\boldsymbol{q}}_{\mathrm{p}}\bar{\boldsymbol{q}}_{\mathrm{p}}^{\mathrm{T}}-2q_{\mathrm{p}0}[\bar{\boldsymbol{q}}_{\mathrm{p}}^{\times}]\\&=\begin{bmatrix} 2(q_{\mathrm{p}0}^2+q_{\mathrm{p}1}^2)-1 & 2(q_{\mathrm{p}1}q_{\mathrm{p}2}+q_{\mathrm{p}0}q_{\mathrm{p}3}) & 2(q_{\mathrm{p}1}q_{\mathrm{p}3}-q_{\mathrm{p}0}q_{\mathrm{p}2}) \\ 2(q_{\mathrm{p}1}q_{\mathrm{p}2}-q_{\mathrm{p}0}q_{\mathrm{p}3}) & 2(q_{\mathrm{p}0}^2+q_{\mathrm{p}2}^2)-1 & 2(q_{\mathrm{p}2}q_{\mathrm{p}3}+q_{\mathrm{p}0}q_{\mathrm{p}1}) \\ 2(q_{\mathrm{p}1}q_{\mathrm{p}3}+q_{\mathrm{p}0}q_{\mathrm{p}2}) & 2(q_{\mathrm{p}2}q_{\mathrm{p}3}-q_{\mathrm{p}0}q_{\mathrm{p}1}) & 2(q_{\mathrm{p}0}^2+q_{\mathrm{p}3}^2)-1 \end{bmatrix}\end{aligned} \tag{3-19}$$

基于式(3-19)可以计算出欧拉角与四元数之间的标量关系，首先基于坐标转换关系，欧拉角与四元数的对应关系为

$$\boldsymbol{q}_{\mathrm{p}}(\psi_{\mathrm{p}})=\begin{bmatrix}\cos\frac{\psi_{\mathrm{p}}}{2} & 0 & 0 & \sin\frac{\psi_{\mathrm{p}}}{2}\end{bmatrix}^{\mathrm{T}} \tag{3-20}$$

$$\boldsymbol{q}'_{\mathrm{p}}(\varphi_{\mathrm{p}})=\begin{bmatrix}\cos\frac{\varphi_{\mathrm{p}}}{2} & \sin\frac{\varphi_{\mathrm{p}}}{2} & 0 & 0\end{bmatrix}^{\mathrm{T}} \tag{3-21}$$

$$\boldsymbol{q}''_{\mathrm{p}}(\theta_{\mathrm{p}})=\begin{bmatrix}\cos\frac{\theta_{\mathrm{p}}}{2} & 0 & \sin\frac{\theta_{\mathrm{p}}}{2} & 0\end{bmatrix}^{\mathrm{T}} \tag{3-22}$$

根据四元数乘法，有 $\boldsymbol{q}_{po}=\boldsymbol{q}_p(\psi_p)\otimes\boldsymbol{q}_p'(\varphi_p)\otimes\boldsymbol{q}_p''(\theta_p)$，由此可得四元数与欧拉角的关系：

$$\begin{cases}q_{p0}=\cos\dfrac{\theta_p}{2}\cos\dfrac{\varphi_p}{2}\cos\dfrac{\psi_p}{2}-\sin\dfrac{\theta_p}{2}\sin\dfrac{\varphi_p}{2}\sin\dfrac{\psi_p}{2}\\ q_{p1}=\cos\dfrac{\theta_p}{2}\sin\dfrac{\varphi_p}{2}\cos\dfrac{\psi_p}{2}-\sin\dfrac{\theta_p}{2}\cos\dfrac{\varphi_p}{2}\sin\dfrac{\psi_p}{2}\\ q_{p2}=\sin\dfrac{\theta_p}{2}\cos\dfrac{\varphi_p}{2}\cos\dfrac{\psi_p}{2}+\cos\dfrac{\theta_p}{2}\sin\dfrac{\varphi_p}{2}\sin\dfrac{\psi_p}{2}\\ q_{p3}=\sin\dfrac{\theta_p}{2}\sin\dfrac{\varphi_p}{2}\cos\dfrac{\psi_p}{2}+\cos\dfrac{\theta_p}{2}\cos\dfrac{\varphi_p}{2}\sin\dfrac{\psi_p}{2}\end{cases}\tag{3-23}$$

由式(3-23)可得

$$\begin{cases}\varphi_p=\sin^{-1}[2(q_{p3}q_{p2}+q_{p1}q_{p0})]\\ \theta_p=-\tan^{-1}\left[\dfrac{2(q_{p1}q_{p3}-q_{p1}q_{p0})}{2(q_{p0}^2+q_{p3}^2)-1}\right]\\ \psi_p=-\tan^{-1}\left[\dfrac{2(q_{p1}q_{p2}-q_{p3}q_{p0})}{2(q_{p0}^2+q_{p2}^2)-1}\right]\end{cases}\tag{3-24}$$

3. 服务舱本体坐标系相对载荷舱本体坐标系的转换

相比传统航天器设计，浮体式航天器控制系统中存在服务舱跟踪载荷舱的控制回路，因此需要计算服务舱本体坐标系到载荷舱本体坐标系的转换矩阵 $\boldsymbol{C}_{ps}$。其具体推导过程与前面类似，这里直接给出基于相对四元数 $\boldsymbol{q}_{ps}$ 描述的 $\boldsymbol{C}_{ps}$ 的表达关系式，如下所示：

$$\boldsymbol{C}_{ps}=\begin{bmatrix}2(q_{ps0}^2+q_{ps1}^2)-1 & 2(q_{ps1}q_{ps2}+q_{ps0}q_{ps3}) & 2(q_{ps1}q_{ps3}-q_{ps0}q_{ps2})\\ 2(q_{ps1}q_{ps2}-q_{ps0}q_{ps3}) & 2(q_{ps0}^2+q_{ps2}^2)-1 & 2(q_{ps2}q_{ps3}+q_{ps0}q_{ps1})\\ 2(q_{ps1}q_{ps3}+q_{ps0}q_{ps2}) & 2(q_{ps2}q_{ps3}-q_{ps0}q_{ps1}) & 2(q_{ps0}^2+q_{ps3}^2)-1\end{bmatrix}\tag{3-25}$$

用服务舱本体坐标系到载荷舱本体坐标系的旋转欧拉角 φ_{ps}、θ_{ps}、ψ_{ps} 表示，有如下关系式：

$$
C_{ps}=\begin{bmatrix}\cos\theta_{ps}\cos\psi_{ps}-\sin\varphi_{ps}\sin\theta_{ps}\sin\psi_{ps} & \cos\theta_{ps}\sin\psi_{ps}+\sin\varphi_{ps}\sin\theta_{ps}\cos\psi_{ps} & -\cos\varphi_{ps}\sin\theta_{ps}\\ -\cos\varphi_{ps}\sin\psi_{ps} & \cos\varphi_{ps}\cos\psi_{ps} & \sin\varphi_{ps}\\ \sin\theta_{ps}\cos\psi_{ps}+\sin\varphi_{ps}\cos\theta_{ps}\sin\psi_{ps} & \sin\theta_{ps}\sin\psi_{ps}-\sin\varphi_{ps}\cos\theta_{ps}\cos\psi_{ps} & \cos\varphi_{ps}\cos\theta_{ps}\end{bmatrix}
\tag{3-26}
$$

3.4 载荷舱和服务舱自身姿态和轨道运动建模

3.4.1 载荷舱自身姿态和轨道运动建模

3.4.1.1 载荷舱姿态运动学

采用欧拉角描述载荷舱姿态时，对于典型的 $X-Y-Z$ 转序，载荷舱姿态运动学方程为

$$
\begin{cases}\omega_{px}=\dot{\varphi}_p\cos\psi_p\cos\theta_p+\dot{\theta}_p\sin\psi_p\\ \omega_{py}=-\dot{\varphi}_p\sin\psi_p\cos\theta_p+\dot{\theta}_p\cos\psi_p\\ \omega_{pz}=\dot{\psi}_p+\dot{\varphi}_p\sin\theta_p\end{cases}
\tag{3-27}
$$

式中，φ_p、θ_p、ψ_p 依次为载荷舱的滚动角、俯仰角、偏航角；ω_{px}、ω_{py}、ω_{pz} 为载荷舱本体相对载荷舱轨道坐标系 $O_pX_{po}Y_{po}Z_{po}$ 的三轴角速度分量。

航天器在轨姿态机动，尤其是进行大角度机动时，为了避免欧拉角运算时的奇异性，同时降低系统的非线性，可以采用四元数描述的姿态运动学方程。对载荷舱而言，由四元数与欧拉角的关系可求得到四元数的导数和角速度的关系式：

$$
\dot{\boldsymbol{q}}_p=\frac{1}{2}\boldsymbol{q}_p\otimes\boldsymbol{A}(\boldsymbol{\omega}_{po}^{p})
\tag{3-28}
$$

式中，$\boldsymbol{q}_p$ 为载荷舱本体坐标系 $O_pX_{pb}Y_{pb}Z_{pb}$ 相对载荷舱轨道坐标系 $O_pX_{po}Y_{po}Z_{po}$ 的姿态四元数；$\boldsymbol{A}(\boldsymbol{\omega}_{po}^{p})=[0\quad(\boldsymbol{\omega}_{po}^{p})^T]^T$，$\boldsymbol{\omega}_{po}^{p}$ 为载荷舱本体坐标系 $O_pX_{pb}Y_{pb}Z_{pb}$ 相对载荷轨道坐标系 $O_pX_{po}Y_{po}Z_{po}$ 的角速度矢量。将基于四元数的姿态运动学方程表示成矩阵形式，有

$$
\dot{\boldsymbol{q}}_p=\frac{1}{2}\boldsymbol{q}_p\otimes\boldsymbol{A}(\boldsymbol{\omega}_{po}^{p})
\tag{3-29}
$$

$$\dot{\boldsymbol{q}}_{\mathrm{p}}=\begin{bmatrix}\dot{q}_{\mathrm{p0}}\\ \dot{q}_{\mathrm{p1}}\\ \dot{q}_{\mathrm{p2}}\\ \dot{q}_{\mathrm{p3}}\end{bmatrix}=\frac{1}{2}\begin{bmatrix}q_{\mathrm{p0}} & -q_{\mathrm{p1}} & -q_{\mathrm{p2}} & -q_{\mathrm{p3}}\\ q_{\mathrm{p1}} & q_{\mathrm{p0}} & -q_{\mathrm{p3}} & q_{\mathrm{p2}}\\ q_{\mathrm{p2}} & q_{\mathrm{p3}} & q_{\mathrm{p0}} & -q_{\mathrm{p1}}\\ q_{\mathrm{p3}} & -q_{\mathrm{p2}} & q_{\mathrm{p1}} & q_{\mathrm{p0}}\end{bmatrix}\begin{bmatrix}0\\ \omega_{\mathrm{po}x}^{\mathrm{p}}\\ \omega_{\mathrm{po}y}^{\mathrm{p}}\\ \omega_{\mathrm{po}z}^{\mathrm{p}}\end{bmatrix} \tag{3-30}$$

需要注意的是，若将上述姿态运动学方程与载荷舱本体坐标系 $O_{\mathrm{p}}X_{\mathrm{pb}}Y_{\mathrm{pb}}Z_{\mathrm{pb}}$ 相对于地心惯性坐标系 $O_{\mathrm{i}}X_{\mathrm{i}}Y_{\mathrm{i}}Z_{\mathrm{i}}$ 的姿态动力学联立，还需要补充考虑轨道角速度项。

3.4.1.2　载荷舱姿态动力学

因为载荷舱不含任何挠性附件，可以等价为刚体，其动力学方程可由刚体动量矩定理推得。

动量矩定理：刚体对惯性空间某点角动量的变化率等于作用于刚体的所有外力对此点作用力矩的总和，对载荷舱而言为

$$\frac{\mathrm{d}\boldsymbol{H}_{\mathrm{p}}}{\mathrm{d}\boldsymbol{t}}=\boldsymbol{T}_{\mathrm{p}} \tag{3-31}$$

代入载荷舱本体坐标系，可以得到载荷舱姿态动力学方程：

$$\dot{\boldsymbol{H}}_{\mathrm{p}}+\boldsymbol{\omega}_{\mathrm{pi}}^{\mathrm{p}\times}\boldsymbol{H}_{\mathrm{p}}=\boldsymbol{T}_{\mathrm{p}} \tag{3-32}$$

式中，$\boldsymbol{H}_{\mathrm{p}}$ 为载荷舱角动量，$\boldsymbol{H}_{\mathrm{p}}=\boldsymbol{I}_{\mathrm{p}}\boldsymbol{\omega}_{\mathrm{pi}}^{\mathrm{p}}$；$\boldsymbol{T}_{\mathrm{p}}$ 为作用在载荷舱上的合力矩，$\boldsymbol{T}_{\mathrm{p}}=\boldsymbol{T}_{\mathrm{pc}}+\boldsymbol{T}_{\mathrm{pd}}$，$\boldsymbol{T}_{\mathrm{pc}}$ 为控制力矩，$\boldsymbol{T}_{\mathrm{pd}}$ 为载荷舱受到的干扰力矩；$\boldsymbol{\omega}_{\mathrm{pi}}^{\mathrm{p}}$ 为载荷舱本体坐标系 $O_{\mathrm{p}}X_{\mathrm{pb}}Y_{\mathrm{pb}}Z_{\mathrm{pb}}$ 相对于惯性坐标系 $O_{\mathrm{i}}X_{\mathrm{i}}Y_{\mathrm{i}}Z_{\mathrm{i}}$ 的角速度在本体坐标系下的矢量。$\boldsymbol{I}_{\mathrm{p}}$ 为载荷舱转动惯量矩阵：

$$\boldsymbol{I}_{\mathrm{p}}=\begin{bmatrix}I_{\mathrm{p}x} & -I_{\mathrm{p}xy} & -I_{\mathrm{p}xz}\\ -I_{\mathrm{p}xy} & I_{\mathrm{p}y} & -I_{\mathrm{p}yz}\\ -I_{\mathrm{p}xz} & -I_{\mathrm{p}yz} & I_{\mathrm{p}z}\end{bmatrix} \tag{3-33}$$

写成分量形式，载荷舱姿态动力学方程可以表示为

$$\begin{cases}I_{\mathrm{p}x}\dot{\omega}_{\mathrm{p}x}+\omega_{\mathrm{p}y}H_{\mathrm{p}z}-\omega_{\mathrm{p}z}H_{\mathrm{p}y}=T_{\mathrm{pc}x}+T_{\mathrm{pd}x}\\ I_{\mathrm{p}y}\dot{\omega}_{\mathrm{p}y}+\omega_{\mathrm{p}z}H_{\mathrm{p}x}-\omega_{\mathrm{p}x}H_{\mathrm{p}z}=T_{\mathrm{pc}y}+T_{\mathrm{pd}y}\\ I_{\mathrm{p}z}\dot{\omega}_{\mathrm{p}z}+\omega_{\mathrm{p}x}H_{\mathrm{p}y}-\omega_{\mathrm{p}y}H_{\mathrm{p}x}=T_{\mathrm{pc}z}+T_{\mathrm{pd}z}\end{cases} \tag{3-34}$$

$$\begin{cases} H_{px} = I_{px}\omega_{px} - I_{pxy}\omega_{py} - I_{pxz}\omega_{pz} \\ H_{py} = -I_{pxy}\omega_{px} + I_{py}\omega_{py} - I_{pzy}\omega_{pz} \\ H_{pz} = -I_{pxz}\omega_{px} - I_{pyz}\omega_{py} + I_{pz}\omega_{pz} \end{cases} \tag{3-35}$$

根据浮体式航天器的设计方案,采用舱间作动执行机构输出载荷舱姿态控制力矩 $\boldsymbol{T}_{pc}$。由于舱间作动执行机构直接输出作用力,需要根据多个执行机构的安装布局参数,设计组合与分配,最终合成载荷舱姿态控制力矩。因此,姿态控制力矩 $\boldsymbol{T}_{pc}$ 与各作动机构的输出力之间存在分配对应关系,具体模型将在后续章节建立。

3.4.1.3 载荷舱受到干扰力矩分析

载荷舱可能受到的干扰力矩主要包括重力梯度力矩 $\boldsymbol{T}_{pdg}$、气动力矩 $\boldsymbol{T}_{pda}$、地磁力矩 $\boldsymbol{T}_{pdm}$。因此,载荷舱受到的干扰力矩 $\boldsymbol{T}_{pd}$ 可以由式(3-36)描述:

$$\boldsymbol{T}_{pd} = \boldsymbol{T}_{pdg} + \boldsymbol{T}_{pda} + \boldsymbol{T}_{pdm} \tag{3-36}$$

分别建立三部分干扰力矩的数学模型如下。

1. 重力梯度力矩

假设载荷舱受到的重力梯度力矩 $\boldsymbol{T}_{pdg}$,可表示如下:

$$\boldsymbol{T}_{pdg} = 3\frac{\mu}{R_p^5}(\boldsymbol{R}_p \times \boldsymbol{I}_p\boldsymbol{R}_p) = 3\frac{\mu}{R_p^3}(\boldsymbol{E}_p \times \boldsymbol{I}_p\boldsymbol{E}_p) \tag{3-37}$$

式中,$\boldsymbol{E}_p = -\dfrac{\boldsymbol{R}_p}{R_p}$ 为载荷舱指向地心的单位方向矢量。

2. 气动力矩

对于低轨航天器,气动力矩是主要的空间环境干扰力矩。高层大气分子撞击航天器表面产生气动力,一般可用动量转换原理建立气动力撞击模型,认为入射分子在碰撞过程中丧失其全部能量,因此气动力模型可写为

$$\boldsymbol{F}_s = -\frac{1}{2}C_d\rho_a S(\boldsymbol{n}\cdot\boldsymbol{v}_s)\boldsymbol{v}_s \tag{3-38}$$

式中,ρ_a 是大气密度;S 是迎流面积;$\boldsymbol{n}$ 是该面积的法线矢量;$\boldsymbol{v}_s$ 是面积元相对入射流的平移速度矢量;C_d 是阻力系数,高层大气一般取 2。

由于地球旋转带动大气旋转,航天器表面的迎流速度 $\boldsymbol{v}_s$ 应记为航天器对地速度,有

$$\boldsymbol{v}_{\mathrm{s}} = \boldsymbol{v}_{\mathrm{o}} - \boldsymbol{\omega}_{\mathrm{E}} \times \boldsymbol{R}_{\mathrm{as}} \tag{3-39}$$

式中,$\boldsymbol{v}_{\mathrm{o}}$ 为航天器轨道速度;$\boldsymbol{\omega}_{\mathrm{E}}$ 为地球自转角速度;$\boldsymbol{R}_{\mathrm{as}}$ 为面积 S 的地心向径。如该面积的压力中心在航天器本体坐标系 $O_{\mathrm{b}}X_{\mathrm{b}}Y_{\mathrm{b}}Z_{\mathrm{b}}$ 下的位置矢量为 $\boldsymbol{\rho}_{\mathrm{as}}$,则入射流在该面积上产生的气动力矩在星体坐标系中为

$$\boldsymbol{T}_{\mathrm{da}} = \boldsymbol{\rho}_{\mathrm{as}} \times \boldsymbol{F}_{\mathrm{sa}} = -\frac{1}{2}C_{\mathrm{d}}\rho_{\mathrm{a}}S(\boldsymbol{n}\cdot\boldsymbol{v}_{\mathrm{s}})(\boldsymbol{\rho}_{\mathrm{sa}} \times \boldsymbol{v}_{\mathrm{s}}) \tag{3-40}$$

对于浮体式航天器载荷舱,设迎风面积 S_{p}、迎风面积法向矢量 $\boldsymbol{n}_{\mathrm{p}}$、平移速度 $\boldsymbol{v}_{\mathrm{sp}}$、压心位置 $\boldsymbol{\rho}_{\mathrm{sap}}$,受到的气动力矩 $\boldsymbol{T}_{\mathrm{pda}}$ 可以描述如下:

$$\boldsymbol{T}_{\mathrm{pda}} = \boldsymbol{\rho}_{\mathrm{sap}} \times \boldsymbol{F}_{\mathrm{sap}} = -\frac{1}{2}C_{\mathrm{d}}\rho_{\mathrm{a}}S_{\mathrm{p}}(\boldsymbol{n}_{\mathrm{p}}\cdot\boldsymbol{v}_{\mathrm{sp}})(\boldsymbol{\rho}_{\mathrm{sap}} \times \boldsymbol{v}_{\mathrm{sp}}) \tag{3-41}$$

3. 地磁力矩

航天器磁矩与地球磁场的相互作用产生磁力矩。航天器的磁矩来自器上电子仪器产生的剩余磁场,或者来自姿态控制用的磁力矩器。如果设航天器磁矩为 $\boldsymbol{M}_{\mathrm{m}}$,单位是 $\mathrm{A\cdot m^2}$,航天器所在处地磁场的磁感应强度为 $\boldsymbol{B}$,单位是 $\mathrm{WB/m^2}$,则磁力矩 $\boldsymbol{T}_{\mathrm{dm}}$ 为

$$\boldsymbol{T}_{\mathrm{dm}} = \boldsymbol{M}_{\mathrm{m}} \times \boldsymbol{B} \tag{3-42}$$

单位是 $\mathrm{N\cdot m}$。考虑载荷舱一般均存在剩磁,地磁力矩 $\boldsymbol{T}_{\mathrm{pdm}}$ 可以表示为

$$\boldsymbol{T}_{\mathrm{pdm}} = \boldsymbol{M}_{\mathrm{mp}} \times \boldsymbol{B}_{\mathrm{mp}} \tag{3-43}$$

式中,$\boldsymbol{M}_{\mathrm{mp}}$ 为载荷舱剩磁矩矢量;$\boldsymbol{B}_{\mathrm{mp}}$ 为地磁感应强度在载荷舱本体坐标系 $O_{\mathrm{p}}X_{\mathrm{pb}}Y_{\mathrm{pb}}Z_{\mathrm{pb}}$ 下的矢量。

3.4.1.4 载荷舱轨道动力学

载荷舱和服务舱形成稳定的相对悬浮状态后,在惯性坐标系 $O_{\mathrm{i}}X_{\mathrm{i}}Y_{\mathrm{i}}Z_{\mathrm{i}}$ 下,载荷舱的轨道动力学方程可以描述为

$$\begin{cases} \ddot{R}_{\mathrm{p}x} = -\dfrac{\mu}{r_{\mathrm{p}}^3}R_{\mathrm{p}x} + a_{\mathrm{p}x} + J_{\mathrm{p}x} \\ \ddot{R}_{\mathrm{p}y} = -\dfrac{\mu}{r_{\mathrm{p}}^3}R_{\mathrm{p}y} + a_{\mathrm{p}y} + J_{\mathrm{p}y} \\ \ddot{R}_{\mathrm{p}z} = -\dfrac{\mu}{r_{\mathrm{p}}^3}R_{\mathrm{p}z} + a_{\mathrm{p}z} + J_{\mathrm{p}z} \end{cases} \tag{3-44}$$

式中，r_p 为载荷舱质心到地心的距离；R_{px}、R_{py}、R_{pz} 为载荷舱在惯性坐标系 $O_iX_iY_iZ_i$ 下的位置坐标；a_{px}、a_{py}、a_{pz} 为载荷舱受到的轨道控制加速度分量，主要由舱间作动执行机构施加；J_{px}、J_{py}、J_{pz} 为载荷舱受到的空间摄动加速度分量。

3.4.2 服务舱自身姿态和轨道运动建模

3.4.2.1 服务舱姿态运动学

服务舱姿态运动学方程与载荷舱类似，对于典型的 $x-y-z$ 转序，采用欧拉角描述的服务舱姿态运动学方程为

$$\begin{cases}\omega_{sx} = \dot{\varphi}_s\cos\psi_s\cos\theta_s + \dot{\theta}_s\sin\psi_s \\ \omega_{sy} = -\dot{\varphi}_s\sin\psi_s\cos\theta_s + \dot{\theta}_s\cos\psi_s \\ \omega_{sz} = \dot{\psi}_s + \dot{\varphi}_s\sin\theta_s\end{cases} \tag{3-45}$$

式中，φ_s、θ_s、ψ_s 依次为服务舱的滚动角、俯仰角、偏航角；ω_{sx}、ω_{sy}、ω_{sz} 服务舱本体坐标系 $O_sX_{sb}Y_{sb}Z_{sb}$ 相对服务舱轨道坐标系 $O_sX_{so}Y_{so}Z_{so}$ 旋转角速度的分量。

采用四元数描述的服务舱姿态运动学方程为

$$\dot{\boldsymbol{q}}_s = \begin{bmatrix}\dot{q}_{s0} \\ \dot{q}_{s1} \\ \dot{q}_{s2} \\ \dot{q}_{s3}\end{bmatrix} = \frac{1}{2}\boldsymbol{q}_s \otimes \boldsymbol{A}(\boldsymbol{\omega}_{so}^{s}) = \frac{1}{2}\begin{bmatrix}q_{s0} & -q_{s1} & -q_{s2} & -q_{s3} \\ q_{s1} & q_{s0} & -q_{s3} & q_{s2} \\ q_{s2} & q_{s3} & q_{s0} & -q_{s1} \\ q_{s3} & -q_{s2} & q_{s1} & q_{s0}\end{bmatrix}\begin{bmatrix}0 \\ \omega_{sox}^{s} \\ \omega_{soy}^{s} \\ \omega_{soz}^{s}\end{bmatrix} \tag{3-46}$$

式中，$\boldsymbol{q}_s$ 为服务舱本体坐标系 $O_sX_{sb}Y_{sb}Z_{sb}$ 相对服务舱轨道坐标系 $O_sX_{so}Y_{so}Z_{so}$ 的姿态四元数；$\boldsymbol{\omega}_{so}^{s}$ 为服务舱本体坐标系 $O_sX_{sb}Y_{sb}Z_{sb}$ 相对服务舱轨道坐标系 $O_sX_{so}Y_{so}Z_{so}$ 的角速度在服务舱本体坐标系下的矢量。

3.4.2.2 服务舱姿态动力学

航天器服务舱带有太阳翼等挠性附件，为了建立其动力学模型，需要分析挠性附件运动与服务舱主体运动的耦合作用。在工程实际中，通常先用有限元方法把无限自由度系统简化为有限自由度系统，从而得到挠性附件的各阶频率、振型和耦合系数；然后结合动量定理将挠性附件的模态坐标和服务舱本体运动参数整合；最终得到用混合坐标描述的带挠性附件的服务舱动力学方程，即服务舱本体的运动采用描述刚体姿态坐标，挠性附件运动采用离散的模态坐标来描述。

如图 3－5 所示，假设服务舱由主体 B 和挠性附件 A_1、A_2 组成，其中地心惯性坐标系 $O_iX_iY_iZ_i$、服务舱本体坐标系 $O_sX_{sb}Y_{sb}Z_{sb}$ 等主要坐标系在前面章节中已经定义。$\boldsymbol{r}_a$ 为服务舱本体坐标系原点到连接点 $\boldsymbol{O}_f$ 的矢量；$\boldsymbol{O}_f$ 点到挠性附件上任意质量元 m_j 的矢量为 $\boldsymbol{r}_j$；该质量元到服务舱质心的位置矢量为 $\boldsymbol{\rho}_j$；挠性变形为 $\boldsymbol{u}_j$。服务舱本体坐标系相对于惯性坐标系的角速度是 $\boldsymbol{\omega}_s$；挠性附件 A 相对于服务舱本体的角速度是 $\boldsymbol{\omega}_{sa}$。

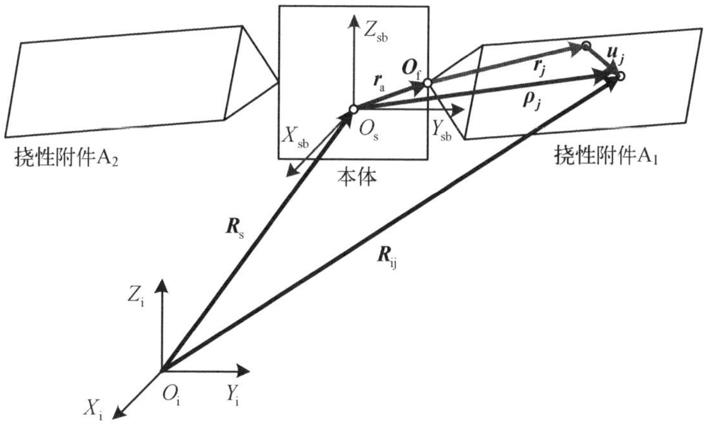

图 3－5　服务舱变量定义示意图

不难发现，其动力学特性与传统挠性航天器近似，因此，服务舱姿态动力学方程的推导过程与传统挠性航天器近似，此处不再赘述。

基于动量和角动量定理，分别建立服务舱系统转动动力学方程、附件转动和弹性振动动力学方程，进而通过合理假设和推导，利用振型矢量、振型矩阵和模态坐标，形成由欧拉参数坐标和挠性模态坐标混合表示的服务舱姿态动力学方程，考虑单侧附件时，有

$$\boldsymbol{I}_s\dot{\boldsymbol{\omega}}_s + \boldsymbol{\omega}_s^{\times}\boldsymbol{I}_s\boldsymbol{\omega}_s + \boldsymbol{C}\ddot{\boldsymbol{\eta}} + \boldsymbol{R}_a\dot{\boldsymbol{\omega}}_{sa} = \boldsymbol{T}_{se} \tag{3-47}$$

$$\boldsymbol{I}'_a\dot{\boldsymbol{\omega}}_{sa} + \boldsymbol{B}\ddot{\boldsymbol{\eta}} + \boldsymbol{R}_a^{T}\dot{\boldsymbol{\omega}}_s = \boldsymbol{T}_a \tag{3-48}$$

$$\ddot{\boldsymbol{\eta}} + 2\boldsymbol{\zeta}\boldsymbol{\Lambda}\dot{\boldsymbol{\eta}} + \boldsymbol{\Lambda}^2\boldsymbol{\eta} + \boldsymbol{C}^{T}\dot{\boldsymbol{\omega}}_s = \boldsymbol{0} \tag{3-49}$$

式中，$\boldsymbol{I}_s$ 为服务舱转动惯量矩阵；$\boldsymbol{I}'_a$ 为附件 A 在附件坐标系下的转动惯量矩阵；$\boldsymbol{C}$ 为挠性附件振动对本体转动的耦合系数阵；$\boldsymbol{B}$ 为挠性附件振动对自身转动的耦合系数阵；$\boldsymbol{\eta}$ 为挠性附件的模态坐标阵；$\boldsymbol{\Lambda}$ 为挠性附件的模态频率对角

阵；$\boldsymbol{\zeta}$ 为挠性附件的模态阻尼系数对角阵；$\boldsymbol{T}_{se}$ 为作用在服务舱本体上的外力矩；$\boldsymbol{T}_a$ 为本体与附件之间相互作用的铰链力矩。

进一步，基于上述方程，不考虑挠性附件转动力矩，且同时考虑左右两侧太阳帆板影响时，服务舱姿态动力学方程可以写成如下形式：

$$\boldsymbol{I}_s\dot{\boldsymbol{\omega}}_s + \boldsymbol{\omega}_s^{\times}\boldsymbol{I}_s\boldsymbol{\omega}_s + \boldsymbol{C}_l\ddot{\boldsymbol{\eta}}_l + \boldsymbol{C}_r\ddot{\boldsymbol{\eta}}_r = \boldsymbol{T}_{se} \tag{3-50}$$

$$\ddot{\boldsymbol{\eta}}_l + 2\boldsymbol{\zeta}_l\boldsymbol{\Lambda}_l\dot{\boldsymbol{\eta}}_l + \boldsymbol{\Lambda}_l^2\boldsymbol{\eta}_l + \boldsymbol{C}_l^{\mathrm{T}}\dot{\boldsymbol{\omega}}_s = \boldsymbol{0} \tag{3-51}$$

$$\ddot{\boldsymbol{\eta}}_r + 2\boldsymbol{\zeta}_r\boldsymbol{\Lambda}_r\dot{\boldsymbol{\eta}}_r + \boldsymbol{\Lambda}_r^2\boldsymbol{\eta}_r + \boldsymbol{C}_r^{\mathrm{T}}\dot{\boldsymbol{\omega}}_s = \boldsymbol{0} \tag{3-52}$$

式中，$\boldsymbol{T}_{se}$ 是服务舱受到的合外力矩，包含控制力矩 $\boldsymbol{T}_{sc}$、干扰力矩 $\boldsymbol{T}_{sd}$。

3.4.2.3 服务舱受到的干扰力矩分析

服务舱上安装太阳帆板、天线等挠性附件，以及飞轮、控制力矩陀螺等执行机构，外形、质量特性、转动和振动特性等更加复杂，面临更复杂的干扰力矩影响，除了上述动力学方程中已经包含的挠性振动耦合干扰、挠性附件转动干扰之外，还包括重力梯度力矩 $\boldsymbol{T}_{sdg}$、太阳光压力矩 $\boldsymbol{T}_{dsun}$、气动力矩 $\boldsymbol{T}_{sda}$、地磁力矩 $\boldsymbol{T}_{sdm}$、飞轮动不平衡干扰 $\boldsymbol{T}_{df}$ 以及舱间作动执行机构干扰力矩 $\boldsymbol{T}_{dinter}$。因此，服务舱受到的作用力矩 T_s 可以由式(3-53)描述：

$$\begin{aligned}\boldsymbol{T}_s &= \boldsymbol{T}_{sc} + \boldsymbol{T}_{sd}\\ \boldsymbol{T}_{sd} &= \boldsymbol{T}_{sdg} + \boldsymbol{T}_{sda} + \boldsymbol{T}_{sdm} + \boldsymbol{T}_{dsun} + \boldsymbol{T}_{df} + \boldsymbol{T}_{dinter}\end{aligned} \tag{3-53}$$

下面分别建立上述干扰力矩的数学模型，其中，舱间作动执行机构的干扰力矩模型将在后面章节单独描述。

1. 重力梯度力矩

假设服务舱受到的重力梯度力矩 $\boldsymbol{T}_{sdg}$ 可以表示如下：

$$\boldsymbol{T}_{sdg} = 3\frac{\mu}{R_s^5}(\boldsymbol{R}_s \times \boldsymbol{I}_s\boldsymbol{R}_s) = 3\frac{\mu}{R_s^3}(\boldsymbol{E}_s \times \boldsymbol{I}_s\boldsymbol{E}_s) \tag{3-54}$$

式中，$\boldsymbol{E}_s = -\dfrac{\boldsymbol{R}_s}{R_s}$ 为服务舱指向地心的单位方向矢量。

2. 气动力矩

对于浮体式航天器服务舱，设迎风面积 S_s、迎风面积法向矢量 $\boldsymbol{n}_s$、平移速度 $\boldsymbol{v}_{ss}$、压心位置 $\boldsymbol{\rho}_{sas}$，受到的气动力矩可以描述如下：

$$\boldsymbol{T}_{\mathrm{sda}}=\boldsymbol{\rho}_{\mathrm{sas}}\times\boldsymbol{F}_{\mathrm{sas}}=-\frac{1}{2}C_{\mathrm{d}}\rho_{\mathrm{a}}S_{\mathrm{s}}(\boldsymbol{n}_{\mathrm{s}}\cdot\boldsymbol{v}_{\mathrm{ss}})(\boldsymbol{\rho}_{\mathrm{sas}}\times\boldsymbol{v}_{\mathrm{ss}}) \tag{3-55}$$

3. 地磁力矩

服务舱地磁力矩可以表示如下：

$$\boldsymbol{T}_{\mathrm{sdm}}=\boldsymbol{M}_{\mathrm{ms}}\times\boldsymbol{B}_{\mathrm{ms}} \tag{3-56}$$

式中，$\boldsymbol{M}_{\mathrm{ms}}$ 为服务舱剩磁矩矢量；$\boldsymbol{B}_{\mathrm{ms}}$ 为地磁感应强度在服务舱本体坐标系 $O_{\mathrm{s}}X_{\mathrm{sb}}Y_{\mathrm{sb}}Z_{\mathrm{sb}}$ 下的矢量。

4. 太阳光压力矩

太阳光压力矩主要考虑太阳帆板受到照射产生的干扰力矩。由于太阳帆板都安装在服务舱上，因此，太阳光压力矩主要作用在服务舱上，可以表示为

$$\boldsymbol{T}_{\mathrm{dsun}}=\boldsymbol{L}_{\mathrm{sf1}}\times\boldsymbol{F}_{\mathrm{sf1}}+\boldsymbol{L}_{\mathrm{sf2}}\times\boldsymbol{F}_{\mathrm{sf2}} \tag{3-57}$$

式中，$\boldsymbol{L}_{\mathrm{sf1}}$、$\boldsymbol{L}_{\mathrm{sf2}}$ 分别为服务舱质心到两侧帆板形心矢量；$\boldsymbol{F}_{\mathrm{sf1}}$、$\boldsymbol{F}_{\mathrm{sf2}}$ 分别为两侧帆板太阳光压力矢量。

太阳光压力的大小计算：

$$F_{\mathrm{s}}=-\frac{I_0}{c}\left[-(1+R_{\mathrm{sun}})+\frac{2}{3}M_{\mathrm{sun}}\right]S_{\mathrm{fsun}} \tag{3-58}$$

式中，$I_0=1\ 395\ \mathrm{W/m^2}$ 为太阳辐射通量；c 为光速；R_{sun} 为反射系数，一般取 0.24；M_{sun} 为漫反射系数，一般取为 0；S_{fsun} 为太阳帆板垂直于光照方向的投影面积。

5. 飞轮动不平衡力矩

动量轮质量分布不均导致惯量积不为零，如图 3－6 所示。为研究方便，将动量轮的质量等效为两部分：一部分为严格对称部分，其惯量积为零；另一部分为两个沿旋转轴距离为 $2h$ 的质量点 m_{d}，其连线与转轴共面，与转轴距离均为 r_{d}。两个质点旋转产生的垂直于旋转轴的两个方向的力矩大小可表示为

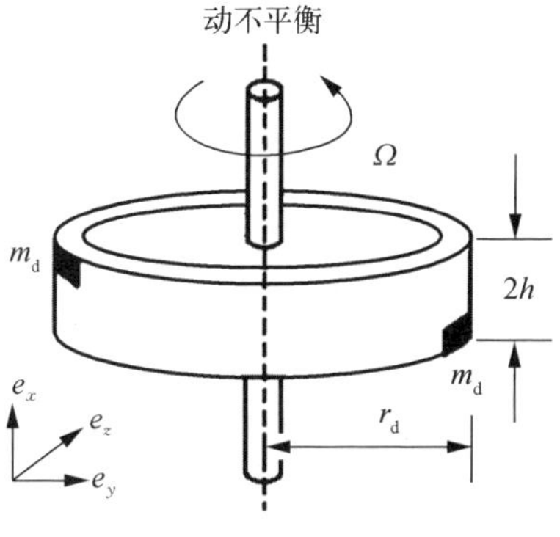

图 3－6　动量轮产生的动不平衡力矩

$$\begin{aligned} T_{\mathrm{dfy}} &= 2m_{\mathrm{d}}r_{\mathrm{d}}h \cdot \Omega^2\cos(\Omega t) \\ T_{\mathrm{dfz}} &= 2m_{\mathrm{d}}r_{\mathrm{d}}h \cdot \Omega^2\sin(\Omega t) \end{aligned} \tag{3-59}$$

多台飞轮的动不平衡力矩综合作用到服务舱本体上，产生动不平衡综合力矩 $\boldsymbol{T}_{\mathrm{df}}$。

3.4.2.4 服务舱轨道动力学

载荷舱和服务舱形成稳定的相对悬浮状态后，在惯性坐标系 $O_iX_iY_iZ_i$ 下，服务舱的轨道动力学方程可以描述为

$$\begin{cases} \ddot{R}_{sx} = -\dfrac{\mu}{r_s^3}R_{sx} + a_{sx} + J_{sx} \\ \ddot{R}_{sy} = -\dfrac{\mu}{r_s^3}R_{sy} + a_{sy} + J_{sy} \\ \ddot{R}_{sz} = -\dfrac{\mu}{r_s^3}R_{sz} + a_{sz} + J_{sz} \end{cases} \tag{3-60}$$

式中，r_s 为服务舱质心到地心的距离；R_{sx}、R_{sy}、R_{sz} 为服务舱在惯性坐标系 $O_iX_iY_iZ_i$ 下的位置矢量坐标分量；a_{sx}、a_{sy}、a_{sz} 为服务舱受到的轨道控制加速度分量，主要由舱间作动执行机构产生；J_{sx}、J_{sy}、J_{sz} 为服务舱受到的空间摄动加速度分量。

3.5 舱间作动执行机构的作用模型

浮体式航天器引入了舱间作动执行机构输出所需控制力和力矩，其作用原理与传统的飞轮、力矩陀螺、推力器等执行机构不同。因此，作为浮体式航天器控制系统设计的前提，需要在描述两舱独立运动的一般运动方程基础上，进一步分析建立舱间作动执行机构的作用力和力矩模型。

不失一般性，载荷舱、服务舱与作动执行机构的安装关系可以简化为如图 3-7 所示。

作动执行机构分两部分分别安装在载荷舱和服务舱上。考虑安装关系，舱间相对位置和姿态需要满足一定条件，才能避免两部分之间的碰撞，这也正是舱间相对位置、相对姿态控制的重要控制目标。因此，上述非接触航天器控

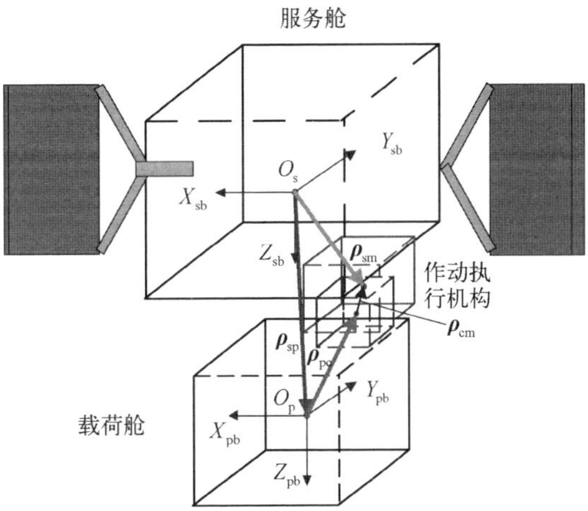

图 3－7　载荷舱、服务舱与作动执行机构的安装关系示意

制系统的控制目标包括两部分：一是保证载荷舱精确跟踪期望姿态，以实现载荷指向的高精度高稳定度控制；二是保证载荷舱和服务舱的任何部位不会发生接触碰撞。针对这两方面控制目标，舱间作动执行机构需要按照组合分配律，合成输出载荷舱姿态控制力矩、舱间相对位置控制力。

在载荷舱本体坐标系下，假设第 k 个作动执行机构的作用力矢量方向为 $\boldsymbol{f}_{pk}$，载荷舱质心到该作动执行机构安装位置的矢量为 $\boldsymbol{L}_{pk}$，作用力大小为 F_k，则载荷舱受到该作动执行机构的作用力为

$$\boldsymbol{F}_{pk} = \boldsymbol{f}_{pk} F_k$$

对应产生的力矩为

$$\boldsymbol{T}_{pk} = (\boldsymbol{L}_{pk}^{\times}) \boldsymbol{F}_{pk}$$

式中，$\boldsymbol{L}_{pk}^{\times}$ 为矢量 $\boldsymbol{L}_{pk}$ 的叉乘矩阵。

设共安装 n 个作动执行机构，则载荷舱受到的作用力 $\boldsymbol{F}_p$ 和力矩 $\boldsymbol{T}_p$ 为这些作动执行机构产生作用力和力矩的合成，即

$$\begin{aligned} \boldsymbol{F}_p &= \sum_{k=1}^{n} \boldsymbol{f}_{pk} F_k \\ \boldsymbol{T}_p &= \sum_{k=1}^{n} (\boldsymbol{L}_{pk}^{\times}) \boldsymbol{f}_{pk} F_k \end{aligned} \tag{3-61}$$

令 $\boldsymbol{f}_{pk} = [f_{pkx} \quad f_{pky} \quad f_{pkz}]^{\mathrm{T}}$，则合成作用力 $\boldsymbol{F}_p$ 可以写成：

$$\boldsymbol{F}_{\mathrm{p}}=\begin{bmatrix}F_{\mathrm{p}x}\\F_{\mathrm{p}y}\\F_{\mathrm{p}z}\end{bmatrix}=\begin{bmatrix}f_{\mathrm{p}1x}&f_{\mathrm{p}2x}&\cdots&f_{\mathrm{p}nx}\\f_{\mathrm{p}1y}&f_{\mathrm{p}2y}&\cdots&f_{\mathrm{p}ny}\\f_{\mathrm{p}1z}&f_{\mathrm{p}2z}&\cdots&f_{\mathrm{p}nz}\end{bmatrix}\begin{bmatrix}F_1\\F_2\\\vdots\\F_n\end{bmatrix}\tag{3-62}$$

令

$$\boldsymbol{A}_{\mathrm{p}F}=\begin{bmatrix}f_{\mathrm{p}1x}&f_{\mathrm{p}2x}&\cdots&f_{\mathrm{p}nx}\\f_{\mathrm{p}1y}&f_{\mathrm{p}2y}&\cdots&f_{\mathrm{p}ny}\\f_{\mathrm{p}1z}&f_{\mathrm{p}2z}&\cdots&f_{\mathrm{p}nz}\end{bmatrix},\ \boldsymbol{F}_{\mathrm{all}}=\begin{bmatrix}F_1\\F_2\\\vdots\\F_n\end{bmatrix}\tag{3-63}$$

则

$$\boldsymbol{F}_{\mathrm{p}}=\boldsymbol{A}_{\mathrm{p}F}\boldsymbol{F}_{\mathrm{all}}$$

同理,根据确定的作动执行机构布局参数,可以得到合成作用力矩与各作动机构作用力之间的关系:

$$\boldsymbol{T}_{\mathrm{p}}=\boldsymbol{A}_{\mathrm{p}T}\boldsymbol{F}_{\mathrm{all}}$$

式中,$\boldsymbol{A}_{\mathrm{p}T}\in\boldsymbol{R}^{3\times n}$,联立作用力与力矩,得到:

$$\begin{bmatrix}\boldsymbol{F}_{\mathrm{p}}\\\boldsymbol{T}_{\mathrm{p}}\end{bmatrix}=\begin{bmatrix}\boldsymbol{A}_{\mathrm{p}F}\\\boldsymbol{A}_{\mathrm{p}T}\end{bmatrix}\boldsymbol{F}_{\mathrm{all}}=\boldsymbol{A}_{\mathrm{p}FT}\boldsymbol{F}_{\mathrm{all}}\tag{3-64}$$

式中,$\boldsymbol{A}_{\mathrm{p}FT}\in\boldsymbol{R}^{6\times n}$,由作动执行机构布局参数唯一确定。

由式(3-64)可知,对于载荷舱所需的控制力 $\boldsymbol{F}_{\mathrm{pc}}$、控制力矩 $\boldsymbol{T}_{\mathrm{pc}}$,可以通过求解伪逆矩阵,分配到各个作动执行机构中,得到每个作动执行机构需要输出的作用力大小,即

$$\boldsymbol{F}_{\mathrm{all}}=[(\boldsymbol{A}_{\mathrm{p}FT})^{\mathrm{T}}\boldsymbol{A}_{\mathrm{p}FT}]^{-1}(\boldsymbol{A}_{\mathrm{p}FT})^{\mathrm{T}}\begin{bmatrix}\boldsymbol{F}_{\mathrm{pc}}\\\boldsymbol{T}_{\mathrm{pc}}\end{bmatrix}\tag{3-65}$$

至此,建立了载荷舱期望控制力和力矩与各作动执行机构输出作用力大小的分配关系。

作动执行机构按照 $\boldsymbol{F}_{\mathrm{all}}$ 输出载荷舱所需控制作用力的同时,这些作用力会对服务舱产生反作用力与力矩,对服务舱姿态和位置产生干扰。不过,这些反

作用力、力矩与 $\boldsymbol{F}_{\mathrm{all}}$ 和安装布局参数直接相关，可以建立模型并在线估计，这就为补偿控制提供了依据。

在实际任务中，考虑执行偏差，设各作动执行机构实际输出的作用力大小为

$$\boldsymbol{F}_{\mathrm{all}}^{*} = \boldsymbol{F}_{\mathrm{all}} + \boldsymbol{\delta}_{F\mathrm{all}}$$

式中，$\boldsymbol{\delta}_{F\mathrm{all}}$ 为作用力大小偏差。与前述推导过程类似，根据作动执行机构在服务舱本体坐标系 $O_{\mathrm{s}}X_{\mathrm{sb}}Y_{\mathrm{sb}}Z_{\mathrm{sb}}$ 下的安装布局参数，可以得到服务舱受到作用力和力矩与各作动执行机构输出力大小之间的关系为

$$\begin{bmatrix} \boldsymbol{F}_{\mathrm{s}} \\ \boldsymbol{T}_{\mathrm{s}} \end{bmatrix} = \begin{bmatrix} \boldsymbol{A}_{\mathrm{s}F} \\ \boldsymbol{A}_{\mathrm{s}T} \end{bmatrix} \boldsymbol{F}_{\mathrm{all}}^{*} = \boldsymbol{A}_{\mathrm{s}FT}\boldsymbol{F}_{\mathrm{all}}^{*} \tag{3-66}$$

正常工作状态下，载荷舱本体坐标系 $O_{\mathrm{p}}X_{\mathrm{pb}}Y_{\mathrm{pb}}Z_{\mathrm{pb}}$ 和服务舱本体坐标系 $O_{\mathrm{s}}X_{\mathrm{sb}}Y_{\mathrm{sb}}Z_{\mathrm{sb}}$ 基本平行，即相对姿态接近为 0，因此，各作动执行机构在服务舱本体坐标系 $O_{\mathrm{s}}X_{\mathrm{sb}}Y_{\mathrm{sb}}Z_{\mathrm{sb}}$ 下的作用力方向矢量近似满足 $\boldsymbol{f}_{\mathrm{s}k} = -\boldsymbol{f}_{\mathrm{p}k}$。令

$$\boldsymbol{f}_{k} = \boldsymbol{f}_{\mathrm{p}k} \cdot \boldsymbol{A}_{F} = \boldsymbol{A}_{\mathrm{p}F}$$

则载荷舱和服务舱实际受到的作用力分别为

$$\boldsymbol{F}_{\mathrm{p}} = \boldsymbol{A}_{F}\boldsymbol{F}_{\mathrm{all}}^{*},\ \boldsymbol{F}_{\mathrm{s}} = -\boldsymbol{A}_{F}\boldsymbol{F}_{\mathrm{all}}^{*}$$

设载荷舱和服务舱质量分别为 m_{p}、m_{s}，则两者在本体坐标系下受到的作动加速度分别为

$$\begin{aligned} \boldsymbol{a}_{\mathrm{p}} &= \boldsymbol{A}_{F}\boldsymbol{F}_{\mathrm{all}}^{*}/m_{\mathrm{p}} \\ \boldsymbol{a}_{\mathrm{s}} &= -\boldsymbol{A}_{F}\boldsymbol{F}_{\mathrm{all}}^{*}/m_{\mathrm{s}} = -\boldsymbol{a}_{\mathrm{p}}m_{\mathrm{p}}/m_{\mathrm{s}} \end{aligned} \tag{3-67}$$

可见，作动执行机构在对载荷舱产生加速度 $\boldsymbol{a}_{\mathrm{p}}$ 的同时，会对服务舱产生近似为 $-\boldsymbol{a}_{\mathrm{p}}m_{\mathrm{p}}/m_{\mathrm{s}}$ 的加速度，两者都会对舱间相对位置运动产生影响。

服务舱姿态控制一般采用飞轮、力矩陀螺等执行机构，舱间作动执行机构对服务舱的作用力矩成为干扰力矩。若各作动执行机构输出的作用力由载荷舱姿态控制和舱间相对位置控制所需的控制力和力矩决定，这些作用力对服务舱产生的干扰力矩为

$$\boldsymbol{T}_{\mathrm{dinter}} = \boldsymbol{A}_{\mathrm{s}T}\boldsymbol{F}_{\mathrm{all}}^{*} = \boldsymbol{A}_{\mathrm{s}T}\left\{\left[(\boldsymbol{A}_{\mathrm{p}FT})^{\mathrm{T}}\boldsymbol{A}_{\mathrm{p}FT}\right]^{-1}(\boldsymbol{A}_{\mathrm{p}FT})^{\mathrm{T}}\begin{bmatrix} \boldsymbol{F}_{\mathrm{pc}} \\ \boldsymbol{T}_{\mathrm{pc}} \end{bmatrix} + \delta_{F\mathrm{all}}\right\} \tag{3-68}$$

可见,作动执行机构对载荷舱产生控制力和力矩的同时,也会对服务舱姿态控制形成干扰力矩,且可由式(3-68)进行在线估计并补偿。

3.6 舱间相对位置与姿态运动建模

浮体式航天器的控制目标是要同时实现两舱相对姿态和位置的稳定控制和载荷的高精度高稳定度指向控制。由于两舱各自惯量和在轨受到的内外部空间环境干扰等不同,两舱的轨道和姿态运动并不一致。如果对两舱的相对姿态和位置不采取有效控制,那么两舱可能产生碰撞,两舱稳定的相对运动状态也就难以实现和保持,而载荷的高精度高稳定度指向控制也就更无从谈起。

因此,考虑浮体式航天器的控制问题时,不能只把两舱看作是两个相互独立的在轨航天器,而应将浮体式航天器视作一个有机的整体,而两舱则是这个有机整体内两个密切关联的动态组成部分。控制系统设计,既要控制两舱独立运动,也要控制两舱相对运动。控制相对运动的主要目的,是为了形成并保持稳定的相对姿态和位置。

一般意义下,两舱在任意指向状态下相对位置和相对姿态运动相互耦合。为此,本节将分别分析建立舱间相对位置动力学模型、相对姿态动力学模型,进而建立包含两者耦合关系的相对姿态与轨道耦合动力学模型[33]。

3.6.1 舱间相对位置动力学模型[33]

对于任意矢量 $\boldsymbol{R}$, 将其在 $\boldsymbol{l}$ 坐标系下对时间的导数表示为 $\dot{\boldsymbol{R}}|_l$, 在 $\boldsymbol{l}$ 坐标系下的分量表示为 $\boldsymbol{R}^l$。

如前所述,载荷舱与服务舱建立非接触状态后,不施加轨道控制的情况下,两者位置运动分别受到各自轨道动力学和作动执行力的影响。在惯性坐标系 $O_iX_iY_iZ_i$ 下载荷舱与服务舱的绝对轨道动力学方程可以分别描述为

$$\ddot{\boldsymbol{R}}_p|_i = -\frac{\mu}{r_p^3}\boldsymbol{R}_p + \boldsymbol{a}_p + \boldsymbol{J}_p \tag{3-69}$$

$$\ddot{\boldsymbol{R}}_s|_i = -\frac{\mu}{r_s^3}\boldsymbol{R}_s + \boldsymbol{a}_s + \boldsymbol{J}_s \tag{3-70}$$

式中, $\boldsymbol{R}_p$、$\boldsymbol{R}_s$ 分别为载荷舱与服务舱在惯性坐标系下的位置矢量; $\boldsymbol{a}_p$, $\boldsymbol{a}_s$ 分别

为载荷舱与服务舱的控制加速度；$\boldsymbol{J}_{\mathrm{p}}$、$\boldsymbol{J}_{\mathrm{s}}$ 分别为载荷舱与服务舱受到的空间摄动加速度。

惯性坐标系下，载荷舱相对于服务舱相对位置矢量 $\boldsymbol{\rho}_{\mathrm{ps}}^{\mathrm{i}}=\boldsymbol{R}_{\mathrm{s}}-\boldsymbol{R}_{\mathrm{p}}$。对 $\boldsymbol{\rho}_{\mathrm{ps}}^{\mathrm{i}}$ 取二阶导数，可得

$$\ddot{\boldsymbol{\rho}}_{\mathrm{ps}}|_{\mathrm{i}}=\ddot{\boldsymbol{R}}_{\mathrm{p}}|_{\mathrm{i}}-\ddot{\boldsymbol{R}}_{\mathrm{s}}|_{\mathrm{i}}=-\frac{\mu}{r_{\mathrm{p}}^{3}}\boldsymbol{\rho}_{\mathrm{ps}}+\left(\frac{\mu}{r_{\mathrm{s}}^{3}}-\frac{\mu}{r_{\mathrm{p}}^{3}}\right)\boldsymbol{R}_{\mathrm{s}}+\Delta\boldsymbol{J}+\boldsymbol{a}_{\mathrm{p}}-\boldsymbol{a}_{\mathrm{s}} \tag{3-71}$$

根据矢量微分公式，$\ddot{\boldsymbol{\rho}}_{\mathrm{ps}}|_{i}$ 还可以由 $\boldsymbol{\rho}_{\mathrm{ps}}$ 在服务舱轨道坐标系 $O_{\mathrm{s}}X_{\mathrm{so}}Y_{\mathrm{so}}Z_{\mathrm{so}}$ 下求导得到，即

$$\ddot{\boldsymbol{\rho}}_{\mathrm{ps}}|_{\mathrm{i}}=\ddot{\boldsymbol{\rho}}_{\mathrm{ps}}|_{\mathrm{so}}+2\boldsymbol{\omega}_{\mathrm{soi}}\times\dot{\boldsymbol{\rho}}_{\mathrm{ps}}|_{\mathrm{so}}+\boldsymbol{\omega}_{\mathrm{soi}}\times(\boldsymbol{\omega}_{\mathrm{soi}}\times\boldsymbol{\rho}_{\mathrm{ps}})+\dot{\boldsymbol{\omega}}_{\mathrm{soi}}\times\boldsymbol{\rho}_{\mathrm{ps}} \tag{3-72}$$

依据式(3-71)和式(3-72)，可得

$$\begin{aligned}\ddot{\boldsymbol{\rho}}_{\mathrm{ps}}|_{\mathrm{so}}=&-\frac{\mu}{r_{\mathrm{p}}^{3}}\boldsymbol{\rho}_{\mathrm{ps}}+\left(\frac{\mu}{r_{\mathrm{s}}^{3}}-\frac{\mu}{r_{\mathrm{p}}^{3}}\right)\boldsymbol{R}_{\mathrm{s}}+\Delta\boldsymbol{J}+\boldsymbol{a}_{\mathrm{p}}-\boldsymbol{a}_{\mathrm{s}}\\&-2\boldsymbol{\omega}_{\mathrm{soi}}\times\dot{\boldsymbol{\rho}}_{\mathrm{ps}}|_{\mathrm{so}}-\boldsymbol{\omega}_{\mathrm{soi}}\times(\boldsymbol{\omega}_{\mathrm{soi}}\times\boldsymbol{\rho}_{\mathrm{ps}})-\dot{\boldsymbol{\omega}}_{\mathrm{soi}}\times\boldsymbol{\rho}_{\mathrm{ps}}\end{aligned} \tag{3-73}$$

以服务舱轨道坐标系为基准坐标系，设 $\boldsymbol{r}=\boldsymbol{\rho}_{\mathrm{ps}}^{\mathrm{so}}=[x\quad y\quad z]^{\mathrm{T}}$，另外易见：

$$\boldsymbol{\omega}_{\mathrm{soi}}^{\mathrm{so}}=[0\quad -\dot{\theta}_{\mathrm{s}}\quad 0]^{\mathrm{T}},\ \dot{\boldsymbol{\omega}}_{\mathrm{soi}}^{\mathrm{so}}=[0\quad -\ddot{\theta}_{\mathrm{s}}\quad 0]^{\mathrm{T}},$$

$$\boldsymbol{R}_{\mathrm{s}}^{\mathrm{so}}=[0\quad 0\quad -r_{\mathrm{s}}]^{\mathrm{T}},\ \boldsymbol{R}_{\mathrm{p}}^{\mathrm{so}}=[x\quad y\quad z-r_{s}]^{\mathrm{T}},$$

$$\ddot{\boldsymbol{r}}=\ddot{\boldsymbol{\rho}}_{\mathrm{ps}}^{\mathrm{so}}=[\ddot{x}\quad \ddot{y}\quad \ddot{z}]^{\mathrm{T}},\ \dot{\boldsymbol{r}}=\dot{\boldsymbol{\rho}}_{\mathrm{ps}}^{\mathrm{so}}=[\dot{x}\quad \dot{y}\quad \dot{z}]^{\mathrm{T}}$$

式中，θ_{s} 为服务舱的轨道真近点角。

代入式(3-73)并写成分量形式，可得服务舱轨道坐标系 $O_{\mathrm{s}}X_{\mathrm{so}}Y_{\mathrm{so}}Z_{\mathrm{so}}$ 下的非线性相对轨道动力学方程：

$$\begin{cases}\ddot{x}=2\dot{\theta}_{\mathrm{s}}\dot{z}+\ddot{\theta}_{\mathrm{s}}z+\left(\dot{\theta}_{\mathrm{s}}^{2}-\dfrac{\mu}{r_{\mathrm{p}}^{3}}\right)x+\Delta a_{x}+\Delta J_{x}\\ \ddot{y}=-\dfrac{\mu}{r_{\mathrm{p}}^{3}}y+\Delta a_{y}+\Delta J_{y}\\ \ddot{z}=-2\dot{\theta}_{\mathrm{s}}\dot{x}-\ddot{\theta}_{\mathrm{s}}x+\left(\dot{\theta}_{\mathrm{s}}^{2}-\dfrac{\mu}{r_{\mathrm{p}}^{3}}\right)z+\left(\dfrac{\mu}{r_{\mathrm{p}}^{3}}-\dfrac{\mu}{r_{\mathrm{s}}^{3}}\right)r_{\mathrm{s}}+\Delta a_{z}+\Delta J_{z}\end{cases} \tag{3-74}$$

考虑到服务舱和载荷舱的质心距离很小，轨道参数近似，两者轨道角速度和角加速度的差异很小，可以对上述方程进一步简化，即令

$$\dot{\theta}=\dot{\theta}_{\mathrm{s}}\approx\dot{\theta}_{\mathrm{p}}=\frac{h_{\mathrm{p}}}{p_{\mathrm{p}}^{2}}(1+e_{\mathrm{p}}\cos\theta_{\mathrm{p}})^{2} \tag{3-75}$$

$$\ddot{\theta}=\ddot{\theta}_{\mathrm{s}}\approx\ddot{\theta}_{\mathrm{p}}=-\frac{\mu}{r_{\mathrm{p}}^{3}}e_{\mathrm{p}}\sin\theta_{\mathrm{p}} \tag{3-76}$$

式中，h_{p}、p_{p} 和 e_{p} 分别为载荷舱的轨道角动量、半正焦弦和偏心率。

令未知有界摄动加速度 $\boldsymbol{f}_{\mathrm{d}}=\Delta\boldsymbol{J}$，则非线性相对轨道动力学模型可以表示为

$$\ddot{\boldsymbol{r}}=\boldsymbol{O}_1\boldsymbol{r}+\boldsymbol{O}_2\dot{\boldsymbol{r}}+\boldsymbol{g}(\boldsymbol{r})+\boldsymbol{f}_{\mathrm{d}}+\boldsymbol{a}_{\mathrm{p}}-\boldsymbol{a}_{\mathrm{s}} \tag{3-77}$$

式中，

$$\boldsymbol{O}_1=\begin{bmatrix}\dot{\theta}^2 & 0 & \ddot{\theta}\\ 0 & 0 & 0\\ -\ddot{\theta} & 0 & \dot{\theta}^2\end{bmatrix},\ \boldsymbol{O}_2=\begin{bmatrix}0 & 0 & 2\dot{\theta}\\ 0 & 0 & 0\\ -2\dot{\theta} & 0 & 0\end{bmatrix},\ \boldsymbol{g}(\boldsymbol{r})=\begin{bmatrix}-\dfrac{\mu x}{r_{\mathrm{p}}^{3}}\\ -\dfrac{\mu y}{r_{\mathrm{p}}^{3}}\\ -\dfrac{\mu}{r_{\mathrm{s}}^{2}}-\dfrac{\mu(z-r_{\mathrm{s}})}{r_{\mathrm{p}}^{3}}\end{bmatrix} \tag{3-78}$$

在两舱轨道近似为圆轨道，且相对距离较近的情况下，上述相对轨道动力学方程可以简化为一阶 CW 方程，形式如下：

$$\begin{cases}\ddot{x}=2\dot{\theta}\dot{z}+\Delta a_x+\Delta J_x\\ \ddot{y}=-\dot{\theta}^2 y+\Delta a_y+\Delta J_y\\ \ddot{z}=-2\dot{\theta}\dot{x}+3\dot{\theta}^2 z+\Delta a_z+\Delta J_z\end{cases} \tag{3-79}$$

与前面类似，可以进一步写成：

$$\ddot{\boldsymbol{r}}=\tilde{\boldsymbol{O}}_1\boldsymbol{r}+\tilde{\boldsymbol{O}}_2\dot{\boldsymbol{r}}+\boldsymbol{f}_{\mathrm{d}}+\Delta\boldsymbol{a} \tag{3-80}$$

式中，

$$\tilde{\boldsymbol{O}}_1 = \begin{bmatrix} 0 & 0 & 0 \\ 0 & -\dot{\theta}^2 & 0 \\ 0 & 0 & 3\dot{\theta}^2 \end{bmatrix},\ \tilde{\boldsymbol{O}}_2 = \begin{bmatrix} 0 & 0 & 2\dot{\theta} \\ 0 & 0 & 0 \\ -2\dot{\theta} & 0 & 0 \end{bmatrix} \tag{3-81}$$

在不施加轨道控制时，控制加速度偏差 $\Delta\boldsymbol{a}$ 主要由作动执行机构产生。由于作动执行机构产生的作用力同时作用到服务舱和载荷舱上，使得控制加速度偏差 $\Delta\boldsymbol{a}$ 与作动执行机构的两部分组件在载荷舱和服务舱的安装布局有关。根据前面式(3-66)描述的作动执行机构作用力模型，以服务舱轨道坐标系 $O_sX_{so}Y_{so}Z_{so}$ 为参考系，控制加速度偏差 $\Delta\boldsymbol{a}$ 满足：

$$\Delta\boldsymbol{a} = \boldsymbol{a}_p^{so} - \boldsymbol{a}_s^{so} = \boldsymbol{A}_{sopb}\boldsymbol{A}_F\boldsymbol{F}_{all}^*/m_p + \boldsymbol{A}_{sosb}\boldsymbol{A}_F\boldsymbol{F}_{all}^*/m_s \tag{3-82}$$

式中，$\boldsymbol{A}_{sopb}$ 为载荷舱本体坐标系 $O_pX_{pb}Y_{pb}Z_{pb}$ 到服务舱轨道坐标系 $O_sX_{so}Y_{so}Z_{so}$ 的坐标转换矩阵；$\boldsymbol{A}_{sosb}$ 为服务舱本体坐标系 $O_sX_{sb}Y_{sb}Z_{sb}$ 到服务舱轨道坐标系 $O_sX_{so}Y_{so}Z_{so}$ 的坐标转换矩阵。

考虑到正常状态下，载荷舱和服务舱的相对姿态一般较小，可以近似认为两者本体坐标系平行，则式(3-82)可以近似得到：

$$\Delta\boldsymbol{a} \approx \boldsymbol{A}_{sosb}\boldsymbol{A}_F\boldsymbol{F}_{all}^*/m_p + \boldsymbol{A}_{sosb}\boldsymbol{A}_F\boldsymbol{F}_{all}^*/m_s = \boldsymbol{a}_p\left(1 + \frac{m_p}{m_s}\right) \tag{3-83}$$

则浮体式航天器载荷舱相对服务舱的相对位置运动非线性动力学方程可以写成：

$$\ddot{\boldsymbol{r}} = \boldsymbol{O}_1\boldsymbol{r} + \boldsymbol{O}_2\dot{\boldsymbol{r}} + \boldsymbol{g}(\boldsymbol{r}) + \boldsymbol{f}_d + \boldsymbol{a}_p\left(1 + \frac{m_p}{m_s}\right) \tag{3-84}$$

近似简化后的一阶 CW 方程可以写成：

$$\ddot{\boldsymbol{r}} = \tilde{\boldsymbol{O}}_1\boldsymbol{r} + \tilde{\boldsymbol{O}}_2\dot{\boldsymbol{r}} + \boldsymbol{f}_d + \boldsymbol{a}_p\left(1 + \frac{m_p}{m_s}\right) \tag{3-85}$$

至此，得到了描述舱间相对位置运动的简化动力学模型，方便设计控制律，通过计算并输出控制加速度 $\boldsymbol{a}_p$，实现期望的舱间相对位置运动。

3.6.2　舱间相对姿态动力学模型[33]

按照浮体式航天器设计思想，服务舱一般安装有帆板等挠性附件，而载荷舱则尽量保持刚体特性。由此，考虑服务舱安装两侧帆板，简化帆板转动干

扰,则服务舱和载荷舱的姿态动力学方程分别描述如下:

$$\begin{cases} \boldsymbol{I}_{\mathrm{s}}\dot{\boldsymbol{\omega}}_{\mathrm{s}} + \boldsymbol{\omega}_{\mathrm{s}}^{\times}\boldsymbol{I}_{\mathrm{s}}\boldsymbol{\omega}_{\mathrm{s}} + \boldsymbol{F}_{\mathrm{sl}}\ddot{\boldsymbol{\eta}}_{\mathrm{l}} + \boldsymbol{\omega}_{\mathrm{s}}^{\times}\boldsymbol{F}_{\mathrm{sl}}\dot{\boldsymbol{\eta}}_{\mathrm{l}} + \boldsymbol{F}_{\mathrm{sr}}\ddot{\boldsymbol{\eta}}_{\mathrm{r}} + \boldsymbol{\omega}_{\mathrm{s}}^{\times}\boldsymbol{F}_{\mathrm{sr}}\dot{\boldsymbol{\eta}}_{\mathrm{r}} = \boldsymbol{T}_{\mathrm{sc}} + \boldsymbol{T}_{\mathrm{sd}} \\ \ddot{\boldsymbol{\eta}}_{\mathrm{l}} + 2\boldsymbol{\xi}_{\mathrm{l}}\boldsymbol{f}_{\mathrm{l}}\dot{\boldsymbol{\eta}}_{\mathrm{l}} + \boldsymbol{f}_{\mathrm{l}}^{2}\boldsymbol{\eta}_{\mathrm{l}} + \boldsymbol{F}_{\mathrm{sl}}^{\mathrm{T}}\dot{\boldsymbol{\omega}}_{\mathrm{s}} = \boldsymbol{0} \\ \ddot{\boldsymbol{\eta}}_{\mathrm{r}} + 2\boldsymbol{\xi}_{\mathrm{r}}\boldsymbol{f}_{\mathrm{r}}\dot{\boldsymbol{\eta}}_{\mathrm{r}} + \boldsymbol{f}_{\mathrm{r}}^{2}\boldsymbol{\eta}_{\mathrm{r}} + \boldsymbol{F}_{\mathrm{sr}}^{\mathrm{T}}\dot{\boldsymbol{\omega}}_{\mathrm{s}} = \boldsymbol{0} \end{cases} \tag{3-86}$$

$$\boldsymbol{I}_{\mathrm{p}}\dot{\boldsymbol{\omega}}_{\mathrm{p}} + \boldsymbol{\omega}_{\mathrm{p}}^{\times}\boldsymbol{I}_{\mathrm{p}}\boldsymbol{\omega}_{\mathrm{p}} = \boldsymbol{T}_{\mathrm{pc}} + \boldsymbol{T}_{\mathrm{pd}} \tag{3-87}$$

式中,$\boldsymbol{I}_{\mathrm{p}}$、$\boldsymbol{I}_{\mathrm{s}}$ 分别为载荷舱和服务舱的转动惯量矩阵;$\boldsymbol{\omega}_{\mathrm{p}}$、$\boldsymbol{\omega}_{\mathrm{s}}$ 分别为载荷舱和服务舱的惯性角速度矢量;$\boldsymbol{\omega}_{\mathrm{p}}^{\times}$、$\boldsymbol{\omega}_{\mathrm{s}}^{\times}$ 分别表示 $\boldsymbol{\omega}_{\mathrm{p}}$、$\boldsymbol{\omega}_{\mathrm{s}}$ 矢量的反对称矩阵;$\boldsymbol{F}_{\mathrm{sl}} \in \boldsymbol{R}^{3\times P}$、$\boldsymbol{F}_{\mathrm{sr}} \in \boldsymbol{R}^{3\times P}$ 分别表示服务舱左右两侧太阳帆板振动相对中心刚体的转动耦合系数矩阵,$\boldsymbol{P}$ 为模态阶数;$\boldsymbol{\eta}_{\mathrm{l}} \in \boldsymbol{R}^{P\times 1}$、$\boldsymbol{\eta}_{\mathrm{r}} \in \boldsymbol{R}^{P\times 1}$ 分别表示服务舱左右两侧太阳帆板模态坐标阵;$\boldsymbol{\xi}_{\mathrm{l}} \in \boldsymbol{R}^{P\times P}$、$\boldsymbol{\xi}_{\mathrm{r}} \in \boldsymbol{R}^{P\times P}$ 分别为服务舱左右两侧太阳帆板模态阻尼系数对角阵;$\boldsymbol{f}_{\mathrm{l}}$、$\boldsymbol{f}_{\mathrm{r}}$ 分别为服务舱左右两侧太阳帆板模态频率对角阵。

定义服务舱相对于载荷舱的相对角速度 $\boldsymbol{\omega}_{r}$ 即为服务舱服务舱本体坐标系 $O_{\mathrm{s}}X_{\mathrm{sb}}Y_{\mathrm{sb}}Z_{\mathrm{sb}}$ 相对于载荷舱载荷舱本体坐标系 $O_{\mathrm{p}}X_{\mathrm{pb}}Y_{\mathrm{pb}}Z_{\mathrm{pb}}$ 的旋转角速度,因此:

$$\boldsymbol{\omega}_{r} = \boldsymbol{\omega}_{\mathrm{s}} - \boldsymbol{\omega}_{\mathrm{p}} \tag{3-88}$$

对式(3-88)在惯性坐标系 $O_{\mathrm{i}}X_{\mathrm{i}}Y_{\mathrm{i}}Z_{\mathrm{i}}$ 下求导,可得

$$\dot{\boldsymbol{\omega}}_{r}|_{\mathrm{i}} = \dot{\boldsymbol{\omega}}_{\mathrm{s}}|_{\mathrm{i}} - \dot{\boldsymbol{\omega}}_{\mathrm{p}}|_{\mathrm{i}} \tag{3-89}$$

由矢量导数关系,可得

$$\dot{\boldsymbol{\omega}}_{r}|_{\mathrm{i}} = \dot{\boldsymbol{\omega}}_{r}|_{\mathrm{p}} + \boldsymbol{\omega}_{\mathrm{p}} \times \boldsymbol{\omega}_{r} \tag{3-90}$$

联立式(3-89)和式(3-90),可得

$$\dot{\boldsymbol{\omega}}_{r}|_{\mathrm{p}} = \dot{\boldsymbol{\omega}}_{\mathrm{s}}|_{\mathrm{i}} - \dot{\boldsymbol{\omega}}_{\mathrm{p}}|_{\mathrm{i}} - \boldsymbol{\omega}_{\mathrm{p}} \times \boldsymbol{\omega}_{r} \tag{3-91}$$

联合式(3-91)和式(3-86)、式(3-87)姿态动力学,可得载荷舱本体坐标系下的相对姿态动力学方程,可以描述为

$$\begin{aligned} \dot{\boldsymbol{\omega}}_{r}|_{\mathrm{p}} = {} & \boldsymbol{I}_{\mathrm{s}}^{-1}(\boldsymbol{T}_{\mathrm{sc}} + \boldsymbol{T}_{\mathrm{sd}}) - \boldsymbol{I}_{\mathrm{p}}^{-1}(\boldsymbol{T}_{\mathrm{pc}} + \boldsymbol{T}_{\mathrm{pd}}) \\ & - \boldsymbol{I}_{\mathrm{s}}^{-1}(\boldsymbol{\omega}_{\mathrm{s}}^{\times}\boldsymbol{I}_{\mathrm{s}}\boldsymbol{\omega}_{\mathrm{s}} + \boldsymbol{F}_{\mathrm{sl}}\ddot{\boldsymbol{\eta}}_{\mathrm{l}} + \boldsymbol{\omega}_{\mathrm{s}}^{\times}\boldsymbol{F}_{\mathrm{sl}}\dot{\boldsymbol{\eta}}_{\mathrm{l}} + \boldsymbol{F}_{\mathrm{sr}}\ddot{\boldsymbol{\eta}}_{\mathrm{r}} + \boldsymbol{\omega}_{\mathrm{s}}^{\times}\boldsymbol{F}_{\mathrm{sr}}\dot{\boldsymbol{\eta}}_{\mathrm{r}}) \\ & + \boldsymbol{I}_{\mathrm{p}}^{-1}\boldsymbol{\omega}_{\mathrm{p}}^{\times}\boldsymbol{I}_{\mathrm{p}}\boldsymbol{\omega}_{\mathrm{p}} - \boldsymbol{\omega}_{\mathrm{p}}^{\times}\boldsymbol{\omega}_{r} \end{aligned} \tag{3-92}$$

在实际控制任务中,空间干扰力矩一般难以准确获得,因此,控制算法中

应用的相对姿态动力学模型需要进行简化，将省略量均作为未建模有界干扰处理。简化之后的相对姿态动力学方程可以描述为

$$\begin{aligned}\dot{\boldsymbol{\omega}}_r|_{\mathrm{p}} = & \boldsymbol{I}_{\mathrm{s}}^{-1}\boldsymbol{T}_{\mathrm{sc}} - \boldsymbol{I}_{\mathrm{s}}^{-1}\boldsymbol{\omega}_{\mathrm{s}}^{\times}\boldsymbol{I}_{\mathrm{s}}\boldsymbol{\omega}_{\mathrm{s}} - \boldsymbol{I}_{\mathrm{p}}^{-1}\boldsymbol{T}_{\mathrm{pc}} + \boldsymbol{I}_{\mathrm{p}}^{-1}\boldsymbol{\omega}_{\mathrm{p}}^{\times}\boldsymbol{I}_{\mathrm{p}}\boldsymbol{\omega}_{\mathrm{p}} \\ & - \boldsymbol{\omega}_{\mathrm{p}}^{\times}\boldsymbol{\omega}_r + \boldsymbol{I}_{\mathrm{s}}^{-1}\boldsymbol{T}_{\mathrm{s}\delta} - \boldsymbol{I}_{\mathrm{p}}^{-1}\boldsymbol{T}_{\mathrm{p}\delta}\end{aligned} \tag{3-93}$$

式中，$\boldsymbol{T}_{\mathrm{p}\delta}$、$\boldsymbol{T}_{\mathrm{s}\delta}$ 分别为载荷舱和服务舱受到的总干扰力矩，因此

$$\boldsymbol{T}_{\mathrm{s}\delta} = \boldsymbol{T}_{\mathrm{sd}} + \boldsymbol{T}_{\mathrm{d}\eta}$$

$$\boldsymbol{T}_{\mathrm{d}\eta} = -\boldsymbol{F}_{\mathrm{sl}}\ddot{\boldsymbol{\eta}}_{\mathrm{l}} - \boldsymbol{\omega}_{\mathrm{s}}^{\times}\boldsymbol{F}_{\mathrm{sl}}\dot{\boldsymbol{\eta}}_{\mathrm{l}} - \boldsymbol{F}_{\mathrm{sr}}\ddot{\boldsymbol{\eta}}_{\mathrm{r}} - \boldsymbol{\omega}_{\mathrm{s}}^{\times}\boldsymbol{F}_{\mathrm{sr}}\dot{\boldsymbol{\eta}}_{\mathrm{r}} \tag{3-94}$$

$$\boldsymbol{T}_{\mathrm{p}\delta} = \boldsymbol{T}_{\mathrm{pd}} \tag{3-95}$$

式中，$\boldsymbol{T}_{\mathrm{d}\eta}$ 为挠性耦合力矩。

联立式(3－91)和式(3－93)，可将服务舱姿态角速度用载荷舱姿态角速度和相对姿态角速度表示，相对姿态动力学方程可以描述为

$$\begin{aligned}\dot{\boldsymbol{\omega}}_r|_{\mathrm{p}} = & \boldsymbol{I}_{\mathrm{s}}^{-1}(\boldsymbol{T}_{\mathrm{sc}} + \boldsymbol{T}_{\mathrm{sd}}) - \boldsymbol{I}_{\mathrm{p}}^{-1}(\boldsymbol{T}_{\mathrm{pc}} + \boldsymbol{T}_{\mathrm{pd}}) \\ & - \boldsymbol{I}_{\mathrm{s}}^{-1}(\boldsymbol{\omega}_{\mathrm{s}}^{\times}\boldsymbol{I}_{\mathrm{s}}\boldsymbol{\omega}_{\mathrm{s}} + \boldsymbol{F}_{\mathrm{sl}}\ddot{\boldsymbol{\eta}}_{\mathrm{l}} + \boldsymbol{\omega}_{\mathrm{s}}^{\times}\boldsymbol{F}_{\mathrm{sl}}\dot{\boldsymbol{\eta}}_{\mathrm{l}} + \boldsymbol{F}_{\mathrm{sr}}\ddot{\boldsymbol{\eta}}_{\mathrm{r}} + \boldsymbol{\omega}_{\mathrm{s}}^{\times}\boldsymbol{F}_{\mathrm{sr}}\dot{\boldsymbol{\eta}}_{\mathrm{r}}) \\ & + \boldsymbol{I}_{\mathrm{p}}^{-1}\boldsymbol{\omega}_{\mathrm{p}}^{\times}\boldsymbol{I}_{\mathrm{p}}\boldsymbol{\omega}_{\mathrm{p}} - \boldsymbol{\omega}_{\mathrm{p}}^{\times}\boldsymbol{\omega}_r\end{aligned} \tag{3-96}$$

前面建立了相对角速度为变量的相对姿态动力学模型，为方便相对姿态确定和控制系统设计，进一步可以建立以相对姿态四元数和相对角速度为变量的相对姿态动力学模型。

定义服务舱本体坐标系 $O_{\mathrm{s}}X_{\mathrm{sb}}Y_{\mathrm{sb}}Z_{\mathrm{sb}}$ 相对于载荷舱本体坐标系 $O_{\mathrm{p}}X_{\mathrm{pb}}Y_{\mathrm{pb}}Z_{\mathrm{pb}}$ 的相对姿态四元数 $\boldsymbol{q}_r = [q_{r0} \quad \boldsymbol{q}_{rv}^{\mathrm{T}}]^{\mathrm{T}}$，则载荷舱本体坐标系 $O_{\mathrm{p}}X_{\mathrm{pb}}Y_{\mathrm{pb}}Z_{\mathrm{pb}}$ 下相对角速度分量可以表示为

$$\dot{\boldsymbol{\omega}}_r|_{\mathrm{p}} = \boldsymbol{A}^{\mathrm{T}}(\boldsymbol{q}_r)\boldsymbol{\omega}_{\mathrm{s}} - \boldsymbol{\omega}_{\mathrm{p}} \tag{3-97}$$

式中，$A(\boldsymbol{q}_r)$ 为由相对姿态四元数 $\boldsymbol{q}_r$ 计算得到的载荷舱本体坐标系到服务舱本体坐标系的坐标转换矩阵。

由式(3－91)可得

$$\dot{\boldsymbol{\omega}}_{\mathrm{s}}|_{\mathrm{i}} = \dot{\boldsymbol{\omega}}_{\mathrm{p}}|_{\mathrm{i}} + \dot{\boldsymbol{\omega}}_r|_{\mathrm{p}} + \boldsymbol{\omega}_{\mathrm{p}} \times \boldsymbol{\omega}_r \tag{3-98}$$

因此，服务舱在自身本体坐标系 $O_{\mathrm{s}}X_{\mathrm{sb}}Y_{\mathrm{sb}}Z_{\mathrm{sb}}$ 下的角加速度可由相对姿态四元

数、角速度、角加速度和载荷舱角速度、角加速度计算得到:

$$\dot{\boldsymbol{\omega}}_{\mathrm{s}}=\boldsymbol{A}(\boldsymbol{q}_r)\dot{\boldsymbol{\omega}}_{\mathrm{p}}+\boldsymbol{A}(\boldsymbol{q}_r)\dot{\boldsymbol{\omega}}_r+\boldsymbol{A}(\boldsymbol{q}_r)(\boldsymbol{\omega}_{\mathrm{p}}\times\boldsymbol{\omega}_r^{\mathrm{p}}) \tag{3-99}$$

在实际应用中,基于上述公式,通过舱间敏感器获得服务舱相对姿态测量值,通过相对导航滤波获得相对姿态角速度和角加速度;通过星敏加陀螺可以获得载荷舱自身姿态角速度和角加速度,从而可以获得服务舱的姿态角速度和角加速度。

基于相对姿态四元数 $\boldsymbol{q}_r$ 和相对姿态角速度 $\boldsymbol{\omega}_r$,可以得到两舱间相对姿态运动学方程:

$$\dot{\boldsymbol{q}}_r=\frac{1}{2}\boldsymbol{q}_r\otimes\begin{bmatrix}0\\ \boldsymbol{\omega}_r\end{bmatrix}=\frac{1}{2}\boldsymbol{Q}_r\begin{bmatrix}0\\ \boldsymbol{\omega}_r\end{bmatrix} \tag{3-100}$$

式中,符号⊗代表四元数乘法,$\boldsymbol{Q}_r$ 代表四元数乘法矩阵,用分量表示为

$$\boldsymbol{Q}_r=\begin{bmatrix}q_{r0} & -q_{r1} & -q_{r2} & -q_{r3}\\ q_{r1} & q_{r0} & -q_{r3} & q_{r2}\\ q_{r2} & q_{r3} & q_{r0} & -q_{r1}\\ q_{r3} & -q_{r2} & q_{r1} & q_{r0}\end{bmatrix} \tag{3-101}$$

对运动学方程求导,可得相对姿态四元数二阶导数方程:

$$\ddot{\boldsymbol{q}}_r=-\frac{1}{4}\boldsymbol{\omega}_r^{\mathrm{T}}\boldsymbol{\omega}_r\boldsymbol{q}_r+\frac{1}{2}\boldsymbol{Q}_r\begin{bmatrix}0\\ \dot{\boldsymbol{\omega}}_r\end{bmatrix} \tag{3-102}$$

只考虑矢量部分,可得

$$\ddot{\boldsymbol{q}}_{rv}=-\frac{1}{4}\boldsymbol{\omega}_r^{\mathrm{T}}\boldsymbol{\omega}_r\boldsymbol{q}_{rv}+\frac{1}{2}\boldsymbol{Q}_{rv}\dot{\boldsymbol{\omega}}_r \tag{3-103}$$

$$\boldsymbol{Q}_{rv}=\begin{bmatrix}\sqrt{1-q_{r1}^2-q_{r2}^2-q_{r3}^2} & -q_{r3} & q_{r2}\\ q_{r3} & \sqrt{1-q_{r1}^2-q_{r2}^2-q_{r3}^2} & -q_{r1}\\ -q_{r2} & q_{r1} & \sqrt{1-q_{r1}^2-q_{r2}^2-q_{r3}^2}\end{bmatrix} \tag{3-104}$$

式中,$\dot{\boldsymbol{\omega}}_r$ 可由前述相对姿态动力学获得,即

$$\begin{aligned}\dot{\boldsymbol{\omega}}_r = &\boldsymbol{A}(\boldsymbol{q}_r)\boldsymbol{I}_{\mathrm{s}}^{-1}\boldsymbol{T}_{\mathrm{sc}} - \boldsymbol{I}_{\mathrm{s}}^{-1}[\boldsymbol{\omega}_r + \boldsymbol{\omega}_{\mathrm{p}}] \times \{\boldsymbol{I}_{\mathrm{s}}[\boldsymbol{\omega}_r + \boldsymbol{\omega}_{\mathrm{p}}]\}\\ &- \boldsymbol{I}_{\mathrm{p}}^{-1}\boldsymbol{T}_{\mathrm{pc}} + \boldsymbol{I}_{\mathrm{p}}^{-1}\boldsymbol{\omega}_{\mathrm{p}}^{\times}\boldsymbol{I}_{\mathrm{p}}\boldsymbol{\omega}_{\mathrm{p}} - \boldsymbol{\omega}_{\mathrm{p}}^{\times}\boldsymbol{\omega}_r + \boldsymbol{A}(\boldsymbol{q}_r)\boldsymbol{I}_{\mathrm{s}}^{-1}\boldsymbol{T}_{\mathrm{s}\delta} - \boldsymbol{I}_{\mathrm{p}}^{-1}\boldsymbol{T}_{\mathrm{p}\delta}\end{aligned} \tag{3-105}$$

进一步,可以写成如下简洁形式:

$$\ddot{\boldsymbol{q}}_{rv} = -\frac{1}{4}\|\boldsymbol{\omega}_r\|^2\boldsymbol{q}_{rv} + \frac{1}{2}\boldsymbol{Q}_{rv}\boldsymbol{U}_{\mathrm{sa}} - \frac{1}{2}\boldsymbol{Q}_{rv}\boldsymbol{W}_{\mathrm{sp}} + \frac{1}{2}\boldsymbol{Q}_{rv}\boldsymbol{\delta}_M \tag{3-106}$$

式中,

$$\begin{aligned}\boldsymbol{U}_{\mathrm{sa}} &= \boldsymbol{A}(\boldsymbol{q}_r)\boldsymbol{I}_{\mathrm{s}}^{-1}\boldsymbol{T}_{\mathrm{sc}}\\ \boldsymbol{W}_{\mathrm{sp}} &= \boldsymbol{I}_{\mathrm{s}}^{-1}[\boldsymbol{\omega}_r + \boldsymbol{\omega}_{\mathrm{p}}] \times \{\boldsymbol{I}_{\mathrm{s}}[\boldsymbol{\omega}_r + \boldsymbol{\omega}_{\mathrm{p}}]\} + \boldsymbol{I}_{\mathrm{p}}^{-1}\boldsymbol{T}_{\mathrm{pc}} - \boldsymbol{I}_{\mathrm{p}}^{-1}\boldsymbol{\omega}_{\mathrm{p}}^{\times}\boldsymbol{I}_{\mathrm{p}}\boldsymbol{\omega}_{\mathrm{p}} + \boldsymbol{\omega}_{\mathrm{p}}^{\times}\boldsymbol{\omega}_r\\ &\approx \boldsymbol{I}_{\mathrm{s}}^{-1}[\boldsymbol{\omega}_r + \boldsymbol{\omega}_{\mathrm{p}}] \times \{\boldsymbol{I}_{\mathrm{s}}[\boldsymbol{\omega}_r + \boldsymbol{\omega}_{\mathrm{p}}]\} + \dot{\boldsymbol{\omega}}_{\mathrm{p}} + \boldsymbol{\omega}_{\mathrm{p}}^{\times}\boldsymbol{\omega}_r\\ \boldsymbol{\delta}_{\mathrm{M}} &= A(\boldsymbol{q}_r)\boldsymbol{I}_{\mathrm{s}}^{-1}\boldsymbol{T}_{\mathrm{s}\delta} - \boldsymbol{I}_{\mathrm{p}}^{-1}\boldsymbol{T}_{\mathrm{p}\delta}\end{aligned} \tag{3-107}$$

上述得到服务舱本体坐标系相对于载荷舱本体坐标系的相对姿态运动学和动力学方程。

进一步考虑浮体式航天器采用作动执行机构所带来的特殊动力学特征。如前所述,对于载荷舱的姿态控制力矩 $\boldsymbol{T}_{\mathrm{pc}}$,由作动执行机构按照指令输出作用来形成,即 $\boldsymbol{T}_{\mathrm{pc}} = \boldsymbol{A}_{\mathrm{p}T}\boldsymbol{F}_{\mathrm{all}}^{*}$。同时,作动执行机构对服务舱形成干扰力矩 $\boldsymbol{T}_{\mathrm{dinter}} = \boldsymbol{A}_{\mathrm{s}T}\boldsymbol{F}_{\mathrm{all}}^{*}$,因此,服务舱受到的总干扰力矩 $\boldsymbol{T}_{\mathrm{s}\delta}$ 主要包含环境干扰力矩 $\boldsymbol{T}_{\mathrm{de}}$、挠性耦合力矩 $\boldsymbol{T}_{\mathrm{d}\eta}$、作动干扰力矩 $\boldsymbol{T}_{\mathrm{dinter}}$ 三部分,即

$$\boldsymbol{T}_{\mathrm{s}\delta} = \boldsymbol{T}_{\mathrm{de}} + \boldsymbol{T}_{\mathrm{d}\eta} + \boldsymbol{T}_{\mathrm{dinter}} \tag{3-108}$$

式中,作动干扰力矩 $\boldsymbol{T}_{\mathrm{dinter}}$ 可以在线估计并补偿。

3.6.3 舱间相对姿态与轨道耦合动力学模型[33]

前述针对两舱质心间相对运动,分别建立了相对位置动力学模型和相对姿态动力学模型,方便根据需要分别设计对应控制器。但是,对于浮体式航天器,更一般意义下,相对位置和相对姿态运动实际上是耦合的,为此需要建立能够包含该耦合关系的动力学模型。

考察图 3-8,在分离状态下,两舱协同实现指向的调整时,舱间相对位置

和姿态运动呈现明显耦合特征。主要是为满足指向控制和防撞控制需求，在载荷舱本体坐标系 $O_pX_{pb}Y_{pb}Z_{pb}$ 下，服务舱需要始终维持在某一位置，且自身本体尽可能保持与载荷舱本体坐标系 $O_pX_{pb}Y_{pb}Z_{pb}$ 平行。在载荷舱轨道坐标系 $O_pX_{po}Y_{po}Z_{po}$ 下，这一控制需求使得期望的舱间相对位置与期望的相对姿态密切相关，从而使得两者建立耦合关系。

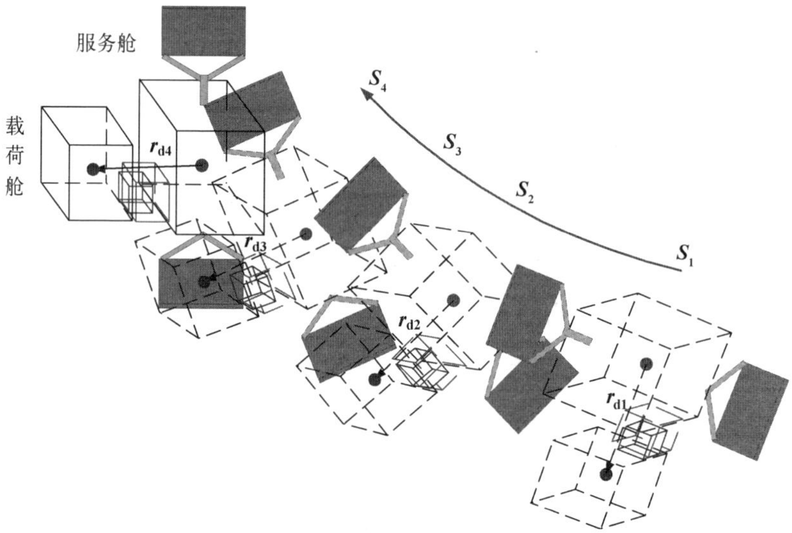

图 3-8 载荷舱指向大幅调整时的期望相对运动示意

不失一般性，设载荷舱本体坐标系下的期望位置 $\boldsymbol{r}_{pd}$、期望速度 $\dot{\boldsymbol{r}}_{pd}$、期望加速度 $\ddot{\boldsymbol{r}}_{pd}$ 均为随时间变化的函数。根据坐标转换关系，可以获得服务舱质心在载荷舱轨道坐标系下的相对位置与姿态期望状态如下：

$$\boldsymbol{r}_d = \boldsymbol{C}_{popb}\boldsymbol{r}_{pd} \tag{3-109}$$

$$\dot{\boldsymbol{r}}_d = \boldsymbol{C}_{popb}\dot{\boldsymbol{r}}_{pd} + \boldsymbol{\omega}_{po} \times \boldsymbol{r}_d \tag{3-110}$$

$$\ddot{\boldsymbol{r}}_d = \boldsymbol{C}_{popb}\ddot{\boldsymbol{r}}_{pd} + \dot{\boldsymbol{\omega}}_{po} \times \boldsymbol{r}_d - \boldsymbol{\omega}_{po} \times (\boldsymbol{\omega}_{po} \times \boldsymbol{r}_d) + 2\boldsymbol{\omega}_{po} \times \dot{\boldsymbol{r}}_d \tag{3-111}$$

式中，$\boldsymbol{C}_{popb}$ 为载荷舱本体坐标系到载荷舱轨道坐标系的坐标转换矩阵；$\boldsymbol{\omega}_{po}$ 为载荷舱本体系相对于载荷舱轨道坐标系的角速度在载荷舱轨道坐标系下矢量；$\boldsymbol{C}_{popb}$、$\boldsymbol{\omega}_{po}$ 均由载荷舱旋转姿态决定，因此，载荷舱轨道坐标系下的服务舱期望平动轨迹，由载荷舱旋转姿态决定。同时，任意时刻的服务舱期望姿态，也由载荷舱旋转姿态决定，从而体现出服务舱期望状态的姿态与轨道耦合特征。考虑一般在稳定相对悬浮的情况下,载荷舱本体坐标系下,浮体式航天器载荷舱和服务舱相对位置保持稳定,此时,服务舱质心的期望位置 $\boldsymbol{r}_{\mathrm{pd}}$ 保持为常值,则 $\dot{\boldsymbol{r}}_{\mathrm{pd}}=0$、$\ddot{\boldsymbol{r}}_{\mathrm{pd}}=0$, 上述期望状态简化为

$$\boldsymbol{r}_{\mathrm{d}}=\boldsymbol{C}_{\mathrm{popb}}\boldsymbol{r}_{\mathrm{pd}} \tag{3-112}$$

$$\dot{\boldsymbol{r}}_{\mathrm{d}}=\boldsymbol{\omega}_{\mathrm{po}}\times\boldsymbol{r}_{\mathrm{d}} \tag{3-113}$$

$$\ddot{\boldsymbol{r}}_{\mathrm{d}}=\dot{\boldsymbol{\omega}}_{\mathrm{po}}\times\boldsymbol{r}_{\mathrm{d}}+\boldsymbol{\omega}_{\mathrm{po}}\times(\dot{\boldsymbol{\omega}}_{\mathrm{po}}\times\boldsymbol{r}_{\mathrm{d}}) \tag{3-114}$$

考虑期望姿态与位置状态的耦合关系,定义舱间相对位置与姿态的控制偏差状态量为

$$\boldsymbol{e}=[\boldsymbol{r}^{\mathrm{T}}-\boldsymbol{r}_{\mathrm{d}}^{\mathrm{T}}\quad \boldsymbol{q}_{rv}^{\mathrm{T}}]^{\mathrm{T}} \tag{3-115}$$

式中,$\boldsymbol{r}$ 和 $\boldsymbol{r}_{\mathrm{d}}$ 分别为载荷舱轨道坐标系 $O_{\mathrm{p}}X_{\mathrm{po}}Y_{\mathrm{po}}Z_{\mathrm{po}}$ 下的相对位置矢量和期望的相对位置矢量;$\boldsymbol{q}_{rv}$ 为服务舱相对载荷舱姿态四元数的矢量部分。

对式(3-115)两边进行求导,可得控制偏差的导数为

$$\dot{\boldsymbol{e}}=[\dot{\boldsymbol{r}}^{\mathrm{T}}-\dot{\boldsymbol{r}}_{\mathrm{d}}^{\mathrm{T}}\quad \dot{\boldsymbol{q}}_{rv}^{\mathrm{T}}]^{\mathrm{T}} \tag{3-116}$$

$$\ddot{\boldsymbol{e}}=[\ddot{\boldsymbol{r}}^{\mathrm{T}}-\ddot{\boldsymbol{r}}_{\mathrm{d}}^{\mathrm{T}}\quad \ddot{\boldsymbol{q}}_{rv}^{\mathrm{T}}]^{\mathrm{T}} \tag{3-117}$$

将相对位置和姿态动力学方程代入式(3-117),可得相对位置和姿态控制偏差的耦合动力学方程:

$$\ddot{\boldsymbol{e}}=\begin{bmatrix}\ddot{\boldsymbol{e}}_{rp}\\ \ddot{\boldsymbol{q}}_{rv}\end{bmatrix}\left\{\begin{array}{c}\tilde{\boldsymbol{O}}_1\boldsymbol{r}+\tilde{\boldsymbol{O}}_2\dot{\boldsymbol{r}}+\boldsymbol{f}_{\mathrm{d}}+\boldsymbol{a}_{\mathrm{p}}\left(1+\dfrac{m_{\mathrm{p}}}{m_{\mathrm{s}}}\right)-\ddot{\boldsymbol{r}}_{\mathrm{d}}\\ -\dfrac{1}{4}\|\boldsymbol{\omega}_r\|^2\boldsymbol{q}_{rv}+\dfrac{1}{2}\boldsymbol{Q}_{rv}\boldsymbol{U}_{as}-\dfrac{1}{2}\boldsymbol{Q}_{rv}\boldsymbol{W}_{\mathrm{sp}}+\dfrac{1}{2}\boldsymbol{Q}_{rv}\boldsymbol{\delta}_M\end{array}\right\} \tag{3-118}$$

进一步整理式(3-118),可写成如下形式:

$$\ddot{e}=\boldsymbol{f}+\boldsymbol{B}\boldsymbol{u}+\boldsymbol{D}\boldsymbol{\delta} \tag{3-119}$$

式中,

$$\boldsymbol{f}=\begin{bmatrix}\tilde{\boldsymbol{O}}_1\boldsymbol{r}+\tilde{\boldsymbol{O}}_2\dot{\boldsymbol{r}}-\ddot{\boldsymbol{r}}_{\mathrm{d}}\\ -\dfrac{1}{4}\|\boldsymbol{\omega}_r\|^2\boldsymbol{q}_{rv}-\dfrac{1}{2}\boldsymbol{Q}_{rv}\boldsymbol{W}_{\mathrm{sp}}\end{bmatrix} \tag{3-120}$$

$$\boldsymbol{B}=\begin{bmatrix}\boldsymbol{I}_{3\times3} & \boldsymbol{0}_{3\times3}\\ \boldsymbol{0}_{3\times3} & \dfrac{1}{2}\boldsymbol{Q}_{rv}\boldsymbol{A}(\boldsymbol{q}_r)\boldsymbol{I}_{\mathrm{s}}^{-1}\end{bmatrix}\tag{3-121}$$

$$\boldsymbol{u}=\begin{bmatrix}\boldsymbol{a}_{\mathrm{p}}\left(1+\dfrac{m_{\mathrm{p}}}{m_{\mathrm{s}}}\right)\\ \boldsymbol{T}_{\mathrm{sc}}\end{bmatrix}\tag{3-122}$$

$$\boldsymbol{D}=\begin{bmatrix}\boldsymbol{I}_{3\times3} & \boldsymbol{0}_{3\times3}\\ \boldsymbol{0}_{3\times3} & \dfrac{1}{2}\boldsymbol{Q}_{rv}\end{bmatrix}\tag{3-123}$$

$$\boldsymbol{\delta}=\begin{bmatrix}\boldsymbol{f}_{\mathrm{d}}\\ \boldsymbol{A}(\boldsymbol{q}_r)\boldsymbol{I}_{\mathrm{s}}^{-1}\boldsymbol{T}_{\mathrm{s}\delta}-\boldsymbol{I}_{\mathrm{p}}^{-1}\boldsymbol{T}_{\mathrm{p}\delta}\end{bmatrix}\tag{3-124}$$

至此,舱间质心相对运动姿态与轨道耦合动力学模型建立完成。该模型为直接同时控制舱间相对位置和姿态提供了模型基础。

综合前述舱间相对姿态与轨道运动模型,在更一般意义下,舱间相对位置和姿态运动存在耦合关联关系,主要体现在载荷舱轨道坐标系下,服务舱的质心期望位置与载荷舱姿态之间一一对应,而服务舱姿态一般要求与载荷舱姿态保持一致。因此,舱间相对姿轨耦合动力学模型描述如下:

$$\begin{cases}\boldsymbol{r}_{\mathrm{d}}=\boldsymbol{C}_{\mathrm{po}}\boldsymbol{r}_{\mathrm{pd}} & (1)\\ \dot{\boldsymbol{r}}_{\mathrm{d}}=\boldsymbol{\omega}_{\mathrm{po}}\times\boldsymbol{r}_{\mathrm{d}} & (2)\\ \ddot{\boldsymbol{r}}_{\mathrm{d}}=\dot{\boldsymbol{\omega}}_{\mathrm{po}}\times\boldsymbol{r}_{\mathrm{d}}+\boldsymbol{\omega}_{\mathrm{po}}\times(\dot{\boldsymbol{\omega}}_{\mathrm{po}}\times\boldsymbol{r}_{\mathrm{d}}) & (3)\\ \ddot{\boldsymbol{e}}_{rp}=\tilde{\boldsymbol{O}}_1\boldsymbol{r}+\tilde{\boldsymbol{O}}_2\dot{\boldsymbol{r}}+\boldsymbol{f}_{\mathrm{d}}+\boldsymbol{a}_{\mathrm{p}}\left(1+\dfrac{m_{\mathrm{p}}}{m_{\mathrm{s}}}\right)-\ddot{\boldsymbol{r}}_{\mathrm{d}} & (4)\\ \ddot{\boldsymbol{q}}_{rv}=-\dfrac{1}{4}\|\boldsymbol{\omega}_r\|^2\boldsymbol{q}_{rv}+\dfrac{1}{2}\boldsymbol{Q}_{rv}\boldsymbol{U}_{\mathrm{as}}-\dfrac{1}{2}\boldsymbol{Q}_{rv}\boldsymbol{W}_{\mathrm{sp}}+\dfrac{1}{2}\boldsymbol{Q}_{rv}\boldsymbol{\delta}_{\mathrm{M}} & (5)\end{cases}\tag{3-125}$$

考察式(3-125)可以发现,子式(1)~(3)主要描述在载荷舱轨道坐标系下,服务舱质心期望位置与载荷舱姿态的关联关系;子式(4)主要描述在载荷舱轨道坐标系下,服务舱质心位置相对于期望位置的动力学特性,式中 $\ddot{\boldsymbol{e}}_{rp}$ 表示质心相对运动的加速度偏差;子式(5)以相对四元数的矢量部分描述服务舱姿态相对于载荷舱姿态的动力学特性。可见,由于载荷舱姿态只需要满足精准指向要求,为满足防碰撞要求,需要服务舱姿态需要始终跟随载荷舱姿态,且服务舱质心维持在载荷舱轨道坐标系下的期望相对位置 $\boldsymbol{r}_{\mathrm{d}}$ 上。因此,载荷舱姿态及其变化率决定服务舱质心在载荷舱轨道坐标系下的期望相对位置 $\boldsymbol{r}_{\mathrm{d}}$ 及其变化率 $\dot{\boldsymbol{r}}_{\mathrm{d}}$、$\ddot{\boldsymbol{r}}_{\mathrm{d}}$,这就构成了舱间相对位置和姿态运动的耦合约束。

3.7 浮体式航天器的一般运动方程

综上,浮体式航天器的运动包含了载荷舱和服务舱自身的姿态和轨道运动、舱间作动执行机构的作用、舱间相对位置与姿态运动,为全面描述其运动特性,浮体式航天器的一般运动方程可以构建如下:

$$
\begin{cases}
\omega_{\mathrm{p}x} = \dot{\varphi}_{\mathrm{p}} \cos\psi_{\mathrm{p}} \cos\theta_{\mathrm{p}} + \dot{\theta}_{\mathrm{p}} \sin\psi_{\mathrm{p}} & (1) \\
\omega_{\mathrm{p}y} = -\dot{\varphi}_{\mathrm{p}} \sin\psi_{\mathrm{p}} \cos\theta_{\mathrm{p}} + \dot{\theta}_{\mathrm{p}} \cos\psi_{\mathrm{p}} & (2) \\
\omega_{\mathrm{p}z} = \dot{\psi}_{\mathrm{p}} + \dot{\varphi}_{\mathrm{p}} \sin\theta_{\mathrm{p}} & (3) \\
I_{\mathrm{p}x}\dot{\omega}_{\mathrm{p}x} + \omega_{\mathrm{p}y}H_{\mathrm{p}z} - \omega_{\mathrm{p}z}H_{\mathrm{p}y} = T_{\mathrm{pc}x} + T_{\mathrm{pd}x} & (4) \\
I_{\mathrm{p}y}\dot{\omega}_{\mathrm{p}y} + \omega_{\mathrm{p}z}H_{\mathrm{p}x} - \omega_{\mathrm{p}x}H_{\mathrm{p}z} = T_{\mathrm{pc}y} + T_{\mathrm{pd}y} & (5) \\
I_{\mathrm{p}z}\dot{\omega}_{\mathrm{p}z} + \omega_{\mathrm{p}x}H_{\mathrm{p}y} - \omega_{\mathrm{p}y}H_{\mathrm{p}x} = T_{\mathrm{pc}z} + T_{\mathrm{pd}z} & (6) \\
\ddot{R}_{\mathrm{p}x} = -\dfrac{\mu}{r_{\mathrm{p}}^{3}}R_{\mathrm{p}x} + a_{\mathrm{p}x} + J_{\mathrm{p}x} & (7) \\
\ddot{R}_{\mathrm{p}y} = -\dfrac{\mu}{r_{\mathrm{p}}^{3}}R_{\mathrm{p}y} + a_{\mathrm{p}y} + J_{\mathrm{p}y} & (8) \\
\ddot{R}_{\mathrm{p}z} = -\dfrac{\mu}{r_{\mathrm{p}}^{3}}R_{\mathrm{p}z} + a_{\mathrm{p}z} + J_{\mathrm{p}z} & (9) \\
\omega_{\mathrm{s}x} = \dot{\varphi}_{\mathrm{s}}\cos\psi_{\mathrm{s}}\cos\theta_{\mathrm{s}} + \dot{\theta}_{\mathrm{s}}\sin\psi_{\mathrm{s}} & (10) \\
\omega_{\mathrm{s}y} = -\dot{\varphi}_{\mathrm{s}}\sin\psi_{\mathrm{s}}\cos\theta_{\mathrm{s}} + \dot{\theta}_{\mathrm{s}}\cos\psi_{\mathrm{s}} & (11) \\
\omega_{\mathrm{s}z} = \dot{\psi}_{\mathrm{s}} + \dot{\varphi}_{\mathrm{s}}\sin\theta_{\mathrm{s}} & (12) \\
\boldsymbol{I}_{\mathrm{s}}\dot{\boldsymbol{\omega}}_{\mathrm{s}} + \boldsymbol{\omega}_{\mathrm{s}}^{\times}\boldsymbol{I}_{\mathrm{s}}\boldsymbol{\omega}_{\mathrm{s}} + \boldsymbol{C}_{1}\ddot{\boldsymbol{\eta}}_{1} + \boldsymbol{C}_{\mathrm{r}}\ddot{\boldsymbol{\eta}}_{\mathrm{r}} = \boldsymbol{T}_{\mathrm{se}} & (13) \\
\ddot{\boldsymbol{\eta}}_{1} + 2\boldsymbol{\zeta}_{1}\boldsymbol{\Lambda}_{1}\dot{\boldsymbol{\eta}}_{1} + \boldsymbol{\Lambda}_{1}^{2}\boldsymbol{\eta}_{1} + \boldsymbol{C}_{1}^{\mathrm{T}}\dot{\boldsymbol{\omega}}_{\mathrm{s}} = \boldsymbol{0} & (14)
\end{cases}
$$

$$
\left\{
\begin{array}{ll}
\ddot{\boldsymbol{\eta}}_{\mathrm{r}} + 2\boldsymbol{\zeta}_{\mathrm{r}}\boldsymbol{\Lambda}_{\mathrm{r}}\dot{\boldsymbol{\eta}}_{\mathrm{r}} + \boldsymbol{\Lambda}_{\mathrm{r}}^{2}\boldsymbol{\eta}_{\mathrm{r}} + \boldsymbol{C}_{\mathrm{r}}^{\mathrm{T}}\dot{\boldsymbol{\omega}}_{\mathrm{s}} = \boldsymbol{0} & (15) \\
\ddot{R}_{\mathrm{s}x} = -\dfrac{\mu}{r_{\mathrm{s}}^{3}}R_{\mathrm{s}x} + a_{\mathrm{s}x} + J_{\mathrm{s}x} & (16) \\
\ddot{R}_{\mathrm{s}y} = -\dfrac{\mu}{r_{\mathrm{s}}^{3}}R_{\mathrm{s}y} + a_{\mathrm{s}y} + J_{\mathrm{s}y} & (17) \\
\ddot{R}_{\mathrm{s}z} = -\dfrac{\mu}{r_{\mathrm{s}}^{3}}R_{\mathrm{s}z} + a_{\mathrm{s}z} + J_{\mathrm{s}z} & (18) \\
\boldsymbol{F}_{\mathrm{p}} = \boldsymbol{A}_{\mathrm{p}F}\boldsymbol{F}_{\mathrm{all}} & (19) \\
\boldsymbol{T}_{\mathrm{p}} = \boldsymbol{A}_{\mathrm{p}T}\boldsymbol{F}_{\mathrm{all}} & (20) \\
\boldsymbol{F}_{\mathrm{s}} = \boldsymbol{A}_{\mathrm{s}F}\boldsymbol{F}_{\mathrm{all}} \approx -\boldsymbol{A}_{\mathrm{p}F}\boldsymbol{F}_{\mathrm{all}} & (21) \\
\boldsymbol{T}_{s} = \boldsymbol{A}_{\mathrm{s}T}\boldsymbol{F}_{\mathrm{all}} = \boldsymbol{A}_{\mathrm{s}T}\left\{[(\boldsymbol{A}_{\mathrm{p}FT})^{\mathrm{T}}\boldsymbol{A}_{\mathrm{p}FT}]^{-1}(\boldsymbol{A}_{\mathrm{p}FT})^{\mathrm{T}}\begin{bmatrix}\boldsymbol{F}_{\mathrm{pc}} \\ \boldsymbol{T}_{\mathrm{pc}}\end{bmatrix} + \boldsymbol{\delta}_{F\mathrm{all}}\right\} & (22) \\
\ddot{\boldsymbol{r}} = \tilde{\boldsymbol{O}}_{1}\boldsymbol{r} + \tilde{\boldsymbol{O}}_{2}\dot{\boldsymbol{r}} + \boldsymbol{f}_{\mathrm{d}} + \boldsymbol{a}_{\mathrm{p}}\left(1 + \dfrac{m_{\mathrm{p}}}{m_{\mathrm{s}}}\right) & (23) \\
\ddot{\boldsymbol{q}}_{rv} = -\dfrac{1}{4}\|\boldsymbol{\omega}_{r}\|^{2}\boldsymbol{q}_{rv} + \dfrac{1}{2}\boldsymbol{Q}_{rv}\boldsymbol{U}_{\mathrm{s}a} - \dfrac{1}{2}\boldsymbol{Q}_{rv}\boldsymbol{W}_{\mathrm{sp}} + \dfrac{1}{2}\boldsymbol{Q}_{rv}\boldsymbol{\delta}_{M} & (24) \\
\boldsymbol{r}_{\mathrm{d}} = \boldsymbol{C}_{\mathrm{popb}}\boldsymbol{r}_{\mathrm{pd}} & (25) \\
\dot{\boldsymbol{r}}_{\mathrm{d}} = \boldsymbol{\omega}_{\mathrm{po}} \times \boldsymbol{r}_{\mathrm{d}} & (26) \\
\ddot{\boldsymbol{r}}_{\mathrm{d}} = \dot{\boldsymbol{\omega}}_{\mathrm{po}} \times \boldsymbol{r}_{\mathrm{d}} + \boldsymbol{\omega}_{\mathrm{po}} \times (\dot{\boldsymbol{\omega}}_{\mathrm{po}} \times \boldsymbol{r}_{\mathrm{d}}) & (27) \\
\ddot{\boldsymbol{e}}_{rp} = \tilde{\boldsymbol{O}}_{1}\boldsymbol{r} + \tilde{\boldsymbol{O}}_{2}\dot{\boldsymbol{r}} + \boldsymbol{f}_{\mathrm{d}} + \boldsymbol{a}_{\mathrm{p}}\left(1 + \dfrac{m_{\mathrm{p}}}{m_{\mathrm{s}}}\right) - \ddot{\boldsymbol{r}}_{\mathrm{d}} & (28)
\end{array}
\right.
\tag{3-126}
$$

式(3－126)中,子式(1)~(6)描述了载荷舱自身绕质心的姿态运动,近似为刚体考虑,统一到惯性坐标系下时,可以联立形成欧拉角描述的姿态动力学方程;子式(7)~(9)描述了载荷舱自身质心的轨道运动;子式(10)~(15)描述了服务舱自身绕质心的姿态运动,动力学部分考虑了挠性附件振动耦合影响,受到的外力矩中包含控制力矩和干扰力矩;子式(16)~(18)描述了服务舱自身质心的轨道运动;子式(19)、(20)分别描述了载荷舱受到的舱间作动执行机构作用力和力矩;子式(21)描述了服务舱受到的舱间作动执行机构作用力，在稳定相对悬浮下，与载荷舱受到的作用力大小近似相等，方向近似相反，两部分作用力叠加影响舱间相对位置运动；子式(22)描述了服务舱受到的舱间作动执行机构作用力矩，由载荷舱受到的姿态控制力矩 $\boldsymbol{T}_{\mathrm{pc}}$ 和舱间相对位置控制力 $\boldsymbol{F}_{\mathrm{pc}}$ 以及服务舱本体坐标系下的安装布局共同决定，是服务舱受到的主要干扰力矩之一；子式(23)描述了舱间作动和轨道力学综合作用下，服务舱质心相对于载荷舱质心的动力学特性，不仅包含了两舱轨道动力学对相对位置运动的影响，还反映了舱间作用力对两舱相对位置运动的叠加影响；子式(24)描述了服务舱相对于载荷舱的相对姿态动力学特性，期望状态下，相对姿态需要稳定在 0 附近，即 $\boldsymbol{q}_{rv} \to 0$；子式(25)～(27)描述了稳定相对悬浮下，服务舱质心在载荷舱轨道坐标系下的期望位置，反映了载荷舱姿态对两舱质心相对位置的耦合约束；子式(28)描述了服务舱质心跟踪期望相对位置的偏差及其变化率的动力学特性。

上述一般运动方程，完整描述了浮体式航天器的运动特性。不难看出，浮体式航天器一般运动方程既包含了传统航天器的独立姿态、轨道运动，也包含了航天器相对姿态轨道运动。但由于稳定相对悬浮状态约束、舱间作动执行机构的存在，运动方程与传统航天器又明显不同，呈现出特殊舱间作动执行机构作用下，两舱自身姿轨运动和稳定相对悬浮约束下的相对姿轨运动相结合的特征，这就为浮体式航天器控制系统设计提出了新的需求。

3.8　浮体式航天器运动控制的标准模型

3.7 节分析了浮体式航天器的运动特性，并建立了其一般运动方程，表征了浮体式航天器运动的特殊性。针对该特殊性，需要进一步分析其控制问题，并明确提出适用于控制系统设计的标准模型。

3.8.1　浮体式航天器运动控制问题分析

如图 3－9 所示，浮体式航天器的运动控制需要同时实现两个目标：一是载荷舱指向的精准稳定控制；二是维持舱间稳定相对悬浮状态。

对于载荷舱指向的精准稳定控制，在稳定相对悬浮状态下，服务舱与载荷舱之间无接触干扰，载荷舱近似为刚体，由舱间作动执行机构输出载荷舱姿态控制力矩，简化为刚体的姿态指向控制。

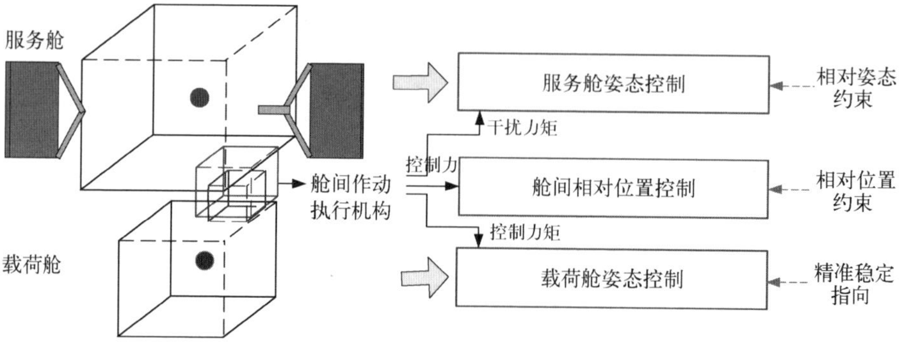

图 3-9 浮体式航天器的控制问题分解示意

对于稳定相对悬浮状态维持控制，需要同时控制舱间相对位置和相对姿态。不难理解，稳定相对悬浮约束主要体现为相对位置和姿态运动范围的约束，对于其中的避碰部分，发生碰撞与相对位置、姿态状态是相互耦合的，这种耦合关系与舱间接触部位的具体形状有关，准确完整的约束模型只能适用于某一种形状，且表达复杂。但是，考虑到实际工程中，不会允许相对位置和姿态达到或接近碰撞的边界状态，一般会将相对位置和姿态同时控制在充足安全裕度的范围内，此时，相对位置约束和相对姿态约束可以分别描述，并分别控制实现。典型约束可以表示如下：

$$\begin{cases} \| \boldsymbol{e}_{rp} \| \leqslant \varepsilon_{rp} & (1) \\ \| \dot{\boldsymbol{e}}_{rp} \| \leqslant \varepsilon_{rv} & (2) \\ \| \boldsymbol{q}_{rv} \| \leqslant \varepsilon_{ra} & (3) \\ \| \boldsymbol{\omega}_{r} \| \leqslant \varepsilon_{r\omega} & (4) \end{cases} \tag{3-127}$$

式中，子式(1)、(2)分别表示载荷舱轨道坐标系下，服务舱质心对期望相对位置 $\boldsymbol{r}_{\mathrm{d}}$ 和速度 $\dot{\boldsymbol{r}}_{\mathrm{d}}$ 的跟踪偏差约束，ε_{rp}、ε_{rv} 分别为位置和速度跟踪偏差 $\boldsymbol{e}_{rp}$、$\dot{\boldsymbol{e}}_{rp}$ 的范数上界；子式(3)、(4)分别表示服务舱相对于载荷舱的姿态角 $\boldsymbol{q}_{rv}$ 和角速度 $\boldsymbol{\omega}_r$ 约束，$\varepsilon_{\mathrm{ra}}$、$\varepsilon_{\mathrm{r}\omega}$ 分别表示相对姿态角和角速度的范数上界。结合舱间结构设计，在考虑充足安全裕度的情况下，设定范数上界值 ε_{rp}、ε_{rv}、ε_{ra}、$\varepsilon_{r\omega}$，舱间相对位置和姿态满足上述约束时，两舱即满足既不碰撞又不远离的稳定相对悬浮状态约束。

对于相对位置控制，控制目标为服务舱质心维持在载荷舱轨道坐标系下的期望位置 $\boldsymbol{r}_{\mathrm{d}}$ 上，控制执行机构为舱间作动器，其作用力则同时作用在载荷舱和服务舱上。对于相对姿态控制，控制目标为服务舱相对于载荷舱的姿态 $\boldsymbol{q}_{rv}$、

$\boldsymbol{\omega}_r$ 限制在一定范围内，以满足避碰约束，控制执行机构为安装在服务舱上的飞轮或控制力矩陀螺等，作用力矩则只作用在服务舱上，只对服务舱产生姿态控制作用，舱间作动器对服务舱的作用力同时产生干扰力矩。可见，舱间相对悬浮状态维持控制最为复杂，也是浮体式航天器正常工作的前提基础。

综上，浮体式航天器的控制问题可以概括为：基于舱间作动器的载荷舱指向控制、基于舱间作动器的舱间相对位置保持控制、服务舱对载荷舱的姿态跟踪控制三部分的同步联合控制问题。

3.8.2　浮体式航天器运动控制策略与标准模型

浮体式航天器的运动控制实际为三部分同步联动控制问题。其中，服务舱对载荷舱的姿态跟踪控制，既可以直接将服务舱自身姿态作为控制变量，使其跟踪满足约束的期望姿态；也可以直接将服务舱相对于载荷舱的相对姿态作为控制变量，将相对姿态控制到 0 附近。这两种策略都可以满足舱间稳定相对悬浮的约束条件，由此产生两种控制策略。

第一种策略是非接触整体稳定控制策略。该策略对载荷舱姿态施加单独控制，以保证载荷指向精度和稳定度；对于相对位置施加单独控制，以保证服务舱质心相对于载荷舱质心的位置保持在期望位置上；在此基础上，直接控制服务舱姿态，跟踪期望姿态，从而达到避免碰撞、稳定悬浮的目标。这是由于舱间相对姿态直接取决于两舱自身姿态，因此在两舱姿态受控的情况下，在一定的舱间距离条件下，可以很好地实现相对姿态受控且两舱互不碰撞，因此该种情况下，可以不对两舱间的相对姿态采取直接控制。该策略通过分别控制两舱自身姿态和相对位置实现整体稳定悬浮和精准指向，因此，将该控制策略称为非接触整体稳定控制。

第二种策略则是非接触主从协同控制策略。该策略同样对载荷舱姿态施加单独的高精度高稳定度控制；对相对位置施加跟踪控制，保证服务舱质心跟踪期望状态；在此基础上，主要区别在于直接控制服务舱相对于载荷舱的相对姿态，保证服务舱姿态准确跟踪随动载荷舱姿态，从而达到舱间避撞和稳定悬浮的控制目标。该策略完全以载荷舱为主，服务舱从动于载荷舱。因此，将该控制策略称为非接触主从协同控制。

两种控制策略的控制变量不同，导致在控制系统中涉及的动力学模型不同，下面分别分析提出两种控制策略对应的系统模型。

3.8.2.1 非接触整体稳定控制的系统模型

对应非接触整体稳定控制策略，控制对象包括载荷舱自身姿态、服务舱自身姿态和舱间相对位置，其中载荷舱姿态控制力矩、舱间相对位置控制力均由舱间作动执行机构合成输出。因此，对应系统模型主要包含载荷舱姿态运动学与动力学、服务舱姿态运动学与动力学、舱间相对位置动力学，以及舱间作动执行机构的作用模型，主要相关运动方程描述如下：

$$\begin{cases}\omega_{px} = \dot{\varphi}_p \cos\psi_p \cos\theta_p + \dot{\theta}_p \sin\psi_p \\ \omega_{py} = -\dot{\varphi}_p \sin\psi_p \cos\theta_p + \dot{\theta}_p \cos\psi_p \\ \omega_{pz} = \dot{\psi}_p + \dot{\varphi}_p \sin\theta_p \\ I_{px}\dot{\omega}_{px} + \omega_{py}H_{pz} - \omega_{pz}H_{py} = T_{pcx} + T_{pdx} \\ I_{py}\dot{\omega}_{py} + \omega_{pz}H_{px} - \omega_{px}H_{pz} = T_{pcy} + T_{pdy} \\ I_{pz}\dot{\omega}_{pz} + \omega_{px}H_{py} - \omega_{py}H_{px} = T_{pcz} + T_{pdz} \\ \omega_{sx} = \dot{\varphi}_s \cos\psi_s \cos\theta_s + \dot{\theta}_s \sin\psi_s \\ \omega_{sy} = -\dot{\varphi}_s \sin\psi_s \cos\theta_s + \dot{\theta}_s \cos\psi_s \\ \omega_{sz} = \dot{\psi}_s + \dot{\varphi}_s \sin\theta_s \\ \boldsymbol{I}_s\dot{\boldsymbol{\omega}}_s + \boldsymbol{\omega}_s^{\times}\boldsymbol{I}_s\boldsymbol{\omega}_s + \boldsymbol{C}_1\ddot{\boldsymbol{\eta}}_1 + \boldsymbol{C}_r\ddot{\boldsymbol{\eta}}_r = \boldsymbol{T}_{se} \\ \ddot{\boldsymbol{\eta}}_1 + 2\boldsymbol{\zeta}_1\boldsymbol{\Lambda}_1\dot{\boldsymbol{\eta}}_1 + \boldsymbol{\Lambda}_1^2\boldsymbol{\eta}_1 + \boldsymbol{C}_1^{\mathrm{T}}\dot{\boldsymbol{\omega}}_s = \boldsymbol{0} \\ \ddot{\boldsymbol{\eta}}_r + 2\boldsymbol{\zeta}_r\boldsymbol{\Lambda}_r\dot{\boldsymbol{\eta}}_r + \boldsymbol{\Lambda}_r^2\boldsymbol{\eta}_r + \boldsymbol{C}_r^{\mathrm{T}}\dot{\boldsymbol{\omega}}_s = \boldsymbol{0} \\ \boldsymbol{F}_p = \boldsymbol{A}_{pF}\boldsymbol{F}_{all} \\ \boldsymbol{T}_p = \boldsymbol{A}_{pT}\boldsymbol{F}_{all} \\ \boldsymbol{F}_s = \boldsymbol{A}_{sF}\boldsymbol{F}_{all} \approx -\boldsymbol{A}_{pF}\boldsymbol{F}_{all} \\ \boldsymbol{T}_s = \boldsymbol{A}_{sT}\boldsymbol{F}_{all} = \boldsymbol{A}_{sT}\left\{\left[(\boldsymbol{A}_{pFT})^{\mathrm{T}}\boldsymbol{A}_{pFT}\right]^{-1}(\boldsymbol{A}_{pFT})^{\mathrm{T}}\begin{bmatrix}\boldsymbol{F}_{pc} \\ \boldsymbol{T}_{pc}\end{bmatrix} + \boldsymbol{\delta}_{Fall}\right\} \\ \ddot{\boldsymbol{r}} = \tilde{\boldsymbol{O}}_1\boldsymbol{r} + \tilde{\boldsymbol{O}}_2\dot{\boldsymbol{r}} + \boldsymbol{f}_d + \boldsymbol{a}_p(1 + m_p/m_s) \\ \ddot{\boldsymbol{e}}_{rp} = \tilde{\boldsymbol{O}}_1\boldsymbol{r} + \tilde{\boldsymbol{O}}_2\dot{\boldsymbol{r}} + \boldsymbol{f}_d + \boldsymbol{a}_p(1 + m_p/m_s) - \ddot{\boldsymbol{r}}_d\end{cases} \tag{3-128}$$

可见，浮体式航天器的非接触整体稳定控制包含了 9 个自由度：载荷舱绕自身质心旋转的三个自由度、服务舱绕自身质心旋转的三个自由度、服务舱质心在载荷舱轨道坐标系下相对平动的三个自由度。9 自由度运动的同步联合控制即可同时满足载荷舱指向精准稳定控制和舱间稳定相对悬浮状态维持控制的需求。

由于直接控制服务舱自身姿态，稳定相对悬浮状态的姿态约束转化为服务舱自身姿态对期望姿态 $\boldsymbol{q}_e$、$\boldsymbol{\omega}_e$ 的跟踪偏差 $\boldsymbol{q}_{se}$、$\boldsymbol{\omega}_{se}$ 的范数上界，以及期望姿态与载荷舱的相对姿态 $\boldsymbol{q}_{ep}$、$\boldsymbol{\omega}_{ep}$ 的范数上界，且两部分约束需要同时满足。由此，稳定相对悬浮状态约束的典型数学描述如下：

$$\begin{cases} \| \boldsymbol{e}_{rp} \| \leqslant \varepsilon_{rp} \\ \| \dot{\boldsymbol{e}}_{rp} \| \leqslant \varepsilon_{rv} \\ \| \boldsymbol{q}_{se} \| \leqslant \varepsilon_{se} \\ \| \boldsymbol{\omega}_{se} \| \leqslant \varepsilon_{se} \\ \| \boldsymbol{q}_{ep} \| \leqslant \varepsilon_{ep} \\ \| \boldsymbol{\omega}_{ep} \| \leqslant \varepsilon_{ep} \end{cases} \tag{3-129}$$

3.8.2.2　非接触主从协同控制的系统模型

对非接触主从协同控制策略，控制变量包括载荷舱自身姿态、舱间相对姿态、舱间相对位置，其中，载荷舱姿态控制力矩、舱间相对位置控制力均由舱间作动执行机构合成输出。因此，对应模型主要包含载荷舱姿态运动学与动力学、舱间相对姿态与轨道耦合动力学，以及舱间作动执行机构的作用模型，主要相关运动方程描述如下：

$$\begin{cases} \omega_{px} = \dot{\varphi}_p \cos \psi_p \cos \theta_p + \dot{\theta}_p \sin \psi_p \\ \omega_{py} = -\dot{\varphi}_p \sin \psi_p \cos \theta_p + \dot{\theta}_p \cos \psi_p \\ \omega_{pz} = \dot{\psi}_p + \dot{\varphi}_p \sin \theta_p \\ I_{px}\dot{\omega}_{px} + \omega_{py}H_{pz} - \omega_{pz}H_{py} = T_{pcx} + T_{pdx} \\ I_{py}\dot{\omega}_{py} + \omega_{pz}H_{px} - \omega_{px}H_{pz} = T_{pcy} + T_{pdy} \\ I_{pz}\dot{\omega}_{pz} + \omega_{px}H_{py} - \omega_{py}H_{px} = T_{pcz} + T_{pdz} \\ \boldsymbol{F}_p = \boldsymbol{A}_{pF}\boldsymbol{F}_{all} \\ \boldsymbol{T}_p = \boldsymbol{A}_{pT}\boldsymbol{F}_{all} \\ \boldsymbol{F}_s = \boldsymbol{A}_{sF}\boldsymbol{F}_{all} \approx -\boldsymbol{A}_{pF}\boldsymbol{F}_{all} \\ \boldsymbol{T}_s = \boldsymbol{A}_{sT}\boldsymbol{F}_{all} = \boldsymbol{A}_{sT}\left\{[(\boldsymbol{A}_{pFT})^{\mathrm{T}}\boldsymbol{A}_{pFT}]^{-1}(\boldsymbol{A}_{pFT})^{\mathrm{T}}\begin{bmatrix}\boldsymbol{F}_{pc} \\ \boldsymbol{T}_{pc}\end{bmatrix} + \boldsymbol{\delta}_{Fall}\right\} \end{cases}$$

$$\begin{cases}\ddot{\boldsymbol{r}}=\tilde{\boldsymbol{O}}_1\boldsymbol{r}+\tilde{\boldsymbol{O}}_2\dot{\boldsymbol{r}}+\boldsymbol{f}_{\mathrm{d}}+\boldsymbol{a}_{\mathrm{p}}(1+m_{\mathrm{p}}/m_{\mathrm{s}})\\ \ddot{\boldsymbol{q}}_{rv}=-\dfrac{1}{4}\|\boldsymbol{\omega}_r\|^2\boldsymbol{q}_{rv}+\dfrac{1}{2}\boldsymbol{Q}_{rv}\boldsymbol{U}_{\mathrm{sa}}-\dfrac{1}{2}\boldsymbol{Q}_{rv}\boldsymbol{W}_{\mathrm{sp}}+\dfrac{1}{2}\boldsymbol{Q}_{rv}\boldsymbol{\delta}_{\mathrm{M}}\\ \boldsymbol{r}_{\mathrm{d}}=\boldsymbol{C}_{\mathrm{popb}}\boldsymbol{r}_{\mathrm{pd}}\\ \dot{\boldsymbol{r}}_{\mathrm{d}}=\boldsymbol{\omega}_{\mathrm{po}}\times\boldsymbol{r}_{\mathrm{d}}\\ \ddot{\boldsymbol{r}}_{\mathrm{d}}=\dot{\boldsymbol{\omega}}_{\mathrm{po}}\times\boldsymbol{r}_{\mathrm{d}}+\boldsymbol{\omega}_{\mathrm{po}}\times(\dot{\boldsymbol{\omega}}_{\mathrm{po}}\times\boldsymbol{r}_{\mathrm{d}})\\ \ddot{\boldsymbol{e}}_{\mathrm{rp}}=\tilde{\boldsymbol{O}}_1\boldsymbol{r}+\tilde{\boldsymbol{O}}_2\dot{\boldsymbol{r}}+\boldsymbol{f}_{\mathrm{d}}+\boldsymbol{a}_{\mathrm{p}}(1+m_{\mathrm{p}}/m_{\mathrm{s}})-\ddot{\boldsymbol{r}}_{\mathrm{d}}\end{cases}\tag{3-130}$$

可见,浮体式航天器的非接触主从协同控制同样包含了 9 个自由度: 载荷舱绕自身质心旋转的三个自由度、服务舱本体坐标系相对于载荷舱本体坐标系旋转的三个自由度、服务舱质心在载荷舱轨道坐标系下相对平动的三个自由度。9 自由度运动的同步联合控制即可同时满足载荷舱指向精准稳定控制和舱间稳定相对悬浮状态维持控制的需求。

由于直接控制服务舱对载荷舱的相对姿态,稳定相对悬浮状态约束的数学描述为

$$\begin{cases}\|\boldsymbol{e}_{rp}\|\leqslant\varepsilon_{rp}\\ \|\dot{\boldsymbol{e}}_{rp}\|\leqslant\varepsilon_{rv}\\ \|\boldsymbol{q}_{rv}\|\leqslant\varepsilon_{ra}\\ \|\boldsymbol{\omega}_r\|\leqslant\varepsilon_{r\omega}\end{cases}\tag{3-131}$$

至此,浮体式航天器运动控制的主要数学模型介绍完毕。在后面的第 5 章与第 6 章将分别基于两种标准控制模型和对应的两种控制策略,系统介绍浮体式航天器控制系统的设计与分析。

3.9 小 结

本章从传统航天器的一般运动方程出发,首先分析了浮体式航天器的运动特性,指出由于稳定相对悬浮状态约束、舱间作动执行机构的存在,浮体式航天器的运动呈现出两舱自身姿轨运动和相对姿轨运动相耦合的特征;进而针对该特征,分别建立了载荷舱自身姿态和轨道运动模型、服务舱自身姿态和轨道运动模型、舱间作动执行机构的作用模型、舱间相对位置与姿态运动模

型,各部分模型相结合,构建了浮体式航天器的一般运动方程;基于该方程,进一步分析了浮体式航天器的运动控制问题,将其概括为基于舱间作动器的载荷舱指向控制、基于舱间作动器的舱间相对位置保持控制、服务舱对载荷舱的姿态跟踪控制三部分的同步联合控制问题;最后,针对该控制问题分别提出了非接触整体稳定控制和非接触主从协同控制两种控制策略,并分别分析提出了两种控制策略对应的系统模型、约束模型。

本章建立的浮体式航天器运动模型,一方面可以准确描述其特殊的运动特性,另一方面可以为后续浮体式航天器控制系统设计与分析奠定模型基础。

第 4 章
非接触整体稳定控制

本章讨论浮体式航天器的非接触整体稳定控制设计与理论分析问题。首先阐述非接触整体稳定控制系统的一般性设计方法,分析并证明系统的可控性、可观性,进而设计典型的非接触整体控制律,分析并证明非接触整体控制系统的闭环稳定性。

4.1 两舱独立和相对状态的测量与确定

对于浮体式航天器,需要测量与确定的控制变量主要包括:载荷舱姿态、服务舱姿态、服务舱相对于载荷舱的相对姿态和相对位置等三类。三类控制变量的测量与确定要求不同,采用的测量单机、确定方法也不同,因此,本节将分别阐述。

4.1.1 载荷舱姿态确定

为实现载荷指向的高精度高稳定度控制,载荷舱姿态的确定精度要求尽量高。可通过和载荷一体安装的高精度星敏感器和光纤陀螺实现载荷姿态角和角速度的测量和融合滤波估计。

通过光纤陀螺测量载荷舱姿态时,载荷舱本体坐标系 $O_pX_{pb}Y_{pb}Z_{pb}$ 相对于惯性坐标系 $O_iX_iY_iZ_i$ 的角速度 $\boldsymbol{\omega}_p$ 可表示为

$$\boldsymbol{\omega}_p = \boldsymbol{\omega}_g - \boldsymbol{b} - \boldsymbol{n}_v \tag{4-1}$$

式中,$\boldsymbol{\omega}_p$ 为载荷舱本体坐标系相对于惯性坐标系的角速度(没有考虑陀螺的非正交安装);$\boldsymbol{\omega}_g$ 为陀螺输出的角速度测量值;$\boldsymbol{b}$ 是陀螺漂移矢量,包括常值

偏移和随机漂移；$\boldsymbol{n}_{\mathrm{v}}$ 为陀螺的测量噪声（$\boldsymbol{n}_{\mathrm{v}}$ 是标准差为 $\boldsymbol{\sigma}_{v}$ 的瞬态白噪声变化率）；$\boldsymbol{n}_{\mathrm{v}}$ 均值为 0，方差满足：

$$E[\boldsymbol{n}_{\mathrm{v}}(t)\boldsymbol{n}_{\mathrm{v}}(\tau)] = \boldsymbol{\sigma}_{v}^{2}\delta(t-\tau) = \begin{cases} \boldsymbol{\sigma}_{v}^{2} & t=\tau \\ 0 & t \neq \tau \end{cases} \tag{4-2}$$

式中，$\delta(t)$ 为脉冲函数，满足：$\begin{cases} \delta(t)=0 & t \neq 0 \\ \delta(t)=\infty & t=0 \end{cases}$，并且 $\int_{-\infty}^{+\infty}\delta(t)\mathrm{d}t = 1$。

陀螺漂移矢量 $\boldsymbol{b}$ 满足：

$$\dot{\boldsymbol{b}} = \boldsymbol{n}_{\mathrm{u}} \tag{4-3}$$

式中，$\boldsymbol{n}_{\mathrm{u}}$ 为长期漂移速率偏差，且具有标准差 $\boldsymbol{n}_{\mathrm{u}}$ 的积分白噪声过程。$\boldsymbol{n}_{\mathrm{u}}$ 均值为 0，其方差满足：

$$E[\boldsymbol{n}_{\mathrm{u}}(t)\boldsymbol{n}_{\mathrm{u}}(\tau)] = \boldsymbol{\sigma}_{\mathrm{u}}^{2}\delta(t-\tau) = \begin{cases} \boldsymbol{\sigma}_{\mathrm{u}}^{2} & t=\tau \\ 0 & t \neq \tau \end{cases} \tag{4-4}$$

星敏感器的测量模型可以表示为

$$\boldsymbol{q}_{\mathrm{is}} = (\boldsymbol{q}_{\mathrm{ip}} \otimes \boldsymbol{q}_{\mathrm{ps}}) \otimes \boldsymbol{q}_{\mathrm{esc}} \tag{4-5}$$

式中，$\boldsymbol{q}_{\mathrm{is}}$ 为星敏感器输出；$\boldsymbol{q}_{\mathrm{ps}}$ 为载荷舱本体坐标系到星敏感器坐标系的四元数；$\boldsymbol{q}_{\mathrm{ip}}$ 为惯性坐标系到载荷舱本体系的四元数；$\boldsymbol{q}_{\mathrm{esc}}$ 为测量误差四元数。

由于直接利用姿态四元数构成姿态滤波器会出现误差协方差阵奇异，为了避免这种情况，通常采用降维的滤波器。降维的方法可以直接降低为六维，或采用截断的协方差阵表示方法，而最常用的是体系固连协方差阵表示法。采用体系固连协方差阵表示法克服协方差阵的奇异问题，这时四元数误差不采用真实四元数和估计值之差，而是采用对应于估计姿态到真实姿态微小转动的误差四元数。由于该误差四元数表示小的转动，其标量部分接近于 1，因此姿态信息可以包含在四元数的矢量部分中，于是采用误差四元数的矢量部分和陀螺漂移速度组成六维向量，即作为滤波状态的无冗余表示。此处误差四元数、真实姿态四元数和估计姿态四元数之间为四元数乘法关系。

定义如下姿态误差四元数：

$$\boldsymbol{q}=\hat{\boldsymbol{q}}\otimes\boldsymbol{q}_{\mathrm{e}} \tag{4-6}$$

式中，$\boldsymbol{q}$ 代表惯性坐标系到载荷舱本体坐标系转动的真实姿态四元数；$\boldsymbol{q}_{\mathrm{e}}$ 为姿态误差四元数；$\hat{\boldsymbol{q}}$ 为姿态四元数估计值。

该定义认为真实四元数 $\boldsymbol{q}$ 为载荷舱正常工作时的真实姿态，实际工作时并不知道，估计四元数由量测值代替。而量测四元数 $\hat{\boldsymbol{q}}$ 等于载荷舱的真实四元数 $\boldsymbol{q}$ 旋转一个小的误差四元数 $\boldsymbol{q}_{\mathrm{e}}$。对式(4-6)求导并化简得

$$\frac{1}{2}\boldsymbol{q}\otimes\{0\quad\boldsymbol{\omega}\}=\frac{1}{2}\hat{\boldsymbol{q}}\otimes\{0\quad\hat{\boldsymbol{\omega}}\}\otimes\boldsymbol{q}_{\mathrm{e}}+\hat{\boldsymbol{q}}\otimes\dot{\boldsymbol{q}}_{\mathrm{e}} \tag{4-7}$$

简化得到：

$$\dot{\boldsymbol{q}}_{\mathrm{e}}=\frac{1}{2}\boldsymbol{q}\otimes\{0\quad\boldsymbol{\omega}-\hat{\boldsymbol{\omega}}\}-\{0\quad\hat{\boldsymbol{\omega}}\times\boldsymbol{Q}_{\mathrm{e}}\} \tag{4-8}$$

式中，$\boldsymbol{Q}_{\mathrm{e}}$ 表示 $\boldsymbol{q}_{\mathrm{e}}$ 的向量部分。

在载荷舱正常工作时，考虑姿态小角度机动的情况，此时有

$$\boldsymbol{q}_{\mathrm{e}}=[1\quad\boldsymbol{Q}_{\mathrm{e}}^{\mathrm{T}}]^{\mathrm{T}} \tag{4-9}$$

则可由式(4-8)整理得到：

$$\begin{bmatrix}0\\\dot{\boldsymbol{Q}}_{\mathrm{e}}\end{bmatrix}=\frac{1}{2}\begin{bmatrix}1&-\boldsymbol{Q}_{\mathrm{e}}^{\mathrm{T}}\\\boldsymbol{Q}_{\mathrm{e}}&\tilde{\boldsymbol{Q}}_{\mathrm{e}}\end{bmatrix}\begin{bmatrix}0\\\boldsymbol{\omega}-\hat{\boldsymbol{\omega}}\end{bmatrix}-\begin{bmatrix}0\\\boldsymbol{\omega}^{\times}\boldsymbol{Q}_{\mathrm{e}}\end{bmatrix} \tag{4-10}$$

式中，

$$\boldsymbol{\omega}^{\times}=\begin{bmatrix}0&-\omega_z&\omega_y\\\omega_z&0&-\omega_x\\-\omega_y&\omega_x&0\end{bmatrix},\ \tilde{\boldsymbol{Q}}_{\mathrm{e}}=\begin{bmatrix}1&-q_{\mathrm{e}3}&q_{\mathrm{e}2}\\q_{\mathrm{e}3}&1&-q_{\mathrm{e}1}\\-q_{\mathrm{e}2}&q_{\mathrm{e}1}&1\end{bmatrix} \tag{4-11}$$

当采用星敏感器补偿陀螺漂移时，设估计的陀螺漂移为 $\hat{\boldsymbol{b}}$，陀螺的输出可表示为

$$\boldsymbol{\omega}=\hat{\boldsymbol{\omega}}-\boldsymbol{C}_{\mathrm{bg}}(\boldsymbol{b}-\hat{\boldsymbol{b}}+\boldsymbol{n}_{\mathrm{g}})=\hat{\boldsymbol{\omega}}-\boldsymbol{C}_{\mathrm{bg}}(\Delta\boldsymbol{b}+\boldsymbol{n}_{\mathrm{g}}) \tag{4-12}$$

式中，$\boldsymbol{\omega}$ 为真实惯性角速度；$\hat{\boldsymbol{\omega}}$ 为陀螺估计值；$\Delta\boldsymbol{b}$ 为陀螺漂移估计误差；$\boldsymbol{C}_{\mathrm{bg}}$ 为陀螺量测坐标系到载荷舱本体坐标系的转换矩阵，即陀螺安装矩阵的逆。

考虑小角度机动，忽略高阶小量后可得

$$\dot{\boldsymbol{Q}}_{\mathrm{e}} = -\boldsymbol{\omega}^{\times}\boldsymbol{Q}_{\mathrm{e}} - \frac{1}{2}\boldsymbol{C}_{\mathrm{bg}}(\Delta\boldsymbol{b} + \boldsymbol{n}_{\mathrm{g}}) \tag{4-13}$$

$$\Delta\dot{\boldsymbol{b}} = \boldsymbol{C}_{\mathrm{bg}}\boldsymbol{n}_{\mathrm{s}} \tag{4-14}$$

利用式(4－13)、式(4－14)构成滤波器状态方程时，可以得到：

$$\begin{bmatrix} \dot{\boldsymbol{Q}}_{\mathrm{e}} \\ \Delta\dot{\boldsymbol{b}} \end{bmatrix} = \begin{bmatrix} -\boldsymbol{\omega}^{\times} & -\frac{1}{2}\boldsymbol{C}_{\mathrm{bg}} \\ \boldsymbol{0}_{3\times3} & \boldsymbol{0}_{3\times3} \end{bmatrix} \begin{bmatrix} \boldsymbol{Q}_{\mathrm{e}} \\ \Delta\boldsymbol{b} \end{bmatrix} + \begin{bmatrix} -\frac{1}{2}\boldsymbol{C}_{\mathrm{bg}} & \boldsymbol{0}_{3\times3} \\ \boldsymbol{0}_{3\times3} & \boldsymbol{C}_{\mathrm{bg}} \end{bmatrix} \begin{bmatrix} \boldsymbol{n}_{\mathrm{g}} \\ \boldsymbol{n}_{\mathrm{s}} \end{bmatrix} \tag{4-15}$$

即

$$\dot{\boldsymbol{X}}(t) = \boldsymbol{F}(t)\boldsymbol{X}(t) + \boldsymbol{G}\boldsymbol{W}(t) \tag{4-16}$$

将其离散化到二阶为

$$\boldsymbol{X}_k = \boldsymbol{\Phi}_{k,k-1}\boldsymbol{X}_{k-1} + \boldsymbol{\Gamma}_{k-1}\boldsymbol{W}_{k-1} \tag{4-17}$$

则有

$$\boldsymbol{\Phi}_{k,k-1} = \boldsymbol{I}_{6\times6} + \boldsymbol{F}\cdot\boldsymbol{T} + \frac{\boldsymbol{T}^2}{2}\boldsymbol{F}^2 \tag{4-18}$$

$$\boldsymbol{\Gamma}_{k,k-1} = \left(\boldsymbol{I}_{6\times6}\cdot\boldsymbol{T} + \frac{\boldsymbol{T}^2}{2}\boldsymbol{F}^2 + \frac{\boldsymbol{T}^3}{2}\boldsymbol{F}^2\right)\boldsymbol{G} \tag{4-19}$$

滤波器的量测方程可以通过星敏感器的输出来获得。星敏感器量测表达式如下：

$$\boldsymbol{q}_{\mathrm{sc}} = \boldsymbol{q} \otimes \boldsymbol{n}_{\mathrm{sc}} \tag{4-20}$$

定义量测误差四元数 $\boldsymbol{q}_{\mathrm{esc}}$：

$$\boldsymbol{q}_{\mathrm{sc}} = \hat{\boldsymbol{q}} \otimes \boldsymbol{q}_{\mathrm{esc}} \tag{4-21}$$

或：

$$\boldsymbol{q}_{\mathrm{esc}} = \hat{\boldsymbol{q}}^{-1} \otimes \boldsymbol{q}_{\mathrm{sc}} \tag{4-22}$$

式中，$\hat{\boldsymbol{q}}$ 表示估计姿态四元数。

由陀螺估计姿态四元数转过一个量测误差四元数对应的角度便是量测姿态四元数。误差四元数描述的是估计姿态四元数与真实姿态四元数之间的相对关系，而量测误差四元数描述的是估计姿态四元数与量测姿态四元数之间的相对关系。

综合式(4-6)、式(4-20)、式(4-22)可得

$$\boldsymbol{q}_{\mathrm{esc}} = \boldsymbol{q}_{\mathrm{e}} \otimes \boldsymbol{n}_{\mathrm{sc}} \tag{4-23}$$

$\boldsymbol{N}_{\mathrm{sc}}$ 表示 $\boldsymbol{n}_{\mathrm{sc}}$ 的向量部分，可以得到：

$$\boldsymbol{q}_{\mathrm{esc}} \approx \{1 \quad \boldsymbol{Q}_{\mathrm{e}}\} \otimes \{1 \quad \boldsymbol{N}_{\mathrm{sc}}\} \approx [1 \quad (\boldsymbol{Q}_{\mathrm{e}} + \boldsymbol{N}_{\mathrm{sc}})^{\mathrm{T}}]^{\mathrm{T}} \tag{4-24}$$

星敏感器量测坐标系中的量测噪声四元数形式为 $\boldsymbol{n}_{\mathrm{g}}^{\mathrm{s}}$，其量测坐标系到载荷舱本体坐标系的转换矩阵为 $\boldsymbol{C}_{\mathrm{bs}}$，则载荷舱本体坐标系下的量测误差 $\boldsymbol{n}_{\mathrm{sc}}$ 可以用星敏感器量测坐标系下的 $\boldsymbol{n}_{\mathrm{g}}^{\mathrm{s}}$ 表示，只考虑向量部分 $\boldsymbol{N}_{\mathrm{g}}^{\mathrm{s}}$，由此得到滤波器的观测方程如下：

$$\boldsymbol{Q}_{\mathrm{esc}} = \boldsymbol{Q}_{\mathrm{e}} + \boldsymbol{C}_{\mathrm{bs}} \cdot \boldsymbol{N}_{\mathrm{g}}^{\mathrm{s}} \tag{4-25}$$

即

$$\boldsymbol{Z}_k = \boldsymbol{H}_k \boldsymbol{K}_k + \boldsymbol{D}_k \boldsymbol{V}_k \tag{4-26}$$

式中，

$$\boldsymbol{H}_k = [\boldsymbol{I}_{3\times3} \quad \boldsymbol{0}_{3\times3}],\ \boldsymbol{D}_k = \boldsymbol{C}_{\mathrm{bs}} \tag{4-27}$$

滤波器的系统方程：

$$\begin{cases} \begin{bmatrix} \dot{\boldsymbol{Q}}_{\mathrm{e}} \\ \Delta\dot{\boldsymbol{b}} \end{bmatrix} = \begin{bmatrix} -\boldsymbol{\omega}^{\times} & -\dfrac{1}{2}\boldsymbol{C}_{\mathrm{bs}} \\ \boldsymbol{0}_{3\times3} & \boldsymbol{0}_{3\times3} \end{bmatrix} \begin{bmatrix} \boldsymbol{Q}_{\mathrm{e}} \\ \Delta\boldsymbol{b} \end{bmatrix} + \begin{bmatrix} -\dfrac{1}{2}\boldsymbol{C}_{\mathrm{bs}} & \boldsymbol{0}_{3\times3} \\ \boldsymbol{0}_{3\times3} & \boldsymbol{C}_{\mathrm{bs}} \end{bmatrix} \begin{bmatrix} \boldsymbol{n}_{\mathrm{g}} \\ \boldsymbol{n}_{\mathrm{s}} \end{bmatrix} \\ \boldsymbol{Q}_{\mathrm{esc}} = \boldsymbol{Q}_{\mathrm{e}} + \boldsymbol{C}_{\mathrm{bs}} \cdot \boldsymbol{N}_{\mathrm{g}}^{\mathrm{s}} \end{cases} \tag{4-28}$$

写成线性系统形式：

$$\begin{cases} \dot{\boldsymbol{X}}(t) = \boldsymbol{F}\boldsymbol{X}(t) + \boldsymbol{G}\boldsymbol{W}(t) \\ \boldsymbol{Z}(t) = \boldsymbol{H}\boldsymbol{X}(t) + \boldsymbol{D}\boldsymbol{v}(t) \end{cases} \tag{4-29}$$

式中，$\boldsymbol{X}(t) = [\boldsymbol{Q}_{\mathrm{e}}^{\mathrm{T}} \quad \Delta\boldsymbol{b}^{\mathrm{T}}]^{\mathrm{T}}$ 为状态矢量；$\boldsymbol{Z}(t) = \boldsymbol{Q}_{\mathrm{esc}}$ 为观测矢量；$\boldsymbol{W}(t) =$

$[\boldsymbol{n}_{\mathrm{g}}^{\mathrm{T}} \quad \boldsymbol{n}_{\mathrm{s}}^{\mathrm{T}}]^{\mathrm{T}}$ 为系统噪声矢量；$\boldsymbol{v}(t)=\boldsymbol{N}_{\mathrm{g}}^{s}$ 为量测噪声矢量；系数矩阵：

$$\boldsymbol{F}=\begin{bmatrix} -\boldsymbol{\omega}^{\times} & -\dfrac{1}{2}\boldsymbol{C}_{\mathrm{bs}} \\ \boldsymbol{0}_{3\times 3} & \boldsymbol{0}_{3\times 3} \end{bmatrix};\ \boldsymbol{G}=\begin{bmatrix} -\dfrac{1}{2}\boldsymbol{C}_{\mathrm{bs}} & \boldsymbol{0}_{3\times 3} \\ \boldsymbol{0}_{3\times 3} & \boldsymbol{C}_{\mathrm{bs}} \end{bmatrix};\ \boldsymbol{H}=\boldsymbol{I}_{3\times 3};\ \boldsymbol{D}=\boldsymbol{C}_{\mathrm{bs}}。$$

系统噪声和量测噪声满足：

$$\begin{aligned} &\boldsymbol{E}[\boldsymbol{W}(t)]=0,\ \boldsymbol{E}[\boldsymbol{W}(t)^{\mathrm{T}}\boldsymbol{W}(\tau)]=\boldsymbol{Q}(t)\delta(t-\tau) \\ &\boldsymbol{E}[\boldsymbol{V}(t)]=0,\ \boldsymbol{E}[\boldsymbol{V}(t)^{\mathrm{T}}\boldsymbol{V}(\tau)]=\boldsymbol{R}(t)\delta(t-\tau) \end{aligned} \tag{4-30}$$

式中，$\boldsymbol{W}(t)$ 和 $\boldsymbol{V}(t)$ 不相关，$\boldsymbol{Q}(t)$ 为非负定阵，$\boldsymbol{R}(t)$ 为正定阵，数值分别由陀螺量测噪声，随机噪声和星敏感器量测噪声决定。

具体滤波计算过程如下。

（1）状态更新：

$$\begin{aligned} &\boldsymbol{q}_{\mathrm{esc}}=\hat{\boldsymbol{q}}^{-1}\otimes\boldsymbol{q}_{\mathrm{sc}} \\ &\begin{bmatrix} \hat{\boldsymbol{Q}}_{\mathrm{e},\,k/k-1} \\ \Delta\hat{\boldsymbol{b}}_{k/k-1} \end{bmatrix}=\boldsymbol{\Phi}_{k,\,k-1}\begin{bmatrix} \hat{\boldsymbol{Q}}_{\mathrm{e},\,k-1} \\ \Delta\hat{\boldsymbol{b}}_{k-1} \end{bmatrix} \\ &\begin{bmatrix} \hat{\boldsymbol{Q}}_{\mathrm{e},\,k} \\ \Delta\hat{\boldsymbol{b}}_{k} \end{bmatrix}=\begin{bmatrix} \hat{\boldsymbol{Q}}_{\mathrm{e},\,k/k-1} \\ 0 \end{bmatrix}+\boldsymbol{K}_k[\boldsymbol{Q}_{\mathrm{esc}}-\boldsymbol{H}_k\hat{\boldsymbol{Q}}_{\mathrm{e},\,k/k-1}] \\ &\hat{\boldsymbol{q}}^{+}=\boldsymbol{q}\otimes\{1 \quad -\hat{\boldsymbol{Q}}_{\mathrm{e}}\} \\ &\hat{\boldsymbol{b}}_k^{+}=\hat{\boldsymbol{b}}_k^{-}+\Delta\hat{\boldsymbol{b}}_k \end{aligned} \tag{4-31}$$

（2）滤波更新：

$$\begin{aligned} &\boldsymbol{P}_{k/k-1}=\boldsymbol{\Phi}_{k/k-1}\boldsymbol{P}_{k-1}\boldsymbol{\Phi}_{k/k-1}^{\mathrm{T}}+\boldsymbol{\Gamma}_{k-1}\boldsymbol{Q}_{k-1}\boldsymbol{\Gamma}_{k-1}^{\mathrm{T}} \\ &\boldsymbol{R}_k=\boldsymbol{C}_{\mathrm{bs}}\cdot\boldsymbol{N}_{\mathrm{g},\,k}^{s}(\boldsymbol{C}_{\mathrm{bs}}\cdot\boldsymbol{N}_{\mathrm{g},\,k}^{s})^{\mathrm{T}} \\ &\boldsymbol{K}_k=\boldsymbol{P}_{k/k-1}\boldsymbol{H}_k^{\mathrm{T}}(\boldsymbol{H}_k\boldsymbol{P}_{k/k-1}\boldsymbol{H}_k^{\mathrm{T}}+\boldsymbol{R}_k)^{-1} \\ &\boldsymbol{P}_k=(\boldsymbol{I}-\boldsymbol{K}_k\boldsymbol{H}_k)\boldsymbol{P}_{k/k-1} \\ &\boldsymbol{Q}_k=\boldsymbol{W}_k\boldsymbol{W}_k^{\mathrm{T}} \end{aligned} \tag{4-32}$$

经过上述卡尔曼滤波可以解算得到修正后的载荷舱本体旋转角速度 $\boldsymbol{\omega}_{\mathrm{bi}}$ 和四元数 $\boldsymbol{q}_{\mathrm{bi}}$，而姿态控制需要依据载荷舱本体相对载荷舱轨道坐标系的姿态

四元数 $\boldsymbol{q}_{\mathrm{bo}}$ 和姿态角速度。

$\boldsymbol{q}_{\mathrm{bo}}$ 根据轨道数据解算得到，即

$$\boldsymbol{q}_{\mathrm{bo}} = \boldsymbol{q}_{\mathrm{io}} \otimes \boldsymbol{q}_{\mathrm{bi}} \tag{4-33}$$

式中，$\boldsymbol{q}_{\mathrm{io}}$ 为轨道坐标系到惯性坐标系的四元数，由轨道数据计算得到。

设 Ω_1、i_1、U_1 分别为航天器轨道的升交点赤经、轨道倾角和纬度幅角。由地心惯性坐标系按顺序先绕 Z 轴旋转 Ω_1，再绕 X 轴旋转 i_1，再绕 Z 轴旋转 U_1，然后绕 Z 轴旋转 $\pi/2$，绕 X 轴旋转 $-\pi/2$，由四元数乘法可计算得到地心惯性坐标系到载荷舱轨道坐标系的四元数 $\boldsymbol{q}_{\mathrm{oi}}$。

$$\begin{aligned}
\boldsymbol{q}' &= \cos\left(\frac{\Omega_1}{2}\right) + \sin\left(\frac{\Omega_1}{2}\right)\boldsymbol{k} \\
\boldsymbol{q}'' &= \cos\left(\frac{i_1}{2}\right) + \sin\left(\frac{i_1}{2}\right)\boldsymbol{i} \\
\boldsymbol{q}''' &= \cos\left(\frac{U_1}{2}\right) + \sin\left(\frac{U_1}{2}\right)\boldsymbol{k}
\end{aligned} \tag{4-34}$$

$$\begin{aligned}
\boldsymbol{q}_{\mathrm{pi}} &= \boldsymbol{q}' \otimes \boldsymbol{q}'' \otimes \boldsymbol{q}''' \\
&= \begin{bmatrix}
\cos\left(\frac{\Omega_1}{2}\right)\cos\left(\frac{i_1}{2}\right)\cos\left(\frac{U_1}{2}\right) - \sin\left(\frac{\Omega_1}{2}\right)\cos\left(\frac{i_1}{2}\right)\sin\left(\frac{U_1}{2}\right) \\
\cos\left(\frac{\Omega_1}{2}\right)\sin\left(\frac{i_1}{2}\right)\cos\left(\frac{U_1}{2}\right) + \sin\left(\frac{\Omega_1}{2}\right)\sin\left(\frac{i_1}{2}\right)\sin\left(\frac{U_1}{2}\right) \\
-\cos\left(\frac{\Omega_1}{2}\right)\sin\left(\frac{i_1}{2}\right)\sin\left(\frac{U_1}{2}\right) + \sin\left(\frac{\Omega_1}{2}\right)\sin\left(\frac{i_1}{2}\right)\cos\left(\frac{U_1}{2}\right) \\
\cos\left(\frac{\Omega_1}{2}\right)\cos\left(\frac{i_1}{2}\right)\sin\left(\frac{U_1}{2}\right) + \sin\left(\frac{\Omega_1}{2}\right)\cos\left(\frac{i_1}{2}\right)\cos\left(\frac{U_1}{2}\right)
\end{bmatrix}
\end{aligned} \tag{4-35}$$

$$\boldsymbol{q}_{\mathrm{op}} = \begin{bmatrix} \frac{1}{2} & -\frac{1}{2} & -\frac{1}{2} & \frac{1}{2} \end{bmatrix}^{\mathrm{T}} \tag{4-36}$$

$$\boldsymbol{q}_{\mathrm{oi}} = \boldsymbol{q}_{\mathrm{pi}} \otimes \boldsymbol{q}_{\mathrm{op}} \tag{4-37}$$

而从卫星质心轨道坐标系到惯性坐标系的四元数 $\boldsymbol{q}_{\mathrm{io}}$ 由式(4-38)求得：

$$\boldsymbol{q}_{io} = [\boldsymbol{q}_{io0} \quad \boldsymbol{q}_{io1} \quad \boldsymbol{q}_{io2} \quad \boldsymbol{q}_{io3}]^{T} = -\boldsymbol{q}_{oi} = [\boldsymbol{q}_{io0} \quad -\boldsymbol{q}_{io1} \quad -\boldsymbol{q}_{io2} \quad -\boldsymbol{q}_{io3}]^{T} \tag{4-38}$$

得到 $\boldsymbol{q}_{io}$ 之后，联合卡尔曼滤波算法确定的惯性姿态四元数 $\boldsymbol{q}_{bi}$，计算得到相对轨道坐标系的姿态四元数 $\boldsymbol{q}_{bo}$，由该四元数可计算得到姿态角：

$$\begin{aligned}
\varphi &= \sin^{-1}2(q_{bo0}q_{bo1} + q_{bo2}q_{bo3}) \\
\theta &= \tan^{-1}\frac{2(q_{bo0}q_{bo2} - q_{bo1}q_{bo3})}{1 - 2(q_{bo1}^{2} + q_{bo2}^{2})} \\
\psi &= \tan^{-1}\frac{2(q_{bo0}q_{bo3} - q_{bo1}q_{bo2})}{1 - 2(q_{bo1}^{2} + q_{bo3}^{2})}
\end{aligned} \tag{4-39}$$

计算得到当前时刻姿态角之后，即可结合当前时刻的 $\boldsymbol{\omega}_{bi}$、$\boldsymbol{\omega}_{o}$ 解算得到当前时刻姿态角速度。至此，整个姿态确定过程完成。

4.1.2　舱间相对位置与相对姿态的测量与确定

浮体式航天器采用舱间安装的位移传感器来测量载荷舱和服务舱对应点的相对位置，其测量输出为标量。通过组合不同位置安装的位移传感器输出的多个测量量，解算得到舱间相对位置和姿态。

如图 4－1 所示，一般可以采用 6 个相对距离传感器布局，每台传感器由探头和反射面两部分组成，探头固定安装在载荷舱上，反射面固定安装在服务

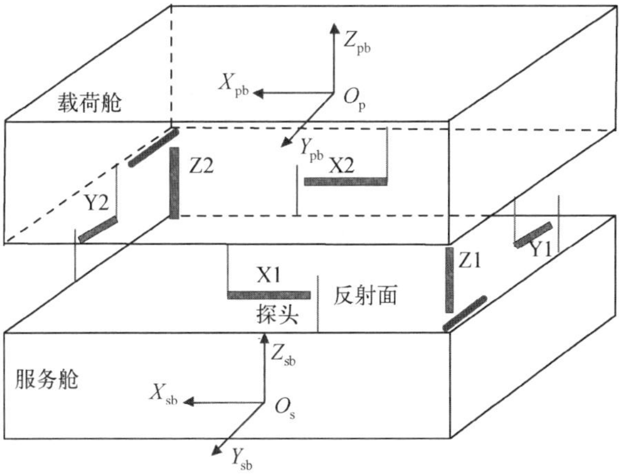

图 4－1　基于位移传感器的舱间相对位置与相对姿态确定

舱上，分别随载荷舱和服务舱运动。2 台沿 X 方向安装，用于测量 X 方向相对距离 s_{xg}，2 台沿 Y 方向安装，用于测量 Y 方向相对距离，其测量值为 s_{yg}，2 台沿 Z 方向安装，用于测量 Z 方向相对距离，其测量值为 s_{zg}。则有

$$\begin{aligned} s_{xg} &= s_x + v_x \\ s_{yg} &= s_y + v_y \\ s_{zg} &= s_z + v_z \end{aligned} \tag{4-40}$$

式中，s_x、s_y、s_z 为传感器探头与测点相对距离的真实值；v_x、v_y、v_z 为传感器测量噪声。

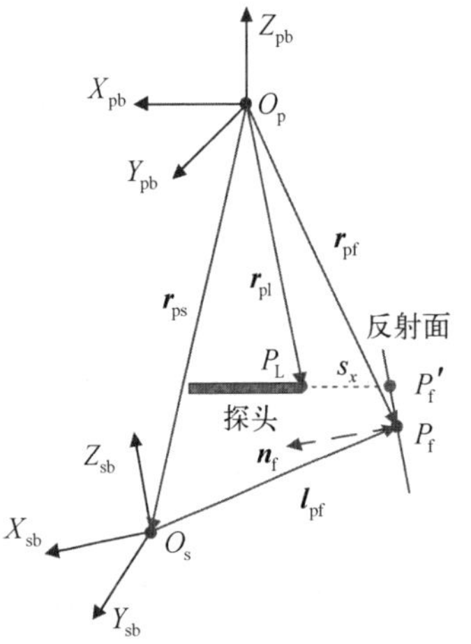

图 4-2 相对距离传感器测量相关矢量关系示意图

基于上述布局，不失一般性，以其中一台沿 X 方向安装，测量 s_x 的传感器为例，绘制简化矢量图，分析各矢量间关系。图 4-2 为相对距离传感器测量相关矢量关系示意图。

如图 4-2 所示，距离传感器测量值实际是探头发射端点 P_L 与反射面上照射点 P_f' 之间的距离 s_x。定义服务舱质心相对载荷舱质心矢量 $\boldsymbol{r}_{ps}$ 在载荷舱本体坐标系下坐标为 $[x \quad y \quad z]^T$，服务舱上安装的反射面中心原点 P_f 在服务舱本体坐标系下的矢量坐标为 $[x^f \quad y^f \quad z^f]^T$，载荷舱上安装的探头发射端点 P_L 在载荷舱本体坐标系下的坐标为 $[x^L \quad y^L \quad z^L]^T$。

设服务舱本体坐标系到载荷舱本体坐标系的方向余弦矩阵为

$$\boldsymbol{C}_{ps} = \boldsymbol{C}_y(\theta)\boldsymbol{C}_x(\phi)\boldsymbol{C}_z(\psi) = \begin{bmatrix} c_{11} & c_{12} & c_{13} \\ c_{21} & c_{22} & c_{23} \\ c_{31} & c_{32} & c_{33} \end{bmatrix} \tag{4-41}$$

小角度下可近似简化为

$$\boldsymbol{C}_{ps} = \boldsymbol{C}_y(\theta)\boldsymbol{C}_x(\phi)\boldsymbol{C}_z(\psi) \approx \begin{bmatrix} 1 & \psi & -\theta \\ -\psi & 1 & \phi \\ \theta & -\phi & 1 \end{bmatrix} \tag{4-42}$$

由图 4－2 可见，探头固定安装在载荷舱上，与载荷舱本体坐标系 X 轴平行；反射面固定安装在服务舱上，其法线方向 $\boldsymbol{n}_{\mathrm{f}}$ 与服务舱本体坐标系 X 轴平行。照射点 P_{f}' 实际上是探头测量方向延伸直线与反射面交点，据此可以得到距离 s_x 的测量模型。

由矢量关系可知，反射面中心原点 P_{f} 在载荷舱本体坐标系下的坐标可以由式(4－43)计算得到：

$$\begin{bmatrix} x^{fp} \\ y^{fp} \\ z^{fp} \end{bmatrix} = \boldsymbol{r}_{\mathrm{ps}} + \boldsymbol{l}_{\mathrm{pf}} = \boldsymbol{C}_{\mathrm{ps}} \begin{bmatrix} x^{f} \\ y^{f} \\ z^{f} \end{bmatrix} + \begin{bmatrix} x \\ y \\ z \end{bmatrix} \tag{4-43}$$

在小角度假设下，进一步满足：

$$\begin{bmatrix} x^{fp} \\ y^{fp} \\ z^{fp} \end{bmatrix} \approx \begin{bmatrix} 1 & \psi & -\theta \\ -\psi & 1 & \phi \\ \theta & -\phi & 1 \end{bmatrix} \begin{bmatrix} x^{f} \\ y^{f} \\ z^{f} \end{bmatrix} + \begin{bmatrix} x \\ y \\ z \end{bmatrix} = \begin{bmatrix} x^{f} + \psi y^{f} - \theta z^{f} + x \\ -\psi x^{f} + y^{f} + \phi z^{f} + y \\ \theta x^{f} - \phi y^{f} + z^{f} + z \end{bmatrix} \tag{4-44}$$

反射面法线方向矢量 $\boldsymbol{n}_{\mathrm{f}}$ 在载荷舱本体坐标系下的坐标可以由式(4－45)计算得到：

$$\begin{bmatrix} x_{\mathrm{nf}} \\ y_{\mathrm{nf}} \\ z_{\mathrm{nf}} \end{bmatrix} = \boldsymbol{C}_{\mathrm{ps}} \begin{bmatrix} 1 \\ 0 \\ 0 \end{bmatrix} = \begin{bmatrix} c_{11} \\ c_{21} \\ c_{31} \end{bmatrix} \approx \begin{bmatrix} 1 \\ -\psi \\ \theta \end{bmatrix} \tag{4-45}$$

则反射面上任意一点 P_{f}^{i} 在载荷舱本体坐标系下坐标满足：

$$c_{11}(x_i^{fp} - x^{fp}) + c_{21}(y_i^{fp} - y^{fp}) + c_{31}(z_i^{fp} - z^{fp}) = 0 \tag{4-46}$$

进一步，由于探头沿 x 轴固定安装在载荷舱上，载荷舱本体坐标系下，照射点 P_{f}' 与探头发射端点 P_{L} 的 y 和 z 向坐标相等，故定义其坐标为 $[x_f' \quad y^L \quad z^L]^{\mathrm{T}}$，且满足：

$$c_{11}(x_f' - x^{fp}) + c_{21}(y^L - y^{fp}) + c_{31}(z^L - z^{fp}) = 0 \tag{4-47}$$

可得

$$x'_f = \frac{-c_{21}(y^L - y^{fp}) - c_{31}(z^L - z^{fp})}{c_{11}} + x^{fp} \tag{4-48}$$

从而可得照射点 P'_{f} 与探头发射端点 P_{L} 的距离：

$$s_x = | x'_f - x^L | = \left| \frac{-c_{21}(y^L - y^{fp}) - c_{31}(z^L - z^{fp})}{c_{11}} + x^{fp} - x^L \right| \tag{4-49}$$

根据探头与反射面沿+X 或-X 安装方式,可以写成如下形式：

$$s_x = \begin{cases} x'_f - x^L = \dfrac{-c_{21}(y^L - y^{fp}) - c_{31}(z^L - z^{fp})}{c_{11}} + x^{fp} - x^L, & 沿 +X 安装 \\ -(x'_f - x^L) = \dfrac{c_{21}(y^L - y^{fp}) + c_{31}(z^L - z^{fp})}{c_{11}} - x^{fp} + x^L, & 沿 -X 安装 \end{cases} \tag{4-50}$$

至此,就得到了 1 台沿 X 向安装传感器的测量模型。

按照前面 6 台传感器布局方式,X1 和 X2 传感器分别沿-X 和+X 方向安装,Y1 和 Y2 传感器分别沿-Y 和+Y 方向安装,Z1 和 Z2 传感器分别沿-Z 和+Z 方向安装,采用相同方法,可以推导得到 6 台传感器的完整测量模型：

$$\begin{aligned} s_{\mathrm{X1}} &= -(x'_{f\mathrm{X1}} - x^L_{\mathrm{X1}}) = \frac{c_{21}(y^L_{\mathrm{X1}} - y^{fp}_{\mathrm{X1}}) + c_{31}(z^L_{\mathrm{X1}} - z^{fp}_{\mathrm{X1}})}{c_{11}} - x^{fp}_{\mathrm{X1}} + x^L_{\mathrm{X1}} \\ s_{\mathrm{X2}} &= x'_{f\mathrm{X2}} - x^L_{\mathrm{X2}} = \frac{-c_{21}(y^L_{\mathrm{X2}} - y^{fp}_{\mathrm{X2}}) - c_{31}(z^L_{\mathrm{X2}} - z^{fp}_{\mathrm{X2}})}{c_{11}} + x^{fp}_{\mathrm{X2}} - x^L_{\mathrm{X2}} \end{aligned} \tag{4-51}$$

$$\begin{aligned} s_{\mathrm{Y1}} &= -(y'_{f\mathrm{Y1}} - y^L_{\mathrm{Y1}}) = \frac{c_{12}(x^L_{\mathrm{Y1}} - x^{fp}_{\mathrm{Y1}}) + c_{32}(z^L_{\mathrm{Y1}} - z^{fp}_{\mathrm{Y1}})}{c_{22}} - y^{fp}_{\mathrm{Y1}} + y^L_{\mathrm{Y1}} \\ s_{\mathrm{Y2}} &= y'_{f\mathrm{Y2}} - y^L_{\mathrm{Y2}} = \frac{-c_{12}(x^L_{\mathrm{Y2}} - x^{fp}_{\mathrm{Y2}}) - c_{32}(z^L_{\mathrm{Y2}} - z^{fp}_{\mathrm{Y2}})}{c_{22}} + y^{fp}_{\mathrm{Y2}} - y^L_{\mathrm{Y2}} \end{aligned} \tag{4-52}$$

$$\begin{aligned} s_{\mathrm{Z1}} &= -(z'_{f\mathrm{Z1}} - z^L_{\mathrm{Z1}}) = \frac{c_{13}(x^L_{\mathrm{Z1}} - x^{fp}_{\mathrm{Z1}}) + c_{23}(y^L_{\mathrm{Z1}} - y^{fp}_{\mathrm{Z1}})}{c_{33}} - z^{fp}_{\mathrm{Z1}} + z^L_{\mathrm{Z1}} \\ s_{\mathrm{Z2}} &= z'_{f\mathrm{Z2}} - z^L_{\mathrm{Z2}} = \frac{-c_{13}(x^L_{\mathrm{Z2}} - x^{fp}_{\mathrm{Z2}}) - c_{23}(y^L_{\mathrm{Z2}} - y^{fp}_{\mathrm{Z2}})}{c_{33}} + z^{fp}_{\mathrm{Z2}} - z^L_{\mathrm{Z2}} \end{aligned} \tag{4-53}$$

考虑服务舱和载荷舱之间相对姿态运动限制在较小范围内，一般满足小角度假设，代入式(4-51)~式(4-53)，忽略二阶小量，由上述模型可以推导得到：

$$\begin{aligned} s_{X1} &= -\psi y_{X1}^L + \psi y + \theta z_{X1}^L - \theta z - x_{X1}^f - x + x_{X1}^L \\ s_{X2} &= \psi y_{X2}^L - \psi y - \theta z_{X2}^L + \theta z + x_{X2}^f + x - x_{X2}^L \end{aligned} \tag{4-54}$$

$$\begin{aligned} s_{Y1} &= \psi x_{Y1}^L - \psi x - \phi z_{Y1}^L + \phi z - y_{Y1}^f - y + y_{Y1}^L \\ s_{Y2} &= -\psi x_{Y2}^L + \psi x + \phi z_{Y2}^L - \phi z + y_{Y2}^f + y - y_{Y2}^L \end{aligned} \tag{4-55}$$

$$\begin{aligned} s_{Z1} &= -\theta x_{Z1}^L + \theta x + \phi y_{Z1}^L - \phi y - z_{Z1}^f - z + z_{Z1}^L \\ s_{Z2} &= \theta x_{Z2}^L - \theta x - \phi y_{Z2}^L + \phi y + z_{Z2}^f + z - z_{Z2}^L \end{aligned} \tag{4-56}$$

可见，上述 6 个方程中，服务舱相对载荷舱的三轴姿态 ϕ、θ、ψ，以及服务舱质心相对载荷质心的位置坐标 x、y、z 为变量，方程右侧其他项均为定值，由安装布局确定，左侧可由传感器测量得到。由此，联立上述六个方程，即可求解得到 6 个变量。

易知：

$$\begin{aligned} s_{X1} + s_{X2} &= \psi(y_{X2}^L - y_{X1}^L) + \theta(z_{X1}^L - z_{X2}^L) + x_{X2}^f - x_{X1}^f + x_{X1}^L - x_{X2}^L \\ s_{Y1} + s_{Y2} &= \psi(x_{Y1}^L - x_{Y2}^L) + \phi(z_{Y2}^L - z_{Y1}^L) + y_{Y2}^f - y_{Y1}^f + y_{Y1}^L - y_{Y2}^L \\ s_{Z1} + s_{Z2} &= \theta(x_{Z2}^L - x_{Z1}^L) + \phi(y_{Z1}^L - y_{Z2}^L) + z_{Z2}^f - z_{Z1}^f + z_{Z1}^L - z_{Z2}^L \end{aligned} \tag{4-57}$$

写成矩阵形式：

$$\begin{bmatrix} s_{X1} + s_{X2} \\ s_{Y1} + s_{Y2} \\ s_{Z1} + s_{Z2} \end{bmatrix} = \begin{bmatrix} 0 & z_{X1}^L - z_{X2}^L & y_{X2}^L - y_{X1}^L \\ z_{Y2}^L - z_{Y1}^L & 0 & x_{Y1}^L - x_{Y2}^L \\ y_{Z1}^L - y_{Z2}^L & x_{Z2}^L - x_{Z1}^L & 0 \end{bmatrix} \begin{bmatrix} \phi \\ \theta \\ \psi \end{bmatrix} + \begin{bmatrix} x_{X2}^f - x_{X1}^f + x_{X1}^L - x_{X2}^L \\ y_{Y2}^f - y_{Y1}^f + y_{Y1}^L - y_{Y2}^L \\ z_{Z2}^f - z_{Z1}^f + z_{Z1}^L - z_{Z2}^L \end{bmatrix} \tag{4-58}$$

定义：

$$\boldsymbol{S}_a = \begin{bmatrix} s_{X1} + s_{X2} \\ s_{Y1} + s_{Y2} \\ s_{Z1} + s_{Z2} \end{bmatrix}, \boldsymbol{A}_a = \begin{bmatrix} 0 & z_{X1}^L - z_{X2}^L & y_{X2}^L - y_{X1}^L \\ z_{Y2}^L - z_{Y1}^L & 0 & x_{Y1}^L - x_{Y2}^L \\ y_{Z1}^L - y_{Z2}^L & x_{Z2}^L - x_{Z1}^L & 0 \end{bmatrix}, \boldsymbol{B}_a = \begin{bmatrix} x_{X2}^f - x_{X1}^f + x_{X1}^L - x_{X2}^L \\ y_{Y2}^f - y_{Y1}^f + y_{Y1}^L - y_{Y2}^L \\ z_{Z2}^f - z_{Z1}^f + z_{Z1}^L - z_{Z2}^L \end{bmatrix}$$

则相对姿态变量 $\boldsymbol{R}_{\mathrm{a}}=[\phi \quad \theta \quad \psi]^{\mathrm{T}}$ 可以用式(4-59)求解：

$$\boldsymbol{R}_{\mathrm{a}}=\boldsymbol{A}_{\mathrm{a}}^{-1}(\boldsymbol{S}_{\mathrm{a}}-\boldsymbol{B}_{\mathrm{a}}) \tag{4-59}$$

求解得到三轴相对姿态 ϕ、θ、ψ 后，可以三个方向分别选择一个方程，联立求解相对位置变量 x、y、z，不失一般性，选择 X1、Y1、Z1 时，得到矩阵形式方程如下：

$$\begin{bmatrix} s_{\mathrm{X1}} \\ s_{\mathrm{Y1}} \\ s_{\mathrm{Z1}} \end{bmatrix}=\begin{bmatrix} -1 & \psi & -\theta \\ -\psi & -1 & \phi \\ \theta & -\phi & -1 \end{bmatrix}\begin{bmatrix} x \\ y \\ z \end{bmatrix}+\begin{bmatrix} -\psi y_{\mathrm{X1}}^{L}+\theta z_{\mathrm{X1}}^{L}-x_{\mathrm{X1}}^{f}+x_{\mathrm{X1}}^{L} \\ \psi x_{\mathrm{Y1}}^{L}-\phi z_{\mathrm{Y1}}^{L}-y_{\mathrm{Y1}}^{f}+y_{\mathrm{Y1}}^{L} \\ -\theta x_{\mathrm{Z1}}^{L}+\phi y_{\mathrm{Z1}}^{L}-z_{\mathrm{Z1}}^{f}+z_{\mathrm{Z1}}^{L} \end{bmatrix} \tag{4-60}$$

同样定义：

$$\boldsymbol{S}_{l}=\begin{bmatrix} s_{\mathrm{X1}} \\ s_{\mathrm{Y1}} \\ s_{\mathrm{Z1}} \end{bmatrix},\ \boldsymbol{A}_{l}=\begin{bmatrix} -1 & \psi & -\theta \\ -\psi & -1 & \phi \\ \theta & -\phi & -1 \end{bmatrix},\ \boldsymbol{B}_{l}=\begin{bmatrix} -\psi y_{\mathrm{X1}}^{L}+\theta z_{\mathrm{X1}}^{L}-x_{\mathrm{X1}}^{f}+x_{\mathrm{X1}}^{L} \\ \psi x_{\mathrm{Y1}}^{L}-\phi z_{\mathrm{Y1}}^{L}-y_{\mathrm{Y1}}^{f}+y_{\mathrm{Y1}}^{L} \\ -\theta x_{\mathrm{Z1}}^{L}+\phi y_{\mathrm{Z1}}^{L}-z_{\mathrm{Z1}}^{f}+z_{\mathrm{Z1}}^{L} \end{bmatrix}$$

则相对位置变量 $\boldsymbol{R}_{l}=[x \quad y \quad z]^{\mathrm{T}}$ 可以用式(4-61)求解：

$$\boldsymbol{R}_{l}=\boldsymbol{A}_{l}^{-1}(\boldsymbol{S}_{l}-\boldsymbol{B}_{l}) \tag{4-61}$$

至此，服务舱相对载荷舱的三轴相对位置和姿态均可由 6 台传感器输出的距离测量量和安装布局信息计算得到。

进一步，基于上述相对位置和姿态测量量，结合舱间相对姿态与轨道耦合动力学模型，可以建立滤波估计系统，得到舱间相对姿态角与角速度、相对位置与速度等全维状态，且可有效抑制传感器噪声误差。

4.1.3 服务舱姿态确定

基于上述舱间相对姿态的解算，服务舱姿态确定可以通过以下两种方法得到：

(1) 通过安装在服务舱的星敏感器和陀螺，进行服务舱的姿态确定，具体算法与前述载荷舱姿态确定方法相同；

(2) 基于载荷舱姿态和舱间相对姿态，结合舱间相对姿态动力学，估计得到服务舱姿态。

可见,第二种方法不需要在服务舱上安装星敏感器、陀螺等姿态确定敏感器,有利于简化浮体式航天器的单机配置。

4.2　整体稳定控制系统设计与分析

本节重点分析说明浮体式航天器整体稳定控制系统的可控性、可观性、控制闭环稳定性等几个重要的理论问题。

4.2.1　控制系统总体设计

图 4-3 为整体稳定控制系统原理框图。

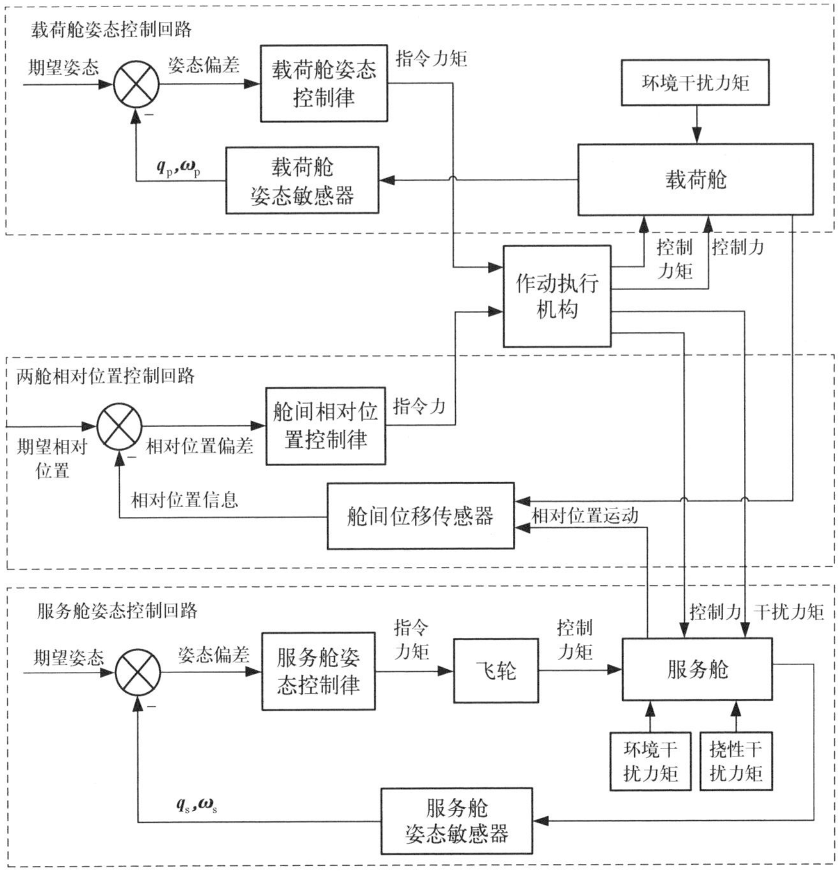

图 4-3　整体稳定控制系统原理框图

1. 设计思路与方法

非接触整体稳定控制系统如上图所示。首先,由载荷舱和服务舱分别控制自身姿态,以同时满足载荷指向和相对姿态控制需求。同时,施加舱间相对位置控制,使得两舱质心维持在期望相对位置上。由此,共形成三个控制回路:

(1) 载荷舱自身通过安装高精度的星敏感器和陀螺,实现载荷舱高精度姿态确定,并由载荷舱姿态控制律产生控制指令,由作动执行机构产生相应的控制力矩,形成载荷舱姿态控制回路;

(2) 舱间位移传感器测量得到服务舱质心相对载荷舱质心位置,由舱间相对位置控制律产生控制指令,由作动执行机构输出相应的控制力,分别作用到载荷舱和服务舱上,形成舱间相对位置控制回路;

(3) 服务舱自身安装的星敏感器和陀螺,实现服务舱姿态确定,由服务舱姿态控制律产生控制指令,由服务舱上安装的飞轮输出相应的控制力矩,形成服务舱姿态控制回路。

三个回路在一定程度上相对独立,但又相互关联。载荷舱姿态控制回路和舱间相对位置控制回路使用相同的执行机构,即舱间作动执行机构既产生载荷舱姿态控制力矩,又输出舱间相对位置控制力;服务舱受到作动执行机构产生的作用力和力矩,前者用于控制两舱相对位置,后者则视作服务舱姿态控制回路的干扰力矩。

2. 非接触整体稳定控制系统的动力学模型

采用上述整体稳定控制系统方案,整个浮体式航天器动力学系统可以分解为三部分:载荷舱姿态动力学、服务舱姿态动力学、舱间相对位置动力学。根据第 4 章的标准控制模型一,浮体式航天器非接触整体稳定控制系统的动力学模型主要由下面 3 个公式联合描述:

$$\begin{cases} \boldsymbol{I}_{\mathrm{p}}\dot{\boldsymbol{\omega}}_{\mathrm{p}} + \boldsymbol{\omega}_{\mathrm{p}}^{\times}\boldsymbol{I}_{\mathrm{p}}\boldsymbol{\omega}_{\mathrm{p}} = \boldsymbol{T}_{\mathrm{pc}} + \boldsymbol{T}_{\mathrm{pd}} \\ \boldsymbol{I}_{\mathrm{s}}\dot{\boldsymbol{\omega}}_{\mathrm{s}} + \boldsymbol{\omega}_{\mathrm{s}}^{\times}\boldsymbol{I}_{\mathrm{s}}\boldsymbol{\omega}_{\mathrm{s}} = \boldsymbol{T}_{\mathrm{sc}} + \boldsymbol{T}_{\mathrm{s}\delta} \\ \ddot{\boldsymbol{r}} = \tilde{\boldsymbol{O}}_1\boldsymbol{r} + \tilde{\boldsymbol{O}}_2\dot{\boldsymbol{r}} + \boldsymbol{f}_{\mathrm{d}} + \boldsymbol{a}_{\mathrm{p}}\left(1 + \dfrac{m_{\mathrm{p}}}{m_{\mathrm{s}}}\right) \end{cases} \tag{4-62}$$

三部分的可控性与可观性可分别分析。很显然,当三者均可控可观时,整个浮体式航天器系统即可控可观。

4.2.2 可控性分析

首先给出可控性的概念与判据。

4.2.2.1 可控性概念及判据[34]

考察由如下状态方程和输出方程描述的线性连续系统：

$$
\begin{cases}\dot{\boldsymbol{x}}(t)=\boldsymbol{A}(t)\boldsymbol{x}(t)+\boldsymbol{B}(t)\boldsymbol{u}(t)\\ \boldsymbol{y}(t)=\boldsymbol{C}(t)\boldsymbol{x}(t)+\boldsymbol{D}(t)\boldsymbol{u}(t)\end{cases}
\tag{4-63}
$$

$$
t\geqslant t_0,\ \boldsymbol{x}(t_0)=\boldsymbol{x}_0
$$

式中，矩阵 $\boldsymbol{A}(t)$、$\boldsymbol{B}(t)$、$\boldsymbol{C}(t)$、$\boldsymbol{D}(t)$ 为时间的连续函数。假如对于区间 $[t_0,\ t_1]$ 上的某一输入 $\boldsymbol{u}(t)$ 及初始状态 $\boldsymbol{x}_0$，t_1 时刻的状态为 $\boldsymbol{x}_1$，则称输入 $\boldsymbol{u}(t)$ 将 t_0 时刻的状态 $\boldsymbol{x}_0$ 转移到了 t_1 时刻的状态 $\boldsymbol{x}_1$。

定义 1： 如果系统状态 $\boldsymbol{x}$ 在区间 $[t_0,\ t_1]$ 上存在某一控制 $\boldsymbol{u}(t)$，可将 t_0 时刻的状态 $\boldsymbol{x}_0$ 在 t 时刻转移到状态空间的原点，则称状态 $\boldsymbol{x}$ 在 $[t_0,\ t_1]$ 上是可控的（t_1 为有限时间），否则不可控。

定义 2： 若在区间 $[t_0,\ t_1]$ 上每一状态 $\boldsymbol{x}$ 均为可控的，则称系统在 $[t_0,\ t_1]$ 上完全可控。

这里给出线性系统可控性判据。首先考虑线性时变连续系统：

$$
\dot{\boldsymbol{x}}(t)=\boldsymbol{A}(t)\boldsymbol{x}(t)+\boldsymbol{B}(t)\boldsymbol{u}(t)
\tag{4-64}
$$

$$
t\geqslant t_0
$$

对于该系统，有如下定理。

定理 1： 系统在区间 $[t_0,\ t_1]$ 完全可控的充要条件是矩阵 $\boldsymbol{\Phi}(t)\boldsymbol{B}(t)$ 的各行在 $[t_0,\ t_1]$ 区间上线性独立，式中 $\boldsymbol{\Phi}(t)$ 为系统状态转移矩阵。

定理 2： 记：

$$
\boldsymbol{B}_1(t)=\boldsymbol{B}(t)
$$

$$
\boldsymbol{B}_i(t)=-\boldsymbol{A}(t)\boldsymbol{B}_{i-1}(t)+\dot{\boldsymbol{B}}_{i-1}(t),\ i=2,\ 3,\ \cdots,\ n
$$

令 $\boldsymbol{Q}_c(t)=[\boldsymbol{B}_1(t)\quad \boldsymbol{B}_2(t)\quad \cdots\quad \boldsymbol{B}_n(t)]$，如果存在某个时刻 $t_1\geqslant t_0$，使得 $\operatorname{rank}\boldsymbol{Q}_c(t)=n$，则系统在 t_0 时刻可控。

下面给出表述线性时变离散系统可控性的定理，系统如下：

$$
\boldsymbol{x}(k+1)=\boldsymbol{A}(k)\boldsymbol{x}(k)+\boldsymbol{B}(k)\boldsymbol{x}(k)
\tag{4-65}
$$

$$
k\geqslant k_0
$$

定理 3: 系统在 $[k_0, k_1]$ 上完全可控的充要条件是矩阵 $\boldsymbol{\Phi}(k+1)\boldsymbol{B}(k)$ 的各行在 $[k_0, k_1]$ 区间上线性独立。式中 $\boldsymbol{\Phi}(k)$ 为零输入下系统的任一基本解阵。

当矩阵 $\boldsymbol{A}(t)$ 和 $\boldsymbol{B}(t)$ 为定常时,前述线性时变连续系统化为线性定常系统:

$$\dot{\boldsymbol{x}}(t)=\boldsymbol{A}\boldsymbol{x}(t)+\boldsymbol{B}\boldsymbol{u}(t) \tag{4-66}$$

此时,线性定常系统只要在某个时刻完全可控,则其必定在整个时间轴上完全可控。因此,对于定常系统只说它可控或不可控,时间区间限制可以去掉。线性定常系统的可控性判据相对更加简单。

定理 4: 上述线性定常系统可控的充分必要条件为 $\mathrm{rank}[\boldsymbol{B}\quad \boldsymbol{AB}\quad \cdots\quad \boldsymbol{A}^{n-1}\boldsymbol{B}]=n$,可称矩阵 $\boldsymbol{Q}_c=[\boldsymbol{B}\quad \boldsymbol{AB}\quad \cdots\quad \boldsymbol{A}^{n-1}\boldsymbol{B}]$ 为线性定常系统的可控性矩阵。

基于上述定义与定理 1~定理 4,可以得到以下浮体式航天器整体姿态的可控性定理。

定理 5: 浮体式航天器整体姿态完全可控的充分必要条件为载荷舱姿态、服务舱姿态、舱间相对位置三部分控制系统都完全可控。

4.2.2.2 可控性证明

对于采用整体稳定控制系统的浮体式航天器,需要分别对载荷舱姿态、服务舱姿态、舱间相对位置三部分动力学系统进行可控性分析。

1. 载荷舱姿态的可控性证明

如前所述,载荷舱姿态动力学描述如下:

$$\boldsymbol{I}_{\mathrm{p}}\dot{\boldsymbol{\omega}}_{\mathrm{p}}+\boldsymbol{\omega}_{\mathrm{p}}^{\times}\boldsymbol{I}_{\mathrm{p}}\boldsymbol{\omega}_{\mathrm{p}}=\boldsymbol{T}_{\mathrm{pc}}+\boldsymbol{T}_{\mathrm{pd}} \tag{4-67}$$

3-1-2 转序下,欧拉角表示的姿态运动学方程为

$$\boldsymbol{\omega}_{\mathrm{p}}=\begin{bmatrix}\omega_x\\ \omega_y\\ \omega_z\end{bmatrix}=\begin{bmatrix}-\dot{\psi}\sin\theta\cos\varphi+\dot{\varphi}\cos\theta\\ \dot{\psi}\sin\varphi+\dot{\theta}\\ \dot{\psi}\cos\theta\cos\varphi+\dot{\varphi}\sin\theta\end{bmatrix}+\begin{bmatrix}-\cos\theta\sin\psi-\sin\varphi\sin\theta\cos\psi\\ -\cos\varphi\cos\psi\\ -\sin\theta\sin\psi+\sin\varphi\cos\theta\cos\psi\end{bmatrix}\omega_0 \tag{4-68}$$

小角度假设下,联立上述动力学和运动学方程,忽略二阶小量,载荷舱姿态动力学方程可以简化为

$$I_p\begin{bmatrix}\ddot{\varphi}_p\\ \ddot{\theta}_p\\ \ddot{\psi}_p\end{bmatrix}=\begin{bmatrix}T_{pcx}+T_{pdx}\\ T_{pcy}+T_{pdy}\\ T_{pcz}+T_{pdz}\end{bmatrix}\tag{4-69}$$

设系统状态量 $\boldsymbol{X}_{pa}=[\varphi_p\quad\theta_p\quad\psi_p\quad\dot{\varphi}_p\quad\dot{\theta}_p\quad\dot{\psi}_p]^T$，则系统状态维数为 $n=6$，可以建立系统状态方程：

$$\dot{\boldsymbol{X}}_{pa}=\boldsymbol{A}_{pa}\boldsymbol{X}_{pa}+\boldsymbol{B}_{pa}\boldsymbol{U}_{pa}\tag{4-70}$$

$$\boldsymbol{A}_{pa}=\begin{bmatrix}\boldsymbol{0}_{3\times3} & \boldsymbol{I}_{3\times3}\\ \boldsymbol{0}_{3\times3} & \boldsymbol{0}_{3\times3}\end{bmatrix},\ \boldsymbol{B}_{pa}=\begin{bmatrix}\boldsymbol{0}_{3\times3}\\ \boldsymbol{I}_p^{-1}\end{bmatrix},\ \boldsymbol{U}_{pa}=\boldsymbol{T}_{pc}+\boldsymbol{T}_{pd}\tag{4-71}$$

可见，小角度假设下的载荷舱姿态动力学方程为典型线性定常系统，则其可控性矩阵：

$$\begin{aligned}\boldsymbol{Q}_{cpa}&=[\boldsymbol{B}_{pa}\quad \boldsymbol{A}_{pa}\boldsymbol{B}_{pa}\quad\cdots\quad \boldsymbol{A}_{pa}^{n-1}\boldsymbol{B}_{pa}]\\&=\begin{bmatrix}\boldsymbol{0}_{3\times3} & \boldsymbol{I}_p^{-1} & \boldsymbol{0}_{3\times3} & \boldsymbol{0}_{3\times3} & \boldsymbol{0}_{3\times3} & \boldsymbol{0}_{3\times3}\\ \boldsymbol{I}_p^{-1} & \boldsymbol{0}_{3\times3} & \boldsymbol{0}_{3\times3} & \boldsymbol{0}_{3\times3} & \boldsymbol{0}_{3\times3} & \boldsymbol{0}_{3\times3}\end{bmatrix}\end{aligned}\tag{4-72}$$

由于载荷舱转动惯量矩阵 $\boldsymbol{I}_p$ 必然为满秩矩阵，则可知 $\mathrm{rank}\boldsymbol{Q}_{cpa}=6=n$，因此，载荷舱姿态完全可控。

2. 服务舱姿态的可控性证明

服务舱同样控制姿态，如前所述，其姿态动力学模型相对载荷舱更加复杂，但是，主要是受到挠性干扰力矩、作动干扰力矩等更多的干扰项，这些干扰项可以统一写入总干扰力矩中，可得其姿态动力学方程为

$$\boldsymbol{I}_s\dot{\boldsymbol{\omega}}_s+\boldsymbol{\omega}_s^{\times}\boldsymbol{I}_s\boldsymbol{\omega}_s=\boldsymbol{T}_{sc}+\boldsymbol{T}_{s\delta}\tag{4-73}$$

$$\boldsymbol{T}_{s\delta}=\boldsymbol{T}_{de}+\boldsymbol{T}_{d\eta}+\boldsymbol{T}_{dinter}\tag{4-74}$$

同样，在小角度假设下，忽略二阶小量，得到简化姿态动力学方程，进而设系统状态量 $\boldsymbol{X}_{sa}=[\varphi_s\quad\theta_s\quad\psi_s\quad\dot{\varphi}_s\quad\dot{\theta}_s\quad\dot{\psi}_s]^T$，建立系统状态方程：

$$\dot{\boldsymbol{X}}_{sa}=\boldsymbol{A}_{sa}\boldsymbol{X}_{sa}+\boldsymbol{B}_{sa}\boldsymbol{U}_{sa}\tag{4-75}$$

$$\boldsymbol{A}_{sa}=\begin{bmatrix}\boldsymbol{0}_{3\times3} & \boldsymbol{I}_{3\times3}\\ \boldsymbol{0}_{3\times3} & \boldsymbol{0}_{3\times3}\end{bmatrix},\ \boldsymbol{B}_{sa}=\begin{bmatrix}\boldsymbol{0}_{3\times3}\\ \boldsymbol{I}_s^{-1}\end{bmatrix},\ \boldsymbol{U}_{sa}=\boldsymbol{T}_{sc}+\boldsymbol{T}_{s\delta}\tag{4-76}$$

其可控性矩阵：

$$\begin{aligned}\boldsymbol{Q}_{\mathrm{csa}} &= [\boldsymbol{B}_{\mathrm{sa}} \quad \boldsymbol{A}_{\mathrm{sa}}\boldsymbol{B}_{\mathrm{sa}} \quad \cdots \quad \boldsymbol{A}_{\mathrm{sa}}^{n-1}\boldsymbol{B}_{\mathrm{sa}}] \\ &= \begin{bmatrix} \boldsymbol{0}_{3\times3} & \boldsymbol{I}_{\mathrm{s}}^{-1} & \boldsymbol{0}_{3\times3} & \boldsymbol{0}_{3\times3} & \boldsymbol{0}_{3\times3} & \boldsymbol{0}_{3\times3} \\ \boldsymbol{I}_{\mathrm{s}}^{-1} & \boldsymbol{0}_{3\times3} & \boldsymbol{0}_{3\times3} & \boldsymbol{0}_{3\times3} & \boldsymbol{0}_{3\times3} & \boldsymbol{0}_{3\times3} \end{bmatrix}\end{aligned} \tag{4-77}$$

由于服务舱转动惯量矩阵 $\boldsymbol{I}_{\mathrm{s}}$ 必然为满秩矩阵，则可知 $\mathrm{rank}\,\boldsymbol{Q}_{\mathrm{csa}} = 6 = n$，因此，服务舱姿态完全可控。

3. 舱间相对位置的可控性证明

基于前述分析，舱间相对位置动力学方程为

$$\ddot{\boldsymbol{r}} = \tilde{\boldsymbol{O}}_1\boldsymbol{r} + \tilde{\boldsymbol{O}}_2\dot{\boldsymbol{r}} + \boldsymbol{f}_{\mathrm{d}} + \boldsymbol{a}_{\mathrm{p}}\left(1 + \frac{m_{\mathrm{p}}}{m_{\mathrm{s}}}\right) \tag{4-78}$$

设系统状态量 $\boldsymbol{X}_{\mathrm{r}} = [\boldsymbol{x} \quad \boldsymbol{y} \quad \boldsymbol{z} \quad \dot{\boldsymbol{x}} \quad \dot{\boldsymbol{y}} \quad \dot{\boldsymbol{z}}]^{\mathrm{T}}$，则系统状态维数为 $n = 6$，可以建立系统状态方程：

$$\dot{\boldsymbol{X}}_{\mathrm{r}} = \boldsymbol{A}_{\mathrm{r}}\boldsymbol{X}_{\mathrm{r}} + \boldsymbol{B}_{\mathrm{r}}\boldsymbol{U}_{\mathrm{r}} \tag{4-79}$$

$$\boldsymbol{A}_{\mathrm{r}} = \begin{bmatrix} \boldsymbol{0}_{3\times3} & \boldsymbol{I}_{3\times3} \\ \tilde{\boldsymbol{O}}_1 & \tilde{\boldsymbol{O}}_2 \end{bmatrix},\ \boldsymbol{B}_{\mathrm{r}} = \begin{bmatrix} \boldsymbol{0}_{3\times3} \\ \boldsymbol{I}_{3\times3} \end{bmatrix},\ \boldsymbol{U}_{\mathrm{r}} = \boldsymbol{f}_{\mathrm{d}} + \boldsymbol{a}_{\mathrm{p}}\left(1 + \frac{m_{\mathrm{p}}}{m_{\mathrm{s}}}\right) \tag{4-80}$$

在近圆轨道，且不施加轨道控制的假设情况下，载荷舱和服务舱的轨道角速度基本为常值，这样上述系数矩阵 $\boldsymbol{A}_{\mathrm{r}}$ 和 $\boldsymbol{B}_{\mathrm{r}}$ 均为定常矩阵，系统转化为线性定常系统，其可控性矩阵：

$$\begin{aligned}\boldsymbol{Q}_{\mathrm{cr}} &= [\boldsymbol{B}_{\mathrm{r}} \quad \boldsymbol{A}_{\mathrm{r}}\boldsymbol{B}_{\mathrm{r}} \quad \cdots \quad \boldsymbol{A}_{\mathrm{r}}^{n-1}\boldsymbol{B}_{\mathrm{r}}] \\ &= \begin{bmatrix} \boldsymbol{0}_{3\times3} & \boldsymbol{I}_{3\times3} & \tilde{\boldsymbol{O}}_2 & \boldsymbol{q}_{\mathrm{cr14}} & \boldsymbol{q}_{\mathrm{cr15}} & \boldsymbol{q}_{\mathrm{cr16}} \\ \boldsymbol{I}_{3\times3} & \tilde{\boldsymbol{O}}_2 & \tilde{\boldsymbol{O}}_1 + \tilde{\boldsymbol{O}}_2^2 & \boldsymbol{q}_{\mathrm{cr24}} & \boldsymbol{q}_{\mathrm{cr25}} & \boldsymbol{q}_{\mathrm{cr26}} \end{bmatrix}\end{aligned} \tag{4-81}$$

$$\boldsymbol{q}_{\mathrm{cr14}} = \tilde{\boldsymbol{O}}_1 + \tilde{\boldsymbol{O}}_2^2,\ \boldsymbol{q}_{\mathrm{cr24}} = \boldsymbol{q}_{\mathrm{cr15}} = \tilde{\boldsymbol{O}}_1\tilde{\boldsymbol{O}}_2 + \tilde{\boldsymbol{O}}_2\tilde{\boldsymbol{O}}_1 + \tilde{\boldsymbol{O}}_2^3 \tag{4-82}$$

$$\boldsymbol{q}_{\mathrm{cr25}} = \boldsymbol{q}_{\mathrm{cr16}} = \tilde{\boldsymbol{O}}_1^2 + \tilde{\boldsymbol{O}}_1\tilde{\boldsymbol{O}}_2^2 + \tilde{\boldsymbol{O}}_2\tilde{\boldsymbol{O}}_1\tilde{\boldsymbol{O}}_2 + \tilde{\boldsymbol{O}}_2^2\tilde{\boldsymbol{O}}_1 + \tilde{\boldsymbol{O}}_2^4 \tag{4-83}$$

$$\boldsymbol{q}_{\mathrm{cr26}} = \tilde{\boldsymbol{O}}_1^2\tilde{\boldsymbol{O}}_2 + \tilde{\boldsymbol{O}}_1\tilde{\boldsymbol{O}}_2\tilde{\boldsymbol{O}}_1 + \tilde{\boldsymbol{O}}_1\tilde{\boldsymbol{O}}_2^3 + \tilde{\boldsymbol{O}}_2\tilde{\boldsymbol{O}}_1^2 + \tilde{\boldsymbol{O}}_2\tilde{\boldsymbol{O}}_1\tilde{\boldsymbol{O}}_2^2 + \tilde{\boldsymbol{O}}_2^2\tilde{\boldsymbol{O}}_1\tilde{\boldsymbol{O}}_2 + \tilde{\boldsymbol{O}}_2^3\tilde{\boldsymbol{O}}_1 + \tilde{\boldsymbol{O}}_2^5 \tag{4-84}$$

易知矩阵 $\boldsymbol{Q}_{\text{cr}}$ 的前两部分 $\begin{bmatrix} \boldsymbol{0}_{3\times3} & \boldsymbol{I}_{3\times3} \\ \boldsymbol{I}_{3\times3} & \tilde{\boldsymbol{O}}_2 \end{bmatrix}$ 已经满足秩为 6,故 $\text{rank}\,\boldsymbol{Q}_{\text{cr}} = 6 = n$,因此,舱间相对位置完全可控。

至此,经过证明,采用整体稳定控制方案,载荷舱姿态、服务舱姿态、舱间相对位置三部分动力学系统完全可控,从而使得浮体式航天器整体姿态完全可控,得到如下定理。

定理 6: 对于式(4－64)描述的整体稳定控制下的动力学系统,三部分动力学系统均完全可控,整个系统完全可控。

这一定理为后续对应控制器设计提供了依据。

4.2.3　可观性分析

首先给出可观性的概念与判据。

4.2.3.1　可观性概念及判据[34]

可观性表征系统的状态能否由系统的输入和输出完全反映,考察由下列状态方程和输出方程描述的线性连续系统:

$$\begin{cases} \dot{\boldsymbol{x}}(t) = \boldsymbol{A}(t)\boldsymbol{x}(t) + \boldsymbol{B}(t)\boldsymbol{u}(t) \\ \boldsymbol{x}(t_0) = \boldsymbol{x}_0 & t \geqslant t_0 \\ \boldsymbol{y}(t) = \boldsymbol{C}(t)\boldsymbol{x}(t) + \boldsymbol{D}(t)\boldsymbol{u}(t) \end{cases} \tag{4-85}$$

其输出响应表达式由式(4－86)给出:

$$\begin{aligned} \boldsymbol{y}(t) &= \boldsymbol{C}(t)\boldsymbol{x}(t) + \boldsymbol{D}(t)\boldsymbol{u}(t) \\ &= \boldsymbol{C}(t)\boldsymbol{\Phi}(t,\ t_0)\boldsymbol{x}_0 + \boldsymbol{C}(t)\int_{t_0}^{t}\boldsymbol{\Phi}(t,\ \tau)\boldsymbol{B}(t)\boldsymbol{u}(\tau)\mathrm{d}\tau + \boldsymbol{D}(t)\boldsymbol{u}(t) \qquad t \geqslant t_0 \end{aligned} \tag{4-86}$$

可观性的概念设计如下问题:给定系统和其在有限时间区间 $[t_0,\ t_1]$ 上的输入 $\boldsymbol{u}(t)$ 和输出 $\boldsymbol{y}(t)$,计算出初始状态 $\boldsymbol{x}_0$。

定义 3: 如果系统状态 $\boldsymbol{x}_0(\boldsymbol{x}_0 \neq \boldsymbol{0})$ 在区间 $[t_0,\ t_1]$ 上(t 为有限时间),可由输入 $\boldsymbol{u}(t)$ 及输出 $\boldsymbol{y}(t)$ 提供的信息确定,则称 $\boldsymbol{x}_0$ 在 $[t_0,\ t_1]$ 上是可观的,否则不可观。

定义 4: 如果系统在区间 $[t_0,\ t_1]$ 上的每一状态均可观,则称系统在

$[t_0, t_1]$ 上完全可观。

首先考察自由运动的线性时变连续系统:

$$\begin{cases}\dot{\boldsymbol{x}}(t)=\boldsymbol{A}(t)\boldsymbol{x}(t)+\boldsymbol{B}(t)\boldsymbol{u}(t)\\ \boldsymbol{y}(t)=\boldsymbol{C}(t)\boldsymbol{x}(t)+\boldsymbol{D}(t)\boldsymbol{u}(t)\end{cases} \tag{4-87}$$
$$t\geqslant t_0,\ \boldsymbol{x}(t_0)=\boldsymbol{x}_0$$

定理 7: 系统在 $[t_0, t_1]$ 上完全可观的充要条件是矩阵 $\boldsymbol{C}(t)\boldsymbol{\Phi}(t)$ 的各列在 $[t_0, t_1]$ 上线性独立。式中, $\boldsymbol{\Phi}(t)$ 为系统的状态转移矩阵。

定理 8: 对上述线性时变连续系统,假设 $\boldsymbol{A}(t)$ 和 $\boldsymbol{C}(t)$ 分别是 $n-2$ 和 $n-1$ 次连续可微,记: $\boldsymbol{C}_1(t)=\boldsymbol{C}(t)$, $\boldsymbol{C}_i(t)=\boldsymbol{C}_{i-1}(t)\boldsymbol{A}(t)+\dot{\boldsymbol{C}}_{i-1}(t)$, $i=2, 3, \cdots, n$, 令 $\boldsymbol{Q}_0(t)=[\boldsymbol{C}_1(\boldsymbol{t})^{\mathrm{T}}\quad \boldsymbol{C}_2(\boldsymbol{t})^{\mathrm{T}}\quad \cdots\quad \boldsymbol{C}_n(\boldsymbol{t})^{\mathrm{T}}]^{\mathrm{T}}$, 如果存在某个时刻 $t_1>t_0$, 使得 $\operatorname{rank} Q_0(t)=n$, 则系统在 t_0 时刻是完全可观的。

线性时变自由运动的离散系统:

$$\begin{cases}\boldsymbol{x}(k+1)=\boldsymbol{A}(k)\boldsymbol{x}(k)+\boldsymbol{B}(k)\boldsymbol{u}(k)\\ \boldsymbol{y}(k)=\boldsymbol{C}(k)\boldsymbol{x}(k)+\boldsymbol{D}(k)\boldsymbol{u}(k)\end{cases} \tag{4-88}$$
$$k\geqslant k_0$$

定理 9: 离散系统在 $[k_0, k_1]$ 上完全可观的充分必要条件是矩阵 $\boldsymbol{C}(k)\boldsymbol{\Phi}(k)$ 的各列在 $[k_0, k_1]$ 上线性无关。其中 $\boldsymbol{\Phi}(k)$ 是该系统的状态转移矩阵。

对于线性定常系统,系数矩阵 $\boldsymbol{A}$、$\boldsymbol{B}$ 和 $\boldsymbol{C}$ 均为定常值,则系统表示为

$$\begin{cases}\dot{\boldsymbol{x}}(t)=\boldsymbol{A}\boldsymbol{x}(t)+\boldsymbol{B}\boldsymbol{u}(t)\\ \boldsymbol{y}(t)=\boldsymbol{C}\boldsymbol{x}(t)+\boldsymbol{D}\boldsymbol{u}(t)\end{cases} \tag{4-89}$$

与可控性类似,线性定常系统如果在某个时刻完全可观,则它必然全时刻完全可观。

定理 10: 线性定常系统完全可观的充分必要条件为

$$\operatorname{rank}\boldsymbol{Q}_o=\operatorname{rank}\begin{bmatrix}\boldsymbol{C}\\ \boldsymbol{C}\boldsymbol{A}\\ \vdots\\ \boldsymbol{C}\boldsymbol{A}^{n-1}\end{bmatrix}=n$$

式中,称 $\boldsymbol{Q}_o$ 为线性定常系统的可观性矩阵。

基于上述定义与定理7~定理10,可以得到以下浮体式航天器整体姿态的可观性定理。

定理11: 浮体式航天器整体姿态完全可观的充分必要条件为载荷舱姿态、服务舱姿态、舱间相对位置三部分控制系统完全可观。

4.2.3.2　可观性证明

对于采用整体稳定控制系统的浮体式航天器,需要分别对载荷舱姿态、服务舱姿态、舱间相对位置三部分动力学系统进行可观性证明。

1. 载荷舱姿态的可观性证明

如前所述,在小角度假设下,载荷舱姿态动力学可以简化为如下描述的线性定常系统:

$$\dot{\boldsymbol{X}}_{\mathrm{pa}} = \boldsymbol{A}_{\mathrm{pa}}\boldsymbol{X}_{\mathrm{pa}} + \boldsymbol{B}_{\mathrm{pa}}\boldsymbol{U}_{\mathrm{pa}} \tag{4-90}$$

$$\boldsymbol{A}_{\mathrm{pa}} = \begin{bmatrix} \boldsymbol{0}_{3\times3} & \boldsymbol{I}_{3\times3} \\ \boldsymbol{0}_{3\times3} & \boldsymbol{0}_{3\times3} \end{bmatrix},\ \boldsymbol{B}_{\mathrm{pa}} = \begin{bmatrix} \boldsymbol{0}_{3\times3} \\ \boldsymbol{I}_{\mathrm{p}}^{-1} \end{bmatrix},\ \boldsymbol{U}_{\mathrm{pa}} = \boldsymbol{T}_{\mathrm{pc}} + \boldsymbol{T}_{\mathrm{pd}} \tag{4-91}$$

进一步,选择系统输出量与状态量相同,即

$$\boldsymbol{y}_{\mathrm{pa}} = \boldsymbol{C}_{\mathrm{pa}}\boldsymbol{X}_{\mathrm{pa}},\ \boldsymbol{C}_{\mathrm{pa}} = \boldsymbol{I}_{6\times6} \tag{4-92}$$

则系统可观性矩阵如下:

$$\boldsymbol{Q}_{\mathrm{opa}} = \begin{bmatrix} \boldsymbol{C}_{\mathrm{pa}} \\ \boldsymbol{C}_{\mathrm{pa}}\boldsymbol{A}_{\mathrm{pa}} \\ \vdots \\ \boldsymbol{C}_{\mathrm{pa}}\boldsymbol{A}_{\mathrm{pa}}^{5} \end{bmatrix} = \begin{bmatrix} \boldsymbol{I}_{3\times3} & \boldsymbol{0}_{3\times3} \\ \boldsymbol{0}_{3\times3} & \boldsymbol{I}_{3\times3} \\ \boldsymbol{0}_{3\times3} & \boldsymbol{I}_{3\times3} \\ \boldsymbol{0}_{3\times3} & \boldsymbol{0}_{3\times3} \\ \multicolumn{2}{c}{\boldsymbol{0}_{6\times6}} \\ \multicolumn{2}{c}{\boldsymbol{0}_{6\times6}} \\ \multicolumn{2}{c}{\boldsymbol{0}_{6\times6}} \\ \multicolumn{2}{c}{\boldsymbol{0}_{6\times6}} \end{bmatrix} \tag{4-93}$$

矩阵 $\boldsymbol{Q}_{\mathrm{opa}}$ 满足各列不相关,即 $\mathrm{rank}\,\boldsymbol{Q}_{\mathrm{opa}} = 6 = n$,因此,载荷舱姿态完全可观。

2. 服务舱姿态的可观性证明

与载荷舱类似,在小角度假设下,服务舱姿态动力学可以简化为如下描述的线性定常系统：

$$\dot{\boldsymbol{X}}_{\mathrm{sa}} = \boldsymbol{A}_{\mathrm{sa}}\boldsymbol{X}_{\mathrm{sa}} + \boldsymbol{B}_{\mathrm{sa}}\boldsymbol{U}_{\mathrm{sa}} \tag{4-94}$$

$$\boldsymbol{A}_{\mathrm{sa}} = \begin{bmatrix} \boldsymbol{0}_{3\times3} & \boldsymbol{I}_{3\times3} \\ \boldsymbol{0}_{3\times3} & \boldsymbol{0}_{3\times3} \end{bmatrix},\ \boldsymbol{B}_{\mathrm{sa}} = \begin{bmatrix} \boldsymbol{0}_{3\times3} \\ \boldsymbol{I}_{\mathrm{s}}^{-1} \end{bmatrix},\ \boldsymbol{U}_{\mathrm{sa}} = \boldsymbol{T}_{\mathrm{sc}} + \boldsymbol{T}_{\mathrm{s}\delta} \tag{4-95}$$

同样选择系统输出量与状态量相同，即

$$\boldsymbol{y}_{\mathrm{sa}} = \boldsymbol{C}_{\mathrm{sa}}\boldsymbol{X}_{\mathrm{sa}},\ \boldsymbol{C}_{\mathrm{sa}} = \boldsymbol{I}_{6\times6} \tag{4-96}$$

则系统可观性矩阵如下：

$$\boldsymbol{Q}_{\mathrm{osa}} = \begin{bmatrix} \boldsymbol{C}_{\mathrm{sa}} \\ \boldsymbol{C}_{\mathrm{sa}}\boldsymbol{A}_{\mathrm{sa}} \\ \vdots \\ \boldsymbol{C}_{\mathrm{sa}}\boldsymbol{A}_{\mathrm{sa}}^{5} \end{bmatrix} = \begin{bmatrix} \boldsymbol{I}_{3\times3} & \boldsymbol{0}_{3\times3} \\ \boldsymbol{0}_{3\times3} & \boldsymbol{I}_{3\times3} \\ \boldsymbol{0}_{3\times3} & \boldsymbol{I}_{3\times3} \\ \boldsymbol{0}_{3\times3} & \boldsymbol{0}_{3\times3} \\ \multicolumn{2}{c}{\boldsymbol{0}_{6\times6}} \\ \multicolumn{2}{c}{\boldsymbol{0}_{6\times6}} \\ \multicolumn{2}{c}{\boldsymbol{0}_{6\times6}} \\ \multicolumn{2}{c}{\boldsymbol{0}_{6\times6}} \end{bmatrix} \tag{4-97}$$

满足 $\operatorname{rank}\boldsymbol{Q}_{\mathrm{osa}} = 6 = n$，因此，服务舱姿态完全可观。

3. 舱间相对位置的可观性证明

在满足圆轨道、近距离条件下，舱间相对位置动力学可以由简化的一阶CW动力学方程描述，进而由于轨道角速度近似为定常值，系统可简化为线性定常系统状态方程：

$$\dot{\boldsymbol{X}}_{\mathrm{r}} = \boldsymbol{A}_{\mathrm{r}}\boldsymbol{X}_{\mathrm{r}} + \boldsymbol{B}_{\mathrm{r}}\boldsymbol{U}_{\mathrm{r}} \tag{4-98}$$

$$\boldsymbol{A}_{\mathrm{r}} = \begin{bmatrix} \boldsymbol{0}_{3\times3} & \boldsymbol{I}_{3\times3} \\ \tilde{\boldsymbol{O}}_1 & \tilde{\boldsymbol{O}}_2 \end{bmatrix},\ \boldsymbol{B}_{\mathrm{r}} = \begin{bmatrix} \boldsymbol{0}_{3\times3} \\ \boldsymbol{I}_{3\times3} \end{bmatrix},\ \boldsymbol{U}_{\mathrm{r}} = \boldsymbol{f}_{\mathrm{d}} + \boldsymbol{a}_{\mathrm{p}}\left(1 + \frac{m_{\mathrm{p}}}{m_{\mathrm{s}}}\right) \tag{4-99}$$

选择系统输出量即为状态量，得到系统观测方程：

$$\boldsymbol{y}_{\mathrm{r}} = \boldsymbol{C}_{\mathrm{r}}\boldsymbol{X}_{\mathrm{r}},\ \boldsymbol{C}_{\mathrm{r}} = \boldsymbol{I}_{6\times6} \tag{4-100}$$

则该线性定常系统的可观性矩阵如下：

$$\boldsymbol{Q}_{\text{or}}=\begin{bmatrix}\boldsymbol{C}_{\text{r}}\\ \boldsymbol{C}_{\text{r}}\boldsymbol{A}_{\text{r}}\\ \vdots\\ \boldsymbol{C}_{\text{r}}\boldsymbol{A}_{\text{r}}^{5}\end{bmatrix}=\begin{bmatrix}\boldsymbol{I}_{3\times3} & \boldsymbol{0}_{3\times3}\\ \boldsymbol{0}_{3\times3} & \boldsymbol{I}_{3\times3}\\ \boldsymbol{0}_{3\times3} & \boldsymbol{I}_{3\times3}\\ \tilde{\boldsymbol{O}}_{1} & \tilde{\boldsymbol{O}}_{2}\\ \multicolumn{2}{c}{\boldsymbol{A}_{\text{r}}^{2}}\\ \multicolumn{2}{c}{\boldsymbol{A}_{\text{r}}^{3}}\\ \multicolumn{2}{c}{\boldsymbol{A}_{\text{r}}^{4}}\\ \multicolumn{2}{c}{\boldsymbol{A}_{\text{r}}^{5}}\end{bmatrix} \tag{4-101}$$

满足 $\text{rank}\,\boldsymbol{Q}_{\text{or}}=6=n$，因此，舱间相对位置完全可观。

至此，经过证明，采用整体稳定控制方案时，载荷舱姿态、服务舱姿态、舱间相对位置三部分动力学系统完全可观，从而使得浮体式航天器整体稳定控制的相关状态完全可观，得到如下定理。

定理 12：对于式(4-62)描述的整体稳定控制下的动力学系统，三部分动力学系统均完全可观，整个系统完全可观。

4.2.4　控制器设计与稳定性分析

前述可控性和可观性证明表明，采用整体稳定控制方案，浮体式航天器两舱姿态和舱间相对位置完全可控可观，因此，浮体式航天器姿态的整体稳定控制方案是可行的，可以按照载荷舱姿态、服务舱姿态、舱间相对位置三部分分别设计控制器，进而分别证明闭环系统稳定性，三部分均闭环稳定，则整个浮体式航天器姿态整体稳定控制系统闭环稳定。

需要说明的是，系统的稳定性有内部稳定和外部稳定的区别。内部稳定指的是系统受扰并且扰动消失后，在无控状态下，系统能够从初始偏差状态恢复到平衡状态的性能。外部稳定指的是输入输出稳定，即当系统受到有界的内外部干扰时，在有界的控制输入作用下，系统输出能够保持有界的性能。本书中的闭环稳定性是指外部稳定，即有界控制作用下的系统稳定性。由于前述构建的系统动力学模型均为微分方程组的形式，变量之间耦合关系复杂，难以准确构建系统闭环传递函数，但可以比较方便地写成状态方程形式，因此，本书主要采用现代控制理论中的李雅普诺夫稳定性分析方法，对闭环系统稳定性进行分析证明。

4.2.4.1 李雅普诺夫稳定性分析方法[34]

考虑一个不受外部作用的自治系统,描述系统动态特性的状态方程为

$$\dot{\boldsymbol{x}} = \boldsymbol{f}(\boldsymbol{x},\ t) \tag{4-102}$$

式中,$\boldsymbol{x} = [x_1 \quad x_2 \quad \cdots \quad x_n]^{\mathrm{T}}$,为 n 维状态向量;方程右端函数 $\boldsymbol{f}(\boldsymbol{x},\ t)$ 是 n 维函数向量,且使以状态向量分量为自变量的有界、连续可微单值函数。对于该系统,其李雅普诺夫意义下稳定的定义如下。

定义 5: 设 $\boldsymbol{x}_{\mathrm{e}}$ 是系统的孤立平衡状态,如果对于任意选定的实数 $\varepsilon > 0$,都存在一个实数 $\delta(\varepsilon,\ t_0) > 0$,满足不等式:

$$\| \boldsymbol{x}_0 - \boldsymbol{x}_{\mathrm{e}} \| \leqslant \delta(\varepsilon,\ t_0) \tag{4-103}$$

从任意初始状态 $\boldsymbol{x}_0$ 出发的状态运动 $\boldsymbol{\varphi}(t,\ \boldsymbol{x}_0,\ t_0)$ 对所有时间 $t > t_0$ 都满足:

$$\| \boldsymbol{\varphi}(t,\ \boldsymbol{x}_0,\ t_0) - \boldsymbol{x}_{\mathrm{e}} \| \leqslant \varepsilon \tag{4-104}$$

则称 $\boldsymbol{x}_{\mathrm{e}}$ 是在李雅普诺夫意义下稳定的。

在上述定义中,如果 $\delta(\varepsilon,\ t_0)$ 与初始时刻 t_0 的选择无关,则称平衡状态 $\boldsymbol{x}_{\mathrm{e}}$ 是一致稳定的。进一步,如果孤立平衡状态 $\boldsymbol{x}_{\mathrm{e}}$ 不仅是稳定的,而且当时间趋向无穷时,状态运动 $\boldsymbol{\varphi}(t,\ \boldsymbol{x}_0,\ t_0)$ 无限趋近平衡状态 $\boldsymbol{x}_{\mathrm{e}}$,则称平衡状态 $\boldsymbol{x}_{\mathrm{e}}$ 是渐近稳定的。

不等式 $\| \boldsymbol{x}_0 - \boldsymbol{x}_{\mathrm{e}} \| \leqslant \delta(\varepsilon,\ t_0)$ 表示初始状态 $\boldsymbol{x}_0$ 位于状态空间中以 $\boldsymbol{x}_{\mathrm{e}}$ 为中心,$\delta(\varepsilon,\ t_0)$ 为半径的"球域"内,该"球域"可以记为 $\boldsymbol{S}(\delta)$,称为渐近稳定平衡状态 $\boldsymbol{x}_{\mathrm{e}}$ 的一个吸引域。如果吸引域充满状态空间,则称 $\boldsymbol{x}_{\mathrm{e}}$ 为全局渐近稳定的平衡状态,或大范围渐近稳定的状态。工程问题中,总是希望系统是全局渐近稳定的。

李雅普诺夫第二方法是较为常用的判断闭环系统稳定性的方法,其基本定理如下。

定理 13: 给定一个没有外部输入的系统运动方程和平衡状态:

$$\dot{\boldsymbol{x}} = \boldsymbol{f}(\boldsymbol{x},\ t),\ \boldsymbol{x}_{\mathrm{e}} = \boldsymbol{0} \tag{4-105}$$

假设对该系统可以找到单值标量函数 $V(\boldsymbol{x})$,而且 $V(\boldsymbol{x})$ 对各状态分量均具有一阶连续偏导数。如果 $V(\boldsymbol{x})$ 及其对时间的导数 $\dot{V}(\boldsymbol{x})$ 满足下列条件:

(1) $V(\boldsymbol{x})$ 是正定的,即 $\boldsymbol{x}=\boldsymbol{0}$ 时 $V(\boldsymbol{0})=0$, $\boldsymbol{x}\neq\boldsymbol{0}$ 时 $V(\boldsymbol{0})>0$;

(2) $\dot{V}(\boldsymbol{x})$ 是负定的,则 $\boldsymbol{x}_e=\boldsymbol{0}$ 是局部渐近稳定的平衡状态,并称 $\dot{V}(\boldsymbol{x})$ 是该系统的一个李雅普诺夫函数。

(3) 如果满足 $\lim\limits_{\|\boldsymbol{x}\|\to\infty}V(\boldsymbol{x})=\infty$, 则 $\boldsymbol{x}_e=\boldsymbol{0}$ 是全局渐近稳定的平衡状态。

该定理也被称为李雅普诺夫稳定性的基本定理,给出了判断平衡状态(原点)渐近稳定的充分条件。如果在原点附近找到满足上述条件的李雅普诺夫函数 $V(\boldsymbol{x})$, 则说明原点是渐近稳定的。在许多情况下,李雅普诺夫函数 $V(\boldsymbol{x})$ 可以取为二次型函数,即 $V(\boldsymbol{x})=\boldsymbol{x}^{\mathrm{T}}\boldsymbol{P}\boldsymbol{x}$ 的形式。其中 $\boldsymbol{P}$ 是二次型的加权矩阵,为对称矩阵;根据系统的不同,矩阵元素可以是时变的,也可以是定常的。

对于二阶动力学系统,基于李雅普诺夫稳定性理论,可以进一步得到更有针对性的稳定性判据。考虑下述二阶动力学系统的稳定性问题:

$$\boldsymbol{M}\ddot{\boldsymbol{x}}+\boldsymbol{D}\dot{\boldsymbol{x}}+\boldsymbol{K}\boldsymbol{x}=\boldsymbol{L}\boldsymbol{f} \tag{4-106}$$

式中, $\boldsymbol{M}$、$\boldsymbol{D}$、$\boldsymbol{K}\in\boldsymbol{R}^{n\times n}$ 分别为系统的广义质量阵、广义阻尼阵和广义刚度阵; $\boldsymbol{L}\in\boldsymbol{R}^{n\times r}$ 为广义控制力分布阵; $\boldsymbol{f}\in R^{r}$、$\boldsymbol{x}\in\boldsymbol{R}^{n}$ 分别为广义力(力矩)和广义状态坐标。

上述二阶动力学系统的稳定性由其无外部作用下的自由系统:

$$\boldsymbol{M}\ddot{\boldsymbol{x}}+\boldsymbol{D}\dot{\boldsymbol{x}}+\boldsymbol{K}\boldsymbol{x}=\boldsymbol{0} \tag{4-107}$$

的稳定性完全决定。如果令

$$\boldsymbol{X}=\begin{bmatrix}\boldsymbol{x}\\ \dot{\boldsymbol{x}}\end{bmatrix} \tag{4-108}$$

则在矩阵 $\boldsymbol{M}$ 可逆的条件下,可以导出二阶自由系统的状态空间描述:

$$\dot{\boldsymbol{X}}=\boldsymbol{A}\boldsymbol{X},\ \boldsymbol{A}=\begin{bmatrix}\boldsymbol{0} & \boldsymbol{I}\\ -\boldsymbol{M}^{-1}\boldsymbol{K} & -\boldsymbol{M}^{-1}\boldsymbol{D}\end{bmatrix} \tag{4-109}$$

上述二阶动力学系统渐近稳定的充分条件为

$$\boldsymbol{M}>0,\ \boldsymbol{D}^{\mathrm{T}}+\boldsymbol{D}>0,\ \boldsymbol{K}>0 \tag{4-110}$$

该判据将二阶微分动力学系统的稳定性判定问题转化为矩阵正定性的判定问题,相比传统方法更加简单方便。

4.2.4.2 稳定控制模式

本节阐述浮体式航天器在对地稳定控制模式下的系统控制器设计与稳定性分析问题。

1. 载荷舱姿态控制

对地稳定指向控制下，载荷舱三轴欧拉角要求控制到0，满足小角度假设，忽略二阶小量，由欧拉角表示的姿态动力学方程，可以将载荷舱姿态动力学描述为线性定常系统：

$$\dot{\boldsymbol{X}}_{\mathrm{pa}} = \boldsymbol{A}_{\mathrm{pa}}\boldsymbol{X}_{\mathrm{pa}} + \boldsymbol{B}_{\mathrm{pa}}\boldsymbol{U}_{\mathrm{pa}} \tag{4-111}$$

对地稳定控制目标是将系统状态 $\boldsymbol{X}_{\mathrm{pa}}$ 控制到0，因此可以直接分析系统在原点附近的稳定性。令

$$\boldsymbol{X}_{\mathrm{pa0}} = [\varphi_{\mathrm{p}} \quad \theta_{\mathrm{p}} \quad \psi_{\mathrm{p}}]^{\mathrm{T}},\ \dot{\boldsymbol{X}}_{\mathrm{pa0}} = [\dot{\varphi}_{\mathrm{p}} \quad \dot{\theta}_{\mathrm{p}} \quad \dot{\psi}_{\mathrm{p}}]^{\mathrm{T}} \tag{4-112}$$

按照常规 PD 控制，设计控制律

$$\boldsymbol{T}_{\mathrm{pc}} = -\boldsymbol{K}_{\mathrm{ppa}}\boldsymbol{X}_{\mathrm{pa0}} - \boldsymbol{K}_{\mathrm{dpa}}\dot{\boldsymbol{X}}_{\mathrm{pa0}}$$

式中，$\boldsymbol{K}_{\mathrm{ppa}} \in \boldsymbol{R}^{3\times3}$、$\boldsymbol{K}_{\mathrm{dpa}} \in \boldsymbol{R}^{3\times3}$ 为正定对角增益矩阵，则系统可以写成：

$$\ddot{\boldsymbol{X}}_{\mathrm{pa0}} + \boldsymbol{I}_{\mathrm{p}}^{-1}\boldsymbol{K}_{\mathrm{dpa}}\dot{\boldsymbol{X}}_{\mathrm{pa0}} + \boldsymbol{I}_{\mathrm{p}}^{-1}\boldsymbol{K}_{\mathrm{ppa}}\boldsymbol{X}_{\mathrm{pa0}} = \boldsymbol{I}_{\mathrm{p}}^{-1}\boldsymbol{T}_{\mathrm{pd}} \tag{4-113}$$

可见系统为典型二阶动力学系统，对应自由系统描述为

$$\ddot{\boldsymbol{X}}_{\mathrm{pa0}} + \boldsymbol{I}_{\mathrm{p}}^{-1}\boldsymbol{K}_{\mathrm{dpa}}\dot{\boldsymbol{X}}_{\mathrm{pa0}} + \boldsymbol{I}_{\mathrm{p}}^{-1}\boldsymbol{K}_{\mathrm{ppa}}\boldsymbol{X}_{\mathrm{pa0}} = \boldsymbol{0} \tag{4-114}$$

由前述判据，考察各阶状态系数矩阵正定性即可判定系统是否稳定。由于 $\boldsymbol{I}_{\mathrm{p}}^{-1}$、$\boldsymbol{K}_{\mathrm{ppa}}$、$\boldsymbol{K}_{\mathrm{dpa}}$ 均为正定矩阵，得到：

$$\boldsymbol{I}_{3\times3} > 0,\ (\boldsymbol{I}_{\mathrm{p}}^{-1}\boldsymbol{K}_{\mathrm{dpa}})^{\mathrm{T}} + \boldsymbol{I}_{\mathrm{p}}^{-1}\boldsymbol{K}_{\mathrm{dpa}} > 0,\ \boldsymbol{I}_{\mathrm{p}}^{-1}\boldsymbol{K}_{\mathrm{ppa}} > 0 \tag{4-115}$$

满足闭环系统渐近稳定条件，因此，在对地稳定的小角度假设下，采用上述 PD 控制律时，载荷舱姿态控制闭环系统渐近稳定到原点。

同样可以基于李雅普诺夫第二方法证明系统闭环稳定性。基于上述 PD 控制器，自由系统可以写成：

$$\dot{\boldsymbol{X}}_{\mathrm{pa}} = \begin{bmatrix} \boldsymbol{0}_{3\times3} & \boldsymbol{I}_{3\times3} \\ -\boldsymbol{I}_{\mathrm{p}}^{-1}\boldsymbol{K}_{\mathrm{ppa}} & -\boldsymbol{I}_{\mathrm{p}}^{-1}\boldsymbol{K}_{\mathrm{dpa}} \end{bmatrix} \boldsymbol{X}_{\mathrm{pa}} \tag{4-116}$$

定义李雅普诺夫函数：

$$V(\boldsymbol{x}) = \frac{1}{2}\boldsymbol{X}_{\text{pa}}^{\text{T}}\boldsymbol{X}_{\text{pa}} \tag{4-117}$$

则 $V(\boldsymbol{x})$ 沿闭环系统的导数满足：

$$\begin{aligned}\dot{V}(\boldsymbol{x}) &= \boldsymbol{X}_{\text{pa}}^{\text{T}}\dot{\boldsymbol{X}}_{\text{pa}} \\ &= \boldsymbol{X}_{\text{pa}}^{\text{T}}\begin{bmatrix}\boldsymbol{0}_{3\times3} & \boldsymbol{I}_{3\times3} \\ -\boldsymbol{I}_{\text{p}}^{-1}\boldsymbol{K}_{\text{ppa}} & -\boldsymbol{I}_{\text{p}}^{-1}\boldsymbol{K}_{\text{dpa}}\end{bmatrix}\boldsymbol{X}_{\text{pa}}\end{aligned} \tag{4-118}$$

由于 $\boldsymbol{I}_{\text{p}}^{-1}$、$\boldsymbol{K}_{\text{ppa}}$、$\boldsymbol{K}_{\text{dpa}}$ 均为正定矩阵，因此，$\dot{V}(\boldsymbol{x}) < 0$，且 $\lim\limits_{\|\boldsymbol{x}\|\to\infty} V(\boldsymbol{x}) = \infty$，可见，采用上述 PD 控制律的载荷舱姿态控制闭环系统在原点全局渐近稳定。

2. 服务舱姿态控制

对地稳定指向控制下，对系统动力学模型按照小角度假设进行简化，令

$$\boldsymbol{X}_{\text{sa0}} = [\varphi_{\text{s}} \quad \theta_{\text{s}} \quad \psi_{\text{s}}]^{\text{T}},\ \dot{\boldsymbol{X}}_{\text{sa0}} = [\dot{\varphi}_{\text{s}} \quad \dot{\theta}_{\text{s}} \quad \dot{\psi}_{\text{s}}]^{\text{T}} \tag{4-119}$$

按照常规 PD 控制，设计控制律：

$$\boldsymbol{T}_{\text{sc}} = -\boldsymbol{K}_{\text{psa}}\boldsymbol{X}_{\text{sa0}} - \boldsymbol{K}_{\text{dsa}}\dot{\boldsymbol{X}}_{\text{sa0}} - \tilde{\boldsymbol{T}}_{\text{dinter}}$$

式中，$\boldsymbol{K}_{\text{psa}} \in \boldsymbol{R}^{3\times3}$、$\boldsymbol{K}_{\text{dsa}} \in \boldsymbol{R}^{3\times3}$ 为正定对角增益矩阵，$\tilde{\boldsymbol{T}}_{\text{dinter}}$ 为服务舱受到的作动干扰力矩的补偿力矩，可由式(4-120)计算得到：

$$\tilde{\boldsymbol{T}}_{\text{dinter}} = \boldsymbol{A}_{\text{s}T}\boldsymbol{F}_{\text{all}} = \boldsymbol{A}_{\text{s}T}[(\boldsymbol{A}_{\text{p}FT})^{\text{T}}\boldsymbol{A}_{\text{p}FT}]^{-1}(\boldsymbol{A}_{\text{p}FT})^{\text{T}}\begin{bmatrix}\boldsymbol{F}_{\text{pc}} \\ \boldsymbol{T}_{\text{pc}}\end{bmatrix} \tag{4-120}$$

将控制器代入小角度假设简化后的服务舱姿态动力学方程，则系统可以写成：

$$\ddot{\boldsymbol{X}}_{\text{sa0}} + \boldsymbol{I}_{\text{s}}^{-1}\boldsymbol{K}_{\text{dsa}}\dot{\boldsymbol{X}}_{\text{sa0}} + \boldsymbol{I}_{\text{s}}^{-1}\boldsymbol{K}_{\text{psa}}\boldsymbol{X}_{\text{sa0}} = \boldsymbol{I}_{\text{s}}^{-1}\hat{\boldsymbol{T}}_{\text{s}\delta} \tag{4-121}$$

式中，$\hat{\boldsymbol{T}}_{\text{s}\delta}$ 为补偿作动干扰力矩后的剩余干扰力矩，满足：

$$\hat{\boldsymbol{T}}_{\text{s}\delta} = \boldsymbol{T}_{\text{de}} + \boldsymbol{T}_{\text{d}\eta} + \boldsymbol{T}_{\text{dinter}} - \tilde{\boldsymbol{T}}_{\text{dinter}} \tag{4-122}$$

可见系统为典型二阶动力学系统，对应自由系统描述为

$$\ddot{\boldsymbol{X}}_{\text{sa0}} + \boldsymbol{I}_{\text{s}}^{-1}\boldsymbol{K}_{\text{dsa}}\dot{\boldsymbol{X}}_{\text{sa0}} + \boldsymbol{I}_{\text{s}}^{-1}\boldsymbol{K}_{\text{psa}}\boldsymbol{X}_{\text{sa0}} = \boldsymbol{0} \tag{4-123}$$

由前述判据，考察各阶状态系数矩阵正定性即可判定系统是否稳定。由于 $\boldsymbol{I}_{\mathrm{s}}^{-1}$、$\boldsymbol{K}_{\mathrm{psa}}$、$\boldsymbol{K}_{\mathrm{dsa}}$ 均为正定矩阵，得到：

$$\boldsymbol{I}_{3\times3} > 0,\ (\boldsymbol{I}_{\mathrm{s}}^{-1}\boldsymbol{K}_{\mathrm{dsa}})^{\mathrm{T}} + \boldsymbol{I}_{\mathrm{s}}^{-1}\boldsymbol{K}_{\mathrm{dsa}} > 0,\ \boldsymbol{I}_{\mathrm{s}}^{-1}\boldsymbol{K}_{\mathrm{psa}} > 0 \tag{4-124}$$

满足闭环系统渐近稳定条件，因此，采用上述 PD 控制律的服务舱姿态控制闭环系统渐近稳定。

基于李雅普诺夫第二方法证明系统闭环稳定性。采用上述 PD 控制器，自由系统可以写成：

$$\dot{\boldsymbol{X}}_{\mathrm{sa}} = \begin{bmatrix} \boldsymbol{0}_{3\times3} & \boldsymbol{I}_{3\times3} \\ -\boldsymbol{I}_{\mathrm{s}}^{-1}\boldsymbol{K}_{\mathrm{psa}} & -\boldsymbol{I}_{\mathrm{s}}^{-1}\boldsymbol{K}_{\mathrm{dsa}} \end{bmatrix}\boldsymbol{X}_{\mathrm{sa}} \tag{4-125}$$

定义李雅普诺夫函数：

$$V(\boldsymbol{x}) = \frac{1}{2}\boldsymbol{X}_{\mathrm{sa}}^{\mathrm{T}}\boldsymbol{X}_{\mathrm{sa}} \tag{4-126}$$

则 $V(\boldsymbol{x})$ 沿闭环系统的导数满足：

$$\begin{aligned} \dot{V}(\boldsymbol{x}) &= \boldsymbol{X}_{\mathrm{sa}}^{\mathrm{T}}\dot{\boldsymbol{X}}_{\mathrm{sa}} \\ &= \boldsymbol{X}_{\mathrm{sa}}^{\mathrm{T}}\begin{bmatrix} \boldsymbol{0}_{3\times3} & \boldsymbol{I}_{3\times3} \\ -\boldsymbol{I}_{\mathrm{s}}^{-1}\boldsymbol{K}_{\mathrm{psa}} & -\boldsymbol{I}_{\mathrm{s}}^{-1}\boldsymbol{K}_{\mathrm{dsa}} \end{bmatrix}\boldsymbol{X}_{\mathrm{sa}} \end{aligned} \tag{4-127}$$

由于 $\boldsymbol{I}_{\mathrm{s}}^{-1}$、$\boldsymbol{K}_{\mathrm{psa}}$、$\boldsymbol{K}_{\mathrm{dsa}}$ 均为正定矩阵，因此，$\dot{V}(\boldsymbol{x}) < 0$，且 $\lim_{\|\boldsymbol{x}\|\to\infty} V(\boldsymbol{x}) = \infty$，可见，采用上述 PD 控制律的服务舱姿态控制闭环系统在原点全局渐近稳定。

3. 舱间相对位置控制

对于舱间相对位置控制，分别设计 PD 控制律和滑模控制律，并分别采用不同方法证明闭环系统稳定性。

1）常规 PD 控制器设计

在满足圆轨道、近距离等条件下，舱间相对位置动力学可以采用一阶 CW 方程描述。进而考虑舱间相对位置控制的目标是使得相对位置状态维持在期望状态 $\boldsymbol{r}_{\mathrm{d}}$、$\dot{\boldsymbol{r}}_{\mathrm{d}}$、$\ddot{\boldsymbol{r}}_{\mathrm{d}}$，由此可以建立控制偏差 $\boldsymbol{e}_{\mathrm{r}}$ 为状态的系统状态方程：

$$\ddot{\boldsymbol{e}}_{\mathrm{r}} = \tilde{\boldsymbol{O}}_1\boldsymbol{e}_{\mathrm{r}} + \tilde{\boldsymbol{O}}_2\dot{\boldsymbol{e}}_{\mathrm{r}} + \tilde{\boldsymbol{O}}_1\boldsymbol{r}_{\mathrm{d}} + \tilde{\boldsymbol{O}}_2\dot{\boldsymbol{r}}_{\mathrm{d}} - \ddot{\boldsymbol{r}}_{\mathrm{d}} + \boldsymbol{a}_{\mathrm{p}}\gamma_{\mathrm{m}} + \boldsymbol{f}_{\mathrm{d}} \tag{4-128}$$

式中，系数 $\gamma_{\mathrm{m}} = 1 + \dfrac{m_{\mathrm{p}}}{m_{\mathrm{s}}}$。

该系统的控制目标为最终使得 $\boldsymbol{e}_{\mathrm{r}}=0$，$\dot{\boldsymbol{e}}_{\mathrm{r}}=0$，$\ddot{\boldsymbol{e}}_{\mathrm{r}}=0$，考察该系统在原点的稳定性，即等价于原系统在期望状态的稳定性。

采用常规 PD 控制方法，对该系统设计控制律如下：

$$\boldsymbol{a}_{\mathrm{p}} = (-\boldsymbol{K}_{\mathrm{pr}}\boldsymbol{e}_{\mathrm{r}} - \boldsymbol{K}_{\mathrm{dr}}\dot{\boldsymbol{e}}_{\mathrm{r}} - \tilde{\boldsymbol{O}}_1\boldsymbol{r}_{\mathrm{d}} - \tilde{\boldsymbol{O}}_2\dot{\boldsymbol{r}}_{\mathrm{d}} + \ddot{\boldsymbol{r}}_{\mathrm{d}})\gamma_{\mathrm{m}}^{-1} \tag{4-129}$$

式中，$(\ddot{\boldsymbol{r}}_{\mathrm{d}} - \tilde{\boldsymbol{O}}_1\boldsymbol{r}_{\mathrm{d}} - \tilde{\boldsymbol{O}}_2\dot{\boldsymbol{r}}_{\mathrm{d}})\gamma_{\mathrm{m}}^{-1}$ 为载荷舱姿态运动耦合下期望状态牵连变化的补偿加速度。在对地稳态下，载荷舱本体坐标系相对于轨道坐标系的角速度和角加速度 $\boldsymbol{\omega}_{\mathrm{po}}$、$\dot{\boldsymbol{\omega}}_{\mathrm{po}}$ 近似为 0，使得服务舱质心在载荷舱轨道坐标系下的期望相对速度和加速度 $\dot{\boldsymbol{r}}_{\mathrm{d}}$、$\ddot{\boldsymbol{r}}_{\mathrm{d}}$ 近似为 0。因此在对地稳态下，舱间相对位置动力学状态方程和对应 PD 控制律可以分别简化为

$$\ddot{\boldsymbol{e}}_{\mathrm{r}} = \tilde{\boldsymbol{O}}_1\boldsymbol{e}_{\mathrm{r}} + \tilde{\boldsymbol{O}}_2\dot{\boldsymbol{e}}_{\mathrm{r}} + \tilde{\boldsymbol{O}}_1\boldsymbol{r}_{\mathrm{d}} + \boldsymbol{a}_{\mathrm{p}}\gamma_{\mathrm{m}} + \boldsymbol{f}_{\mathrm{d}} \tag{4-130}$$

$$\boldsymbol{a}_{\mathrm{p}} = (-\boldsymbol{K}_{\mathrm{pr}}\boldsymbol{e}_{\mathrm{r}} - \boldsymbol{K}_{\mathrm{dr}}\dot{\boldsymbol{e}}_{\mathrm{r}} - \tilde{\boldsymbol{O}}_1\boldsymbol{r}_{\mathrm{d}})\gamma_{\mathrm{m}}^{-1} \tag{4-131}$$

将舱间相对位置 PD 控制律代入系统状态方程，得到：

$$\ddot{\boldsymbol{e}}_{\mathrm{r}} + (\boldsymbol{K}_{\mathrm{dr}} - \tilde{\boldsymbol{O}}_2)\dot{\boldsymbol{e}}_{\mathrm{r}} + (\boldsymbol{K}_{\mathrm{pr}} - \tilde{\boldsymbol{O}}_1)\boldsymbol{e}_{\mathrm{r}} = \boldsymbol{f}_{\mathrm{d}} \tag{4-132}$$

可见，采用设计的 PD 控制律，系统转化为线性定常二阶动力学系统，对应自由系统为

$$\ddot{\boldsymbol{e}}_{\mathrm{r}} + (\boldsymbol{K}_{\mathrm{dr}} - \tilde{\boldsymbol{O}}_2)\dot{\boldsymbol{e}}_{\mathrm{r}} + (\boldsymbol{K}_{\mathrm{pr}} - \tilde{\boldsymbol{O}}_1)\boldsymbol{e}_{\mathrm{r}} = 0 \tag{4-133}$$

根据二阶动力学系统稳定性判据，上述系统渐近稳定的充分条件为

$$(\boldsymbol{K}_{\mathrm{dr}} - \tilde{\boldsymbol{O}}_2)^{\mathrm{T}} + (\boldsymbol{K}_{\mathrm{dr}} - \tilde{\boldsymbol{O}}_2) > 0,\ (\boldsymbol{K}_{\mathrm{pr}} - \tilde{\boldsymbol{O}}_1) > 0 \tag{4-134}$$

可见，采用式(4-129)和式(4-131)描述的控制律，通过设计增益矩阵 $\boldsymbol{K}_{\mathrm{dr}}$、$\boldsymbol{K}_{\mathrm{pr}}$，使得上述不等式成立时，式(4-128)和式(4-130)描述的以控制偏差为状态的二阶动力学系统渐近稳定到原点，此时式(3-84)描述的舱间相对位置动力学系统渐近稳定到期望状态。

2）滑模控制器设计

对于式(4-128)描述的以控制偏差为状态的二阶动力学系统，基于传统滑模控制理论，定义滑模面的切换函数为

$$\boldsymbol{s}=\dot{\boldsymbol{e}}_{\mathrm{r}}+\boldsymbol{\lambda}\boldsymbol{e}_{\mathrm{r}} \tag{4-135}$$

式中，$\boldsymbol{\lambda}$ 为六阶正定对角矩阵，即

$$\boldsymbol{\lambda}=\mathrm{diag}(\lambda_1,\ \cdots,\ \lambda_6),\ \lambda_i>0,\ i=1,\ 2,\ \cdots,\ 6 \tag{4-136}$$

滑模面的一阶导数可以表示为

$$\dot{\boldsymbol{s}}=\ddot{\boldsymbol{e}}_{\mathrm{r}}+\boldsymbol{\lambda}\dot{\boldsymbol{e}}_{\mathrm{r}} \tag{4-137}$$

代入上述动力学方程，可以得到：

$$\dot{\boldsymbol{s}}=\tilde{\boldsymbol{O}}_1\boldsymbol{e}_{\mathrm{r}}+\tilde{\boldsymbol{O}}_2\dot{\boldsymbol{e}}_{\mathrm{r}}+\tilde{\boldsymbol{O}}_1\boldsymbol{r}_{\mathrm{d}}+\tilde{\boldsymbol{O}}_2\dot{\boldsymbol{r}}_{\mathrm{d}}-\ddot{\boldsymbol{r}}_{\mathrm{d}}+\boldsymbol{a}_{\mathrm{p}}\gamma_{\mathrm{m}}+\boldsymbol{f}_{\mathrm{d}}+\boldsymbol{\lambda}\dot{\boldsymbol{e}}_{\mathrm{r}} \tag{4-138}$$

当 $\boldsymbol{s}=0$ 时，系统状态处于滑模面上，偏差 $\boldsymbol{e}_{\mathrm{r}}$ 和 $\dot{\boldsymbol{e}}_{\mathrm{r}}$ 趋近于 0，满足控制目标。为保证 $\boldsymbol{s}$ 从初始状态趋近到 0，即到达滑模面，设计 $\boldsymbol{s}$ 满足指数趋近率，即

$$\dot{\boldsymbol{s}}=-\boldsymbol{k}\boldsymbol{s}-\boldsymbol{\varepsilon}\mathrm{sign}(\boldsymbol{s}) \tag{4-139}$$

式中，$\boldsymbol{k}$ 和 $\boldsymbol{\varepsilon}$ 为六阶正定对称阵，$\mathrm{sign}(\boldsymbol{s})$ 为 $\boldsymbol{s}$ 对应的符号函数取值，具体表达式分别为

$$\boldsymbol{k}=\mathrm{diag}(k_1,\ \cdots,\ k_6),\ k_i>0,\ i=1,\ 2,\ \cdots,\ 6 \tag{4-140}$$

$$\boldsymbol{\varepsilon}=\mathrm{diag}(\varepsilon_1,\ \cdots,\ \varepsilon_6),\ \varepsilon_i>0,\ i=1,\ 2,\ \cdots,\ 6 \tag{4-141}$$

$$\mathrm{sign}(\boldsymbol{s})=[\mathrm{sign}(s_1),\ \cdots,\ \mathrm{sign}(s_6)]^{\mathrm{T}} \tag{4-142}$$

$$\mathrm{sign}(s_i)=\begin{cases}1, & s_i>0,\\ [-1,\ 1], & s_i=0,\ i=1,\ 2,\ \cdots,\ 6\\ -1, & s_i<0,\end{cases} \tag{4-143}$$

联立上述各式，考虑实际工程中外界干扰难以准确估计得到，因此将其作为系统不确定性项，在控制律中忽略，可得控制律：

$$\boldsymbol{a}_{\mathrm{p}}=-[(\tilde{\boldsymbol{O}}_1+\boldsymbol{k}\boldsymbol{\lambda})\boldsymbol{e}_{\mathrm{r}}+(\tilde{\boldsymbol{O}}_2+\boldsymbol{\lambda}+\boldsymbol{k})\dot{\boldsymbol{e}}_{\mathrm{r}}+\tilde{\boldsymbol{O}}_1\boldsymbol{r}_{\mathrm{d}}+\tilde{\boldsymbol{O}}_2\dot{\boldsymbol{r}}_{\mathrm{d}}-\ddot{\boldsymbol{r}}_{\mathrm{d}}+\boldsymbol{\varepsilon}\mathrm{sign}(\boldsymbol{s})]\gamma_{\mathrm{m}}^{-1} \tag{4-144}$$

在对地稳态下，由于期望相对速度和加速度 $\dot{\boldsymbol{r}}_{\mathrm{d}}$、$\ddot{\boldsymbol{r}}_{\mathrm{d}}$ 近似为 0，舱间相对位置动力学状态方程和对应滑模控制律可以分别简化为

$$\ddot{\boldsymbol{e}}_{\mathrm{r}}=\tilde{\boldsymbol{O}}_1\boldsymbol{e}_{\mathrm{r}}+\tilde{\boldsymbol{O}}_2\dot{\boldsymbol{e}}_{\mathrm{r}}+\tilde{\boldsymbol{O}}_1\boldsymbol{r}_{\mathrm{d}}+\boldsymbol{a}_{\mathrm{p}}\gamma_{\mathrm{m}}+\boldsymbol{f}_{\mathrm{d}} \tag{4-145}$$

$$\boldsymbol{a}_{\mathrm{p}} = -\left[(\tilde{\boldsymbol{O}}_1 + \boldsymbol{k\lambda})\boldsymbol{e}_{\mathrm{r}} + (\tilde{\boldsymbol{O}}_2 + \boldsymbol{\lambda} + \boldsymbol{k})\dot{\boldsymbol{e}}_{\mathrm{r}} + \tilde{\boldsymbol{O}}_1\boldsymbol{r}_{\mathrm{d}} + \boldsymbol{\varepsilon}\mathrm{sign}(\boldsymbol{s})\right]\boldsymbol{\gamma}_{\mathrm{m}}^{-1} \tag{4-146}$$

将舱间相对位置滑模控制律代入系统状态方程，得到：

$$\ddot{\boldsymbol{e}}_{\mathrm{r}} + (\boldsymbol{\lambda} + \boldsymbol{k})\dot{\boldsymbol{e}}_{\mathrm{r}} + \boldsymbol{k\lambda e}_{\mathrm{r}} + \boldsymbol{\varepsilon}\mathrm{sign}(\boldsymbol{s}) = \boldsymbol{f}_{\mathrm{d}} \tag{4-147}$$

可见系统转化为典型二阶动力学系统，且各阶状态的系数矩阵均为正定阵。

采用李雅普诺夫第二方法证明闭环系统稳定性，考虑滑模面的切换函数实际为状态量 $\boldsymbol{e}_{\mathrm{r}}$ 和 $\dot{\boldsymbol{e}}_{\mathrm{r}}$ 的函数，选取 Lyapunov 函数为

$$V = \frac{1}{2}\boldsymbol{s}^{\mathrm{T}}\boldsymbol{s} \tag{4-148}$$

则 Lyapunov 函数的一阶导数满足：

$$\begin{aligned}\dot{V} &= \boldsymbol{s}^{\mathrm{T}}\dot{\boldsymbol{s}} \\ &= -\boldsymbol{s}^{\mathrm{T}}\boldsymbol{ks} - \boldsymbol{s}^{\mathrm{T}}\boldsymbol{\varepsilon}\mathrm{sign}(\boldsymbol{s}) \\ &\leqslant -k_{\min}\boldsymbol{s}^{\mathrm{T}}\boldsymbol{s} - \varepsilon_{\min}\boldsymbol{s}^{\mathrm{T}}\mathrm{sign}(\boldsymbol{s}) \\ &\leqslant -k_{\min}\boldsymbol{s}^{\mathrm{T}}\boldsymbol{s} - \varepsilon_{\min}\|\boldsymbol{s}\| \\ &= -2k_{\min}V - \sqrt{2}\varepsilon_{\min}V^{1/2}\end{aligned} \tag{4-149}$$

式中，$k_{\min} = \min\{k_1, \cdots, k_n\}$；$\varepsilon_{\min} = \min\{\varepsilon_1, \cdots, \varepsilon_n\}$。可知 $\dot{V} < 0$，因此，采用上述滑模控制律，舱间相对位置控制闭环系统的控制偏差状态量渐近稳定到 0，即舱间相对位置能够渐近稳定到期望状态。

4. 对地稳定模式下的闭环稳定性分析

首先，根据 2.3.6.2 小节浮体式航天器非接触整体控制稳定的定义，容易得到以下定理。

定理 14：不考虑外部空间环境干扰，若载荷舱指向控制偏差稳定，服务舱和舱间距离控制稳定，则可判定浮体式航天器整体控制稳定。

前面根据李雅普诺夫稳定性定义和判定方法，在对地稳态模式下，针对浮体式航天器整体稳定控制系统的载荷舱姿态、服务舱姿态、舱间相对位置三部分动力学系统，分别设计了控制器，并对应证明了闭环系统稳定性。综合上述设计与分析，按照对地稳态姿态控制模式，采用设计的三部分控制律，构成渐近稳定的浮体式航天器整体稳定控制系统，总结如下。

对地稳态的小角度假设下,设计的载荷舱姿态控制律:

$$\boldsymbol{T}_{\mathrm{pc}} = -\boldsymbol{K}_{\mathrm{ppa}}\boldsymbol{X}_{\mathrm{pa0}} - \boldsymbol{K}_{\mathrm{dpa}}\dot{\boldsymbol{X}}_{\mathrm{pa0}} \tag{4-150}$$

服务舱姿态控制律:

$$\boldsymbol{T}_{\mathrm{sc}} = -\boldsymbol{K}_{\mathrm{psa}}X_{\mathrm{sa0}} - \boldsymbol{K}_{\mathrm{dsa}}\dot{\boldsymbol{X}}_{\mathrm{sa0}} - \tilde{\boldsymbol{T}}_{\mathrm{dinter}} \tag{4-151}$$

舱间相对位置 PD 控制律:

$$\boldsymbol{a}_{\mathrm{p}} = (-\boldsymbol{K}_{\mathrm{pr}}\boldsymbol{e}_{\mathrm{r}} - \boldsymbol{K}_{\mathrm{dr}}\dot{\boldsymbol{e}}_{\mathrm{r}} - \tilde{\boldsymbol{O}}_1\boldsymbol{r}_{\mathrm{d}})\gamma_{\mathrm{m}}^{-1} \tag{4-152}$$

舱间相对位置滑模控制律:

$$\boldsymbol{a}_{\mathrm{p}} = -[(\tilde{\boldsymbol{O}}_1 + \boldsymbol{k\lambda})\boldsymbol{e}_{\mathrm{r}} + (\tilde{\boldsymbol{O}}_2 + \boldsymbol{\lambda} + \boldsymbol{k})\dot{\boldsymbol{e}}_{\mathrm{r}} + \tilde{\boldsymbol{O}}_1\boldsymbol{r}_{\mathrm{d}} + \boldsymbol{\varepsilon}\mathrm{sign}(\boldsymbol{s})]\gamma_{\mathrm{m}}^{-1} \tag{4-153}$$

可见,载荷舱姿态和服务舱姿态均采用常规 PD 控制,舱间相对位置控制分别设计了 PD 控制律和滑模控制律,理论证明表明,在所设计的控制律下,两舱姿态均能渐近稳定到原点或期望姿态,舱间相对位置能够渐近稳定到期望状态,从而得到如下定理:

定理 15: 对于式(4-62)描述的整体稳定控制下的动力学系统,在对地稳态模式下,采用式(4-150)~式(4-153)描述的控制律,在有界干扰下,载荷舱和服务舱姿态均能渐近稳定到 0,舱间相对位置能够渐近稳定到期望状态,整体稳定控制系统渐近稳定。

进一步考虑上述控制律在整体稳定控制系统中的具体实现问题。采用舱间作动执行机构和服务舱上飞轮输出按照控制律求解得到的指令控制力和力矩,通过简单设计可以有效避免三部分控制之间相互耦合干扰,简要分析如下。

载荷舱姿态控制指令力矩 $\boldsymbol{T}_{\mathrm{pc}}$ 即为直接作用在载荷舱本体坐标系上的期望控制力矩 $\boldsymbol{T}_{\mathrm{pc}}^{\mathrm{p}}$。对于载荷舱本体坐标系下的期望控制力 $\boldsymbol{F}_{\mathrm{pc}}^{\mathrm{p}}$,则需要由载荷舱轨道坐标系下的舱间相对位置控制指令加速度 $\boldsymbol{a}_{\mathrm{p}}$ 计算得到,即

$$\boldsymbol{F}_{\mathrm{pc}}^{\mathrm{p}} = \boldsymbol{A}_{\mathrm{pbpo}}\boldsymbol{a}_{\mathrm{p}}m_{\mathrm{p}} \tag{4-154}$$

式中,$\boldsymbol{A}_{\mathrm{pbpo}}$ 为载荷舱轨道坐标系到载荷舱本体坐标系的坐标转换矩阵。

为避免控制执行输出在三部分动力学系统之间造成耦合干扰,可以设计舱间作动执行机构只按照载荷舱本体所需的控制力和控制力矩输出作用力,此时根据前述舱间作动执行机构的作用模型,可以计算得到每个舱间作动执

行机构的期望输出力：

$$\boldsymbol{F}_{\mathrm{all}} = [(\boldsymbol{A}_{\mathrm{p}FT})^{\mathrm{T}}\boldsymbol{A}_{\mathrm{p}FT}]^{-1}(\boldsymbol{A}_{\mathrm{p}FT})^{\mathrm{T}}\begin{bmatrix}\boldsymbol{F}_{\mathrm{pc}}^{\mathrm{p}}\\ \boldsymbol{T}_{\mathrm{pc}}^{\mathrm{p}}\end{bmatrix} \tag{4-155}$$

由上述等式关系，通过求解伪逆矩阵得到的各作动机构输出力，在载荷舱上形成的合成力和力矩分别等于期望控制力和力矩。因此，对于载荷舱，该分配等式有解的情况下，舱间作动执行机构可以同时输出载荷舱姿态控制指令力矩 $\boldsymbol{T}_{\mathrm{pc}}^{\mathrm{p}}$、载荷舱质心位移期望控制力 $\boldsymbol{F}_{\mathrm{pc}}^{\mathrm{p}}$，且理论上可以避免两部分执行输出之间的耦合干扰。上述等式有解的前提，是矩阵 $[(\boldsymbol{A}_{\mathrm{p}FT})^{\mathrm{T}}\boldsymbol{A}_{\mathrm{p}FT}]$ 满秩。该条件可以进一步转化为对舱间作动执行机构布局参数的约束。

考虑实际执行偏差，舱间作动执行机构按照 $\boldsymbol{F}_{\mathrm{all}}$ 实际输出作用力 $\boldsymbol{F}_{\mathrm{all}}^{*}$，会对服务舱同时产生的反作用力，对服务舱带来的本体系下合成力 $\boldsymbol{F}_{\mathrm{s}}^{\mathrm{s}}$ 与力矩 $\boldsymbol{T}_{\mathrm{s}}^{\mathrm{s}}$ 由作动执行机构在服务舱本体坐标系下的布局参数 $\boldsymbol{A}_{\mathrm{s}FT}$ 决定：

$$\begin{bmatrix}\boldsymbol{F}_{\mathrm{s}}^{\mathrm{s}}\\ \boldsymbol{T}_{\mathrm{s}}^{\mathrm{s}}\end{bmatrix} = \begin{bmatrix}\boldsymbol{A}_{\mathrm{s}F}\\ \boldsymbol{A}_{\mathrm{s}T}\end{bmatrix}\boldsymbol{F}_{\mathrm{all}}^{*} = \boldsymbol{A}_{\mathrm{s}FT}\boldsymbol{F}_{\mathrm{all}}^{*} \tag{4-156}$$

对于合成力 $\boldsymbol{F}_{\mathrm{s}}^{\mathrm{s}}$，在两舱非接触的状态下，两舱本体坐标系基本平行（很容易通过舱间结构设计保证），各作动执行机构输出力在载荷舱本体坐标系和服务舱本体坐标系的作用力基本满足大小相等、方向相反，即近似满足

$$\boldsymbol{F}_{\mathrm{s}}^{\mathrm{s}} = -\boldsymbol{F}_{\mathrm{pc}}^{\mathrm{p}} = -\boldsymbol{A}_{\mathrm{pbpo}}\boldsymbol{a}_{\mathrm{p}}m_{\mathrm{p}}$$

因此，服务舱本体系下质心受到的位移加速度近似为

$$\boldsymbol{a}_{\mathrm{s}}^{\mathrm{s}} = -\boldsymbol{A}_{\mathrm{pbpo}}\boldsymbol{a}_{\mathrm{p}}m_{\mathrm{p}}/m_{\mathrm{s}}$$

进一步考虑服务舱和载荷舱轨道坐标系近似平行，服务舱轨道坐标系下质心位移加速度

$$\boldsymbol{a}_{\mathrm{s}} = -\boldsymbol{a}_{\mathrm{p}}m_{\mathrm{p}}/m_{\mathrm{s}}$$

由此可见，舱间作动执行机构输出力 $\boldsymbol{F}_{\mathrm{all}}$，为舱间相对位置运动带来放大系数 $\gamma_{\mathrm{m}} = 1 + m_{\mathrm{p}}/m_{\mathrm{s}}$ 的加速度项：

$$\Delta\boldsymbol{a} = \boldsymbol{a}_{\mathrm{p}} - \boldsymbol{a}_{\mathrm{s}} = \boldsymbol{a}_{\mathrm{p}}\left(1 + \frac{m_{\mathrm{p}}}{m_{\mathrm{s}}}\right) = \boldsymbol{a}_{\mathrm{p}}\gamma_{\mathrm{m}} \tag{4-157}$$

为此,在舱间相对位置控制律中均补偿了该放大系数 γ_{m} 的影响。

对于服务舱受到的合成力矩 $\boldsymbol{T}_{\mathrm{s}}^{\mathrm{s}}$,将其完全作为服务舱姿态的干扰力矩 $\boldsymbol{T}_{\mathrm{dinter}}$ 处理,并在控制律中对其进行估计和补偿:

$$\tilde{\boldsymbol{T}}_{\mathrm{dinter}}=\boldsymbol{A}_{\mathrm{s}T}\boldsymbol{F}_{\mathrm{all}}=\boldsymbol{A}_{\mathrm{s}T}[(\boldsymbol{A}_{\mathrm{p}FT})^{\mathrm{T}}\boldsymbol{A}_{\mathrm{p}FT}]^{-1}(\boldsymbol{A}_{\mathrm{p}FT})^{\mathrm{T}}\begin{bmatrix}\boldsymbol{F}_{\mathrm{pc}}\\\boldsymbol{T}_{\mathrm{pc}}\end{bmatrix}。$$

只要服务舱上飞轮输出力矩大小、精度和带宽满足补偿要求,即可有效补偿该干扰力矩。通过载荷舱与服务舱质量特性参数、舱间作动执行机构输出参数、飞轮参数的协调优化设计,这一要求可以得到有效满足。

综上可见,通过上述整体稳定控制系统的实现设计,采用舱间作动执行机构和服务舱上飞轮可以有效输出三部分动力学控制所需控制力和力矩,且有效避免和补偿相互之间耦合干扰因素。

4.2.4.3 姿态跟踪模式

除了对地稳定控制,载荷舱姿态还可能保持对日定向、对惯性空间定向或者姿态机动控制,这些控制模式下的欧拉角都不再满足小角度假设,无法简化为前述线性定常系统,但是都可以归结为跟踪某一期望姿态,因此可以统一归结为一类姿态跟踪控制问题,设计对应控制器,并证明闭环系统稳定性。

需要注意的是,在姿态跟踪模式下,舱间相对位置控制动力学系统和控制律,与前述对地稳定模式中未小角度近似简化前相同,本小节不再赘述。

1. 载荷舱姿态控制

考察载荷舱绝对姿态动力学方程:

$$\boldsymbol{I}_{\mathrm{p}}\dot{\boldsymbol{\omega}}_{\mathrm{p}}+\boldsymbol{\omega}_{\mathrm{p}}^{\times}\boldsymbol{I}_{\mathrm{p}}\boldsymbol{\omega}_{\mathrm{p}}=\boldsymbol{T}_{\mathrm{pc}}+\boldsymbol{T}_{\mathrm{pd}} \tag{4-158}$$

不失一般性,定义载荷舱本体坐标系相对于惯性坐标系的姿态角、角速度、角加速度分别为 $\boldsymbol{v}_{\mathrm{p}}$、$\dot{\boldsymbol{v}}_{\mathrm{p}}$、$\ddot{\boldsymbol{v}}_{\mathrm{p}}$,则 $\dot{\boldsymbol{v}}_{\mathrm{p}}=\boldsymbol{\omega}_{\mathrm{p}}$,$\ddot{\boldsymbol{v}}_{\mathrm{p}}=\dot{\boldsymbol{\omega}}_{\mathrm{p}}$。

不同模式的姿态跟踪控制都可以转化为载荷舱本体坐标系跟踪期望的惯性姿态 $\boldsymbol{\beta}_{\mathrm{pd}}=[\boldsymbol{v}_{\mathrm{pd}}^{\mathrm{T}}\quad\dot{\boldsymbol{v}}_{\mathrm{pd}}^{\mathrm{T}}\quad\ddot{\boldsymbol{v}}_{\mathrm{pd}}^{\mathrm{T}}]^{\mathrm{T}}$。实际姿态与期望姿态的偏差定义为

$$\delta\boldsymbol{\beta}_{\mathrm{p}}=\boldsymbol{\beta}_{\mathrm{p}}-\boldsymbol{\beta}_{\mathrm{pd}}=\begin{bmatrix}\delta\boldsymbol{v}_{\mathrm{p}}\\\delta\dot{\boldsymbol{v}}_{\mathrm{p}}\\\delta\ddot{\boldsymbol{v}}_{\mathrm{p}}\end{bmatrix}=\begin{bmatrix}\boldsymbol{v}_{\mathrm{p}}-\boldsymbol{v}_{\mathrm{pd}}\\\dot{\boldsymbol{v}}_{\mathrm{p}}-\dot{\boldsymbol{v}}_{\mathrm{pd}}\\\ddot{\boldsymbol{v}}_{\mathrm{p}}-\ddot{\boldsymbol{v}}_{\mathrm{pd}}\end{bmatrix} \tag{4-159}$$

控制目标即为使得 $\delta\boldsymbol{\beta}_{\mathrm{p}}=0$。代入载荷舱姿态动力学方程，可以得到系统描述：

$$\boldsymbol{I}_{\mathrm{p}}(\delta\ddot{\boldsymbol{v}}_{\mathrm{p}}+\ddot{\boldsymbol{v}}_{\mathrm{pd}})+\dot{\boldsymbol{v}}_{\mathrm{p}}^{\times}\boldsymbol{I}_{\mathrm{p}}\dot{\boldsymbol{v}}_{\mathrm{p}}=\boldsymbol{T}_{\mathrm{pc}}+\boldsymbol{T}_{\mathrm{pd}} \tag{4-160}$$

基于常规 PD 控制方法，设计控制器：

$$\boldsymbol{T}_{\mathrm{pc}}=-\boldsymbol{\lambda}_{\mathrm{ppa}}\delta\boldsymbol{v}_{\mathrm{p}}-\boldsymbol{\lambda}_{\mathrm{dpa}}\delta\dot{\boldsymbol{v}}_{\mathrm{p}}+\dot{\boldsymbol{v}}_{\mathrm{p}}^{\times}\boldsymbol{I}_{\mathrm{p}}\dot{\boldsymbol{v}}_{\mathrm{p}}+\boldsymbol{I}_{\mathrm{p}}\ddot{\boldsymbol{v}}_{\mathrm{pd}} \tag{4-161}$$

式中，$\boldsymbol{\lambda}_{\mathrm{ppa}}\in\boldsymbol{R}^{3\times3}$、$\boldsymbol{\lambda}_{\mathrm{dpa}}\in\boldsymbol{R}^{3\times3}$ 为正定对角增益矩阵，是控制律的核心设计参数；$\dot{\boldsymbol{v}}_{\mathrm{p}}^{\times}\boldsymbol{I}_{\mathrm{p}}\dot{\boldsymbol{v}}_{\mathrm{p}}$ 为陀螺效应补偿力矩，$\boldsymbol{I}_{\mathrm{p}}\ddot{\boldsymbol{v}}_{\mathrm{p}}$ 为期望角加速度补偿力矩，可以根据载荷舱转动惯量、惯性角速度测量值、期望角加速度，实时计算得到。将该控制器代入系统动力学方程，得到：

$$\boldsymbol{I}_{\mathrm{p}}\delta\ddot{\boldsymbol{v}}_{\mathrm{p}}+\boldsymbol{\lambda}_{\mathrm{dpa}}\delta\dot{\boldsymbol{v}}_{\mathrm{p}}+\boldsymbol{\lambda}_{\mathrm{ppa}}\delta\boldsymbol{v}_{\mathrm{p}}=\boldsymbol{T}_{\mathrm{pd}} \tag{4-162}$$

可见，采用上述控制律，系统转化为姿态控制偏差的线性定常二阶动力学系统，对应自由系统描述为

$$\boldsymbol{I}_{\mathrm{p}}\delta\ddot{\boldsymbol{v}}_{\mathrm{p}}+\boldsymbol{\lambda}_{\mathrm{dpa}}\delta\dot{\boldsymbol{v}}_{\mathrm{p}}+\boldsymbol{\lambda}_{\mathrm{ppa}}\delta\boldsymbol{v}_{\mathrm{p}}=\boldsymbol{0} \tag{4-163}$$

易知，如果该系统在原点渐近稳定，则载荷舱绝对姿态动力学系统在期望姿态状态渐近稳定。

基于前述二阶动力学系统稳定性判据，考察各阶状态系数矩阵，由于 $\boldsymbol{I}_{\mathrm{p}}$、$\boldsymbol{\lambda}_{\mathrm{ppa}}$、$\boldsymbol{\lambda}_{\mathrm{dpa}}$ 均为正定矩阵，得到：

$$\boldsymbol{I}_{\mathrm{p}}>0,\ \boldsymbol{\lambda}_{\mathrm{dpa}}^{\mathrm{T}}+\boldsymbol{\lambda}_{\mathrm{dpa}}>0,\ \boldsymbol{\lambda}_{\mathrm{ppa}}>0 \tag{4-164}$$

满足闭环系统渐近稳定条件，因此，对于姿态跟踪控制，采用上述 PD 控制律后，载荷舱绝对姿态控制闭环系统渐近稳定到期望状态。

2. 服务舱姿态控制

与载荷舱类似，定义服务舱本体坐标系相对于惯性坐标系的姿态角、角速度、角加速度分别为 $\boldsymbol{v}_{\mathrm{s}}$、$\dot{\boldsymbol{v}}_{\mathrm{s}}$、$\ddot{\boldsymbol{v}}_{\mathrm{s}}$，期望惯性姿态 $\boldsymbol{\beta}_{\mathrm{sd}}=[\boldsymbol{v}_{\mathrm{sd}}^{\mathrm{T}}\quad\dot{\boldsymbol{v}}_{\mathrm{sd}}^{\mathrm{T}}\quad\ddot{\boldsymbol{v}}_{\mathrm{sd}}^{\mathrm{T}}]^{\mathrm{T}}$，实际姿态与期望姿态的偏差定义为

$$\delta\boldsymbol{\beta}_{\mathrm{s}}=\boldsymbol{\beta}_{\mathrm{s}}-\boldsymbol{\beta}_{\mathrm{sd}}=\begin{bmatrix}\delta\boldsymbol{v}_{\mathrm{s}}\\ \delta\dot{\boldsymbol{v}}_{\mathrm{s}}\\ \delta\ddot{\boldsymbol{v}}_{\mathrm{s}}\end{bmatrix}=\begin{bmatrix}\boldsymbol{v}_{\mathrm{s}}-\boldsymbol{v}_{\mathrm{sd}}\\ \dot{\boldsymbol{v}}_{\mathrm{s}}-\dot{\boldsymbol{v}}_{\mathrm{sd}}\\ \ddot{\boldsymbol{v}}_{\mathrm{s}}-\ddot{\boldsymbol{v}}_{\mathrm{sd}}\end{bmatrix} \tag{4-165}$$

可以得到服务舱姿态动力学系统描述：

$$\boldsymbol{I}_{\mathrm{s}}(\delta\ddot{\boldsymbol{\upsilon}}_{\mathrm{s}}+\ddot{\boldsymbol{\upsilon}}_{\mathrm{sd}})+\dot{\boldsymbol{\upsilon}}_{\mathrm{s}}^{\times}\boldsymbol{I}_{\mathrm{s}}\dot{\boldsymbol{\upsilon}}_{\mathrm{s}}=\boldsymbol{T}_{\mathrm{sc}}+\boldsymbol{T}_{\mathrm{s}\delta} \tag{4-166}$$

对该系统设计常规 PD 控制器：

$$\boldsymbol{T}_{\mathrm{sc}}=-\boldsymbol{\lambda}_{\mathrm{psa}}\delta\boldsymbol{\upsilon}_{\mathrm{s}}-\boldsymbol{\lambda}_{\mathrm{dsa}}\delta\dot{\boldsymbol{\upsilon}}_{\mathrm{s}}+\dot{\boldsymbol{\upsilon}}_{\mathrm{s}}^{\times}\boldsymbol{I}_{\mathrm{s}}\dot{\boldsymbol{\upsilon}}_{\mathrm{s}}+\boldsymbol{I}_{\mathrm{s}}\ddot{\boldsymbol{\upsilon}}_{\mathrm{sd}}-\tilde{\boldsymbol{T}}_{\mathrm{dinter}} \tag{4-167}$$

式中，$\boldsymbol{\lambda}_{\mathrm{psa}}\in\boldsymbol{R}^{3\times3}$、$\boldsymbol{\lambda}_{\mathrm{dsa}}\in\boldsymbol{R}^{3\times3}$ 为正定对角增益矩阵，是控制律的核心设计参数。将该控制器代入系统动力学方程，得到：

$$\boldsymbol{I}_{\mathrm{s}}\delta\ddot{\boldsymbol{\upsilon}}_{\mathrm{s}}+\boldsymbol{\lambda}_{\mathrm{dsa}}\delta\dot{\boldsymbol{\upsilon}}_{\mathrm{s}}+\boldsymbol{\lambda}_{\mathrm{psa}}\delta\boldsymbol{\upsilon}_{\mathrm{s}}=\hat{\boldsymbol{T}}_{\mathrm{s}\delta} \tag{4-168}$$

系统转化为姿态控制偏差的线性定常二阶动力学系统，对应自由系统描述为

$$\boldsymbol{I}_{\mathrm{s}}\delta\ddot{\boldsymbol{\upsilon}}_{\mathrm{s}}+\boldsymbol{\lambda}_{\mathrm{dsa}}\delta\dot{\boldsymbol{\upsilon}}_{\mathrm{s}}+\boldsymbol{\lambda}_{\mathrm{psa}}\delta\boldsymbol{\upsilon}_{\mathrm{s}}=\boldsymbol{0} \tag{4-169}$$

考察各阶状态系数矩阵，由于 $\boldsymbol{I}_{\mathrm{s}}$、$\boldsymbol{\lambda}_{\mathrm{psa}}$、$\boldsymbol{\lambda}_{\mathrm{dsa}}$ 均为正定矩阵，得到：

$$\boldsymbol{I}_{\mathrm{s}}>0,\ \boldsymbol{\lambda}_{\mathrm{dsa}}^{\mathrm{T}}+\boldsymbol{\lambda}_{\mathrm{dsa}}>0,\ \boldsymbol{\lambda}_{\mathrm{psa}}>0 \tag{4-170}$$

满足闭环系统渐近稳定条件，因此，对于姿态跟踪控制，采用上述 PD 控制律后，服务舱姿态控制闭环系统渐近稳定到期望状态。

3. 姿态跟踪模式下的闭环稳定性分析

综合前述设计与分析，在对日定向、对惯性空间定向或者姿态机动等模式下，载荷舱和服务舱姿态跟踪期望姿态时，采用设计的三部分控制律，构成的浮体式航天器整体稳定控制系统，总结如下。

载荷舱姿态控制律：

$$\boldsymbol{T}_{\mathrm{pc}}=-\boldsymbol{\lambda}_{\mathrm{ppa}}\delta\boldsymbol{\upsilon}_{\mathrm{p}}-\boldsymbol{\lambda}_{\mathrm{dpa}}\delta\dot{\boldsymbol{\upsilon}}_{\mathrm{p}}+\dot{\boldsymbol{\upsilon}}_{\mathrm{p}}^{\times}\boldsymbol{I}_{\mathrm{p}}\dot{\boldsymbol{\upsilon}}_{\mathrm{p}}+\boldsymbol{I}_{\mathrm{p}}\ddot{\boldsymbol{\upsilon}}_{\mathrm{pd}} \tag{4-171}$$

服务舱姿态控制律：

$$\boldsymbol{T}_{\mathrm{sc}}=-\boldsymbol{\lambda}_{\mathrm{psa}}\delta\boldsymbol{\upsilon}_{\mathrm{s}}-\boldsymbol{\lambda}_{\mathrm{dsa}}\delta\dot{\boldsymbol{\upsilon}}_{\mathrm{s}}+\dot{\boldsymbol{\upsilon}}_{\mathrm{s}}^{\times}\boldsymbol{I}_{\mathrm{s}}\dot{\boldsymbol{\upsilon}}_{\mathrm{s}}+\boldsymbol{I}_{\mathrm{s}}\ddot{\boldsymbol{\upsilon}}_{\mathrm{sd}}-\tilde{\boldsymbol{T}}_{\mathrm{dinter}} \tag{4-172}$$

舱间相对位置 PD 控制律：

$$\boldsymbol{a}_{\mathrm{p}}=(-\boldsymbol{K}_{\mathrm{pr}}\boldsymbol{e}_{\mathrm{r}}-\boldsymbol{K}_{\mathrm{dr}}\dot{\boldsymbol{e}}_{\mathrm{r}}-\tilde{\boldsymbol{O}}_{1}\boldsymbol{r}_{\mathrm{d}}-\tilde{\boldsymbol{O}}_{2}\dot{\boldsymbol{r}}_{\mathrm{d}}+\ddot{\boldsymbol{r}}_{\mathrm{d}})\gamma_{\mathrm{m}}^{-1} \tag{4-173}$$

舱间相对位置滑模控制律：

$$\boldsymbol{a}_{\mathrm{p}} = -\left[(\tilde{\boldsymbol{O}}_1 + \boldsymbol{k}\boldsymbol{\lambda})\boldsymbol{e}_{\mathrm{r}} + (\tilde{\boldsymbol{O}}_2 + \boldsymbol{\lambda} + \boldsymbol{k})\dot{\boldsymbol{e}}_{\mathrm{r}} + \tilde{\boldsymbol{O}}_1\boldsymbol{r}_{\mathrm{d}} + \tilde{\boldsymbol{O}}_2\dot{\boldsymbol{r}}_{\mathrm{d}} - \ddot{\boldsymbol{r}}_{\mathrm{d}} + \boldsymbol{\varepsilon}\mathrm{sign}(\boldsymbol{s})\right]\gamma_{\mathrm{m}}^{-1} \tag{4-174}$$

根据上述证明，对于浮体式航天器，在姿态跟踪模式下，采用式(4－171)~式(4－174)描述的控制律，两舱姿态和舱间相对位置均满足渐近稳定条件，由此得到如下定理。

定理 16：对于式(4－62)描述的整体稳定控制下的动力学系统，在姿态跟踪模式下，采用式(4－171)~式(4－174)描述的控制律，在有界干扰下，载荷舱姿态和服务舱姿态均能渐近稳定到期望姿态，舱间相对位置能够渐近稳定到期望位置，因此，整体稳定控制系统渐近稳定。

针对该控制系统的具体实现，采取的方法与前面对地稳定模式相同，此处不再赘述。

4.2.4.4　整体稳定控制系统的闭环稳定性

综上，在整体稳定控制策略作用下，无论是对地稳定模式，还是姿态跟踪模式，采用设计的控制律，均能保证整体系统渐近稳定，由此可以得到如下定理。

定理 17：对于式(4－62)描述的整体稳定控制下的动力学系统，采用式(4－150)~式(4－153)描述的对地稳定控制律或式(4－171)~式(4－174)描述的姿态跟踪控制律，在有界干扰下，载荷舱姿态和服务舱姿态均能渐近收敛到期望姿态，舱间相对位置能够渐近稳定到期望位置，整体稳定控制系统渐近稳定。

4.3　小　　结

本章在浮体式航天器一般运动方程的基础上，阐述了非接触整体稳定控制系统的一般性设计方法。非接触整体稳定控制系统由载荷舱和服务舱分别控制自身姿态，同时施加舱间相对位置控制，使得两舱满足姿态和相对位置控制需求。通过可观性、可控性分析可得，整体稳定控制系完全可控可观。按照载荷舱姿态、服务舱姿态、舱间相对位置三部分分别设计控制律，可证明三部分均闭环渐近稳定，浮体式航天器姿态整体稳定控制系统闭环渐近稳定。

第5章

非接触主从协同控制

浮体式航天器的控制目标是要实现两舱相对悬浮状态的稳定控制和载荷舱的高精度高稳定度指向控制。前述整体稳定控制中，载荷舱和服务舱姿态分别跟踪不同的期望姿态，通过设计期望姿态，可兼顾载荷姿态指向和舱间相对姿态与位置运动的安全，实现两舱分离状态的稳定控制。

不难理解，以载荷舱姿态控制为主，服务舱姿态从动跟踪载荷舱姿态，同样可以满足载荷指向和相对姿态的避撞需求，由此形成一种新的控制系统—非接触主从协同控制系统。主从协同控制的基本思想，是整个系统以载荷舱的姿态控制为核心，最大限度地隔离和避免来自服务舱的外部环境干扰、帆板天线等挠性附件干扰、飞轮/力矩陀螺振动等干扰对载荷舱姿态的影响，从而为最大限度地提升载荷舱的姿态控制性能创造条件，最终达到提升载荷指向控制精度和稳定度的目的。从这一思想出发，在整体稳定控制实现舱间分离和整体稳定的基础上，进一步直接控制相对载荷舱姿态，使得服务舱姿态跟踪载荷舱，一方面可以更加可靠地避免舱间碰撞，另一方面还可以更加直接而有效地保证两舱本体坐标系相互平行，有利于减小舱间作动执行机构的执行偏差，降低载荷舱可能受到的来自舱间耦合的干扰力矩，从而进一步提升其控制性能。从载荷舱和服务舱两者的运动关系来看，载荷舱处于主动地位，而服务舱则从动于载荷舱姿态，因此根据这一特征，将这一种控制系统称为主从协同控制系统。

本章将论述非接触主从协同控制系统的设计方法、可控性与可观性、控制律设计与闭环稳定性分析，以及设计的实现与干扰耦合分析等核心问题。

5.1　主从协同控制系统设计与分析

5.1.1　控制系统总体设计

1. 设计思路与方法

非接触主从协同控制系统原理框图如图5-1所示。其基本思路：载荷舱控制自身姿态，以满足载荷指向需求；在舱间施加相对位置控制，使得两舱质心维持在期望的相对位置上；服务舱控制自身相对于载荷舱的姿态，实时跟踪载荷舱姿态，三部分控制相结合，以同时满足载荷指向与舱间避撞需求。由此，共形成载荷舱姿态控制、舱间相对位置控制、服务舱相对姿态控制三个控制回路。其中前两者与整体稳定控制系统相同，主要区别在于服务舱相对姿

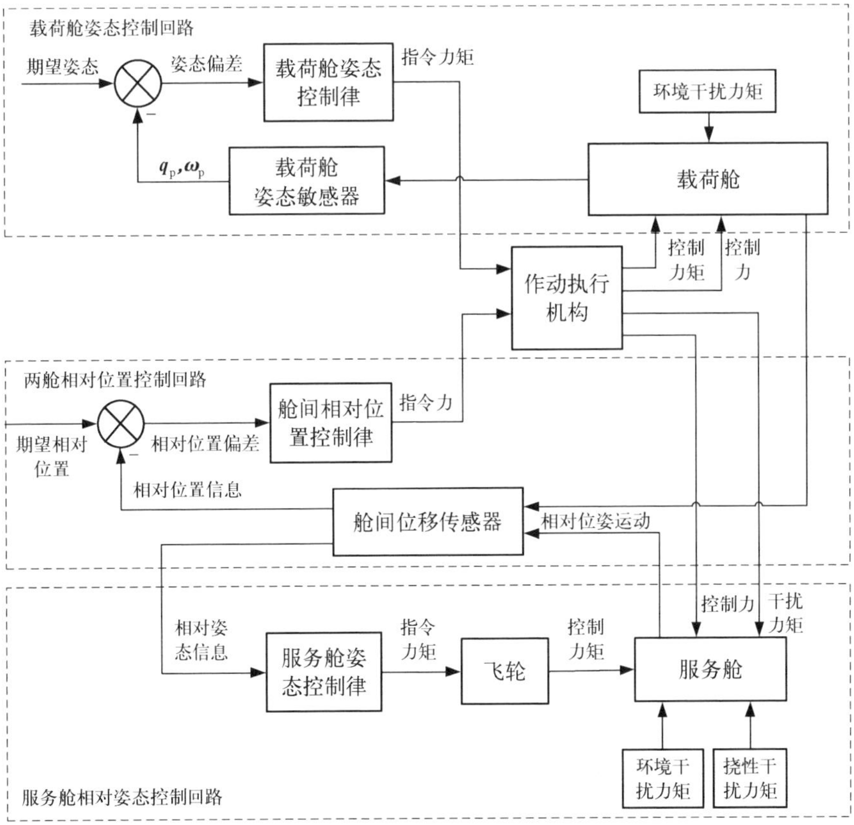

图5-1　主从协同控制系统原理框图

态控制回路：服务舱基于舱间位移传感器测量量，确定相对于载荷舱的相对姿态，以跟踪载荷舱姿态为目标，通过服务舱相对姿态控制律产生控制指令，并由服务舱上安装的飞轮输出相应控制力矩。

如系统原理框图 5-1 所示，三个控制回路之间存在一定的相互影响关系。具体表现为作动执行机构需要同时输出载荷舱姿态控制力矩和舱间相对位置控制力，并以载荷舱期望受到的指令力矩和推力为依据，确定各执行机构输出力。这些输出力同时对服务舱产生反作用，形成对服务舱的作用力和力矩。其中服务舱所受到控制力需要在舱间相对位置动力学中加以考虑。而服务舱所受到的力矩则应视作为干扰力矩，在服务舱相对姿态控制回路中进行在线估计，并在服务舱姿态控制律中考虑设计相应的补偿项，最终由飞轮输出对应补偿力矩。

2. 非接触主从协同控制系统的动力学模型

采用主从协同控制系统方案，整个浮体式航天器动力学系统可以分解为三部分：载荷舱姿态动力学子系统、舱间相对位置动力学子系统、舱间相对姿态动力学子系统。根据前述动力学模型，系统可主要由式(5-1)中的 4 个公式联合描述。

$$\begin{cases}\boldsymbol{I}_{\mathrm{p}}\dot{\boldsymbol{\omega}}_{\mathrm{p}}+\boldsymbol{\omega}_{\mathrm{p}}^{\times}\boldsymbol{I}_{\mathrm{p}}\boldsymbol{\omega}_{\mathrm{p}}=\boldsymbol{T}_{\mathrm{pc}}+\boldsymbol{T}_{\mathrm{pd}}\\ \ddot{\boldsymbol{r}}=\tilde{\boldsymbol{O}}_{1}\boldsymbol{r}+\tilde{\boldsymbol{O}}_{2}\dot{\boldsymbol{r}}+\boldsymbol{f}_{\mathrm{d}}+\boldsymbol{a}_{\mathrm{p}}\left(1+\dfrac{m_{\mathrm{p}}}{m_{\mathrm{s}}}\right)\\ \dot{\boldsymbol{\omega}}_{r}=\boldsymbol{I}_{\mathrm{s}}^{-1}\boldsymbol{T}_{\mathrm{sc}}-\boldsymbol{I}_{\mathrm{s}}^{-1}[\boldsymbol{\omega}_{r}+\boldsymbol{\omega}_{\mathrm{p}}]\times\{\boldsymbol{I}_{\mathrm{s}}[\boldsymbol{\omega}_{r}+\boldsymbol{\omega}_{\mathrm{p}}]\}-\boldsymbol{I}_{\mathrm{p}}^{-1}\boldsymbol{T}_{\mathrm{pc}}\\ \qquad+\boldsymbol{I}_{\mathrm{p}}^{-1}\boldsymbol{\omega}_{\mathrm{p}}^{\times}\boldsymbol{I}_{\mathrm{p}}\boldsymbol{\omega}_{\mathrm{p}}-\boldsymbol{\omega}_{\mathrm{p}}^{\times}\boldsymbol{\omega}_{r}+\boldsymbol{I}_{\mathrm{s}}^{-1}\boldsymbol{T}_{\mathrm{s}\delta}-\boldsymbol{I}_{\mathrm{p}}^{-1}\boldsymbol{T}_{\mathrm{p}\delta}\\ \ddot{\boldsymbol{q}}_{rv}=-\dfrac{1}{4}\|\boldsymbol{\omega}_{r}\|^{2}\boldsymbol{q}_{rv}+\dfrac{1}{2}\boldsymbol{Q}_{rv}\boldsymbol{U}_{\mathrm{as}}-\dfrac{1}{2}\boldsymbol{Q}_{rv}\boldsymbol{W}_{\mathrm{sp}}+\dfrac{1}{2}\boldsymbol{Q}_{rv}\boldsymbol{\delta}_{\mathrm{M}}\end{cases}\tag{5-1}$$

三部分的可控可观性可分别分析。三者均可控可观时，整个浮体式航天器系统即可控可观。

5.1.2 可控性分析

可控性概念及判据见 4.2.2.1 小节，此处不再赘述。主从协同控制系统中，载荷舱姿态动力学、舱间相对位置动力学与前述整体稳定控制相同，其可控性在 4.2.2.2 小节已经得到证明，因此，本小节主要证明舱间相对姿态动力学部分的可控性。

如前所述,在小角度假设下,载荷舱和服务舱的姿态动力学方程可以分别简化为

$$
\boldsymbol{I}_{\mathrm{p}}\begin{bmatrix}\ddot{\varphi}_{\mathrm{p}}\\ \ddot{\theta}_{\mathrm{p}}\\ \ddot{\psi}_{\mathrm{p}}\end{bmatrix}=\begin{bmatrix}T_{\mathrm{pc}x}+T_{\mathrm{pd}x}\\ T_{\mathrm{pc}y}+T_{\mathrm{pd}y}\\ T_{\mathrm{pc}z}+T_{\mathrm{pd}z}\end{bmatrix},\ \boldsymbol{I}_{\mathrm{s}}\begin{bmatrix}\ddot{\varphi}_{\mathrm{s}}\\ \ddot{\theta}_{\mathrm{s}}\\ \ddot{\psi}_{\mathrm{s}}\end{bmatrix}=\begin{bmatrix}T_{\mathrm{sc}x}+T_{\mathrm{s}\delta x}\\ T_{\mathrm{sc}y}+T_{\mathrm{s}\delta y}\\ T_{\mathrm{sc}z}+T_{\mathrm{s}\delta z}\end{bmatrix} \tag{5-2}
$$

设服务舱相对载荷舱的相对姿态动力学系统状态量为

$$
\boldsymbol{X}_{\mathrm{ra}}=[\varphi_{\mathrm{ra}}\quad \theta_{\mathrm{ra}}\quad \psi_{\mathrm{ra}}\quad \dot{\varphi}_{\mathrm{ra}}\quad \dot{\theta}_{\mathrm{ra}}\quad \dot{\psi}_{\mathrm{ra}}]^{\mathrm{T}}=\boldsymbol{X}_{\mathrm{sa}}-\boldsymbol{X}_{\mathrm{pa}} \tag{5-3}
$$

则系统状态维数为 $n=6$, 联立上述动力学方程,可以建立舱间相对姿态动力学系统状态方程:

$$
\dot{\boldsymbol{X}}_{\mathrm{ra}}=\boldsymbol{A}_{\mathrm{ra}}\boldsymbol{X}_{\mathrm{ra}}+\boldsymbol{B}_{\mathrm{ra}}\boldsymbol{U}_{\mathrm{ra}} \tag{5-4}
$$

$$
\boldsymbol{A}_{\mathrm{ra}}=\begin{bmatrix}\boldsymbol{0}_{3\times3} & \boldsymbol{I}_{3\times3}\\ \boldsymbol{0}_{3\times3} & \boldsymbol{0}_{3\times3}\end{bmatrix},\ \boldsymbol{B}_{\mathrm{ra}}=\begin{bmatrix}\boldsymbol{0}_{3\times3} & \boldsymbol{0}_{3\times3}\\ \boldsymbol{I}_{\mathrm{s}}^{-1} & -\boldsymbol{I}_{\mathrm{p}}^{-1}\end{bmatrix},\ \boldsymbol{U}_{\mathrm{ra}}=\begin{bmatrix}\boldsymbol{T}_{\mathrm{sc}}+\boldsymbol{T}_{\mathrm{sd}}\\ \boldsymbol{T}_{\mathrm{pc}}+\boldsymbol{T}_{\mathrm{pd}}\end{bmatrix} \tag{5-5}
$$

可见,小角度假设下的舱间相对姿态动力学方程为典型线性定常系统,其可控性矩阵为

$$
\begin{aligned}
\boldsymbol{Q}_{\mathrm{cra}}&=[\boldsymbol{B}_{\mathrm{ra}}\quad \boldsymbol{A}_{\mathrm{ra}}\boldsymbol{B}_{\mathrm{ra}}\quad \cdots\quad \boldsymbol{A}_{\mathrm{ra}}^{n-1}\boldsymbol{B}_{\mathrm{ra}}]\\
&=\begin{bmatrix}\boldsymbol{0}_{3\times3} & \boldsymbol{0}_{3\times3} & \boldsymbol{I}_{\mathrm{s}}^{-1} & -\boldsymbol{I}_{\mathrm{p}}^{-1} & \boldsymbol{0}_{6\times6} & \boldsymbol{0}_{6\times6} & \boldsymbol{0}_{6\times6} & \boldsymbol{0}_{6\times6}\\ \boldsymbol{I}_{\mathrm{s}}^{-1} & -\boldsymbol{I}_{\mathrm{p}}^{-1} & \boldsymbol{0}_{3\times3} & \boldsymbol{0}_{3\times3} & & & & \end{bmatrix}
\end{aligned} \tag{5-6}
$$

由于载荷舱和服务舱转动惯量矩阵 $\boldsymbol{I}_{\mathrm{p}}$、$\boldsymbol{I}_{\mathrm{s}}$ 必然为满秩矩阵,则可知 $\mathrm{rank}\boldsymbol{Q}_{\mathrm{cra}}=6=n$, 因此,舱间相对姿态完全可控。

综上,采用主从协同控制系统,载荷舱姿态、舱间相对位置、舱间相对姿态均完全可控,因此,全系统完全可控。由此得到如下定理。

定理 18: 对于式(5-1)描述的主从协同控制下的动力学系统,三部分动力学子系统均完全可控,整个系统完全可控。

5.1.3　可观性分析

可观性概念及判据见 4.2.3.1 小节,此处不再赘述。载荷舱姿态和舱间

相对位置两部分动力学系统与整体稳定控制系统相同，对应可观性在 4.2.3.2 小节已经证明，本小节主要证明舱间相对姿态动力学系统的可观性。

如前所述，在小角度假设下，选择系统输出量与状态量相同，舱间相对姿态动力学可以简化为如下描述的线性定常系统：

$$\dot{\boldsymbol{X}}_{\mathrm{ra}} = \boldsymbol{A}_{\mathrm{ra}}\boldsymbol{X}_{\mathrm{pa}} + \boldsymbol{B}_{\mathrm{ra}}\boldsymbol{U}_{\mathrm{ra}} \tag{5-7}$$

$$\boldsymbol{Y}_{\mathrm{ra}} = \boldsymbol{C}_{\mathrm{ra}}\boldsymbol{X}_{\mathrm{ra}},\ \boldsymbol{C}_{\mathrm{ra}} = \boldsymbol{I}_{6\times 6} \tag{5-8}$$

则系统可观性矩阵如下：

$$\boldsymbol{Q}_{\mathrm{ora}} = \begin{bmatrix} \boldsymbol{C}_{\mathrm{ra}} \\ \boldsymbol{C}_{\mathrm{ra}}\boldsymbol{A}_{\mathrm{ra}} \\ \vdots \\ \boldsymbol{C}_{\mathrm{ra}}\boldsymbol{A}_{\mathrm{ra}}^{5} \end{bmatrix} = \begin{bmatrix} \boldsymbol{I}_{3\times 3} & \boldsymbol{0}_{3\times 3} \\ \boldsymbol{0}_{3\times 3} & \boldsymbol{I}_{3\times 3} \\ \boldsymbol{0}_{3\times 3} & \boldsymbol{I}_{3\times 3} \\ \boldsymbol{0}_{3\times 3} & \boldsymbol{0}_{3\times 3} \\ \multicolumn{2}{c}{\boldsymbol{0}_{6\times 6}} \\ \multicolumn{2}{c}{\boldsymbol{0}_{6\times 6}} \\ \multicolumn{2}{c}{\boldsymbol{0}_{6\times 6}} \\ \multicolumn{2}{c}{\boldsymbol{0}_{6\times 6}} \end{bmatrix} \tag{5-9}$$

矩阵 $\boldsymbol{Q}_{\mathrm{ora}}$ 满足各列不相关，即 $\mathrm{rank}\,\boldsymbol{Q}_{\mathrm{ora}} = 6 = n$，因此，舱间相对姿态完全可观。

可见，采用主从协同控制系统，载荷舱姿态、舱间相对位置、舱间相对姿态均完全可观，因此，全系统完全可观。由此得到以下定理。

定理 19：对于式(5-1)描述的主从协同控制下的动力学系统，若三部分动力学均完全可观，则整个系统完全可观。

5.1.4 控制器设计与稳定性分析

本节主要采用李雅普诺夫稳定性概念及其判定方法，分析主从协同控制下的闭环系统稳定性。其中载荷舱姿态动力学、舱间相对位置动力学与整体稳定控制相同，因此可以设计与 4.2.4.3 小节相同的 PD 或滑模控制器，能够分别保证在载荷舱姿态对地稳定和姿态跟踪控制的渐近稳定性，以及舱间相对位置对期望状态跟踪控制的渐近稳定性。下面主要针对舱间相对姿态控制，设计控制器并证明闭环系统的渐近稳定性。

5.1.4.1　舱间相对姿态控制器设计

1. 常规 PD 控制

如前所述,舱间相对姿态动力学方程如下:

$$\begin{aligned}\dot{\boldsymbol{\omega}}_r &= \boldsymbol{I}_{\mathrm{s}}^{-1}\boldsymbol{T}_{\mathrm{sc}} - \boldsymbol{I}_{\mathrm{s}}^{-1}[\boldsymbol{\omega}_r + \boldsymbol{\omega}_{\mathrm{p}}] \times \{\boldsymbol{I}_{\mathrm{s}}[\boldsymbol{\omega}_r + \boldsymbol{\omega}_{\mathrm{p}}]\} - \boldsymbol{I}_{\mathrm{p}}^{-1}\boldsymbol{T}_{\mathrm{pc}} \\ &\quad + \boldsymbol{I}_{\mathrm{p}}^{-1}\boldsymbol{\omega}_{\mathrm{p}}^{\times}\boldsymbol{I}_{\mathrm{p}}\boldsymbol{\omega}_{\mathrm{p}} - \boldsymbol{\omega}_{\mathrm{p}}^{\times}\boldsymbol{\omega}_r + \boldsymbol{I}_{\mathrm{s}}^{-1}\boldsymbol{T}_{\mathrm{s}\delta} - \boldsymbol{I}_{\mathrm{p}}^{-1}\boldsymbol{T}_{\mathrm{p}\delta}\end{aligned} \tag{5-10}$$

定义舱间相对姿态角为$\boldsymbol{\beta}_{\mathrm{ra}}$、相对姿态角速度$\dot{\boldsymbol{\beta}}_{\mathrm{ra}}=\boldsymbol{\omega}_r$、相对姿态角加速度$\ddot{\boldsymbol{\beta}}_{\mathrm{ra}}=\dot{\boldsymbol{\omega}}_r$,结合载荷舱姿态动力学,则上述动力学方程可以写成:

$$\begin{aligned}\ddot{\boldsymbol{\beta}}_{\mathrm{ra}} &= \boldsymbol{I}_{\mathrm{s}}^{-1}\boldsymbol{T}_{\mathrm{sc}} - \boldsymbol{I}_{\mathrm{s}}^{-1}[\dot{\boldsymbol{\beta}}_{\mathrm{ra}} + \boldsymbol{\omega}_{\mathrm{p}}] \times \{\boldsymbol{I}_{\mathrm{s}}[\dot{\boldsymbol{\beta}}_{\mathrm{ra}} + \boldsymbol{\omega}_{\mathrm{p}}]\} \\ &\quad - \dot{\boldsymbol{\omega}}_{\mathrm{p}} - \boldsymbol{\omega}_{\mathrm{p}}^{\times}\dot{\boldsymbol{\beta}}_{\mathrm{ra}} + \boldsymbol{I}_{\mathrm{s}}^{-1}\boldsymbol{T}_{\mathrm{s}\delta}\end{aligned} \tag{5-11}$$

对该系统采用常规 PD 控制方法设计控制律:

$$\begin{aligned}\boldsymbol{T}_{\mathrm{sc}} &= -\boldsymbol{\kappa}_{\mathrm{psa}}\boldsymbol{\beta}_{\mathrm{ra}} - \boldsymbol{\kappa}_{\mathrm{dsa}}\dot{\boldsymbol{\beta}}_{\mathrm{ra}} + [\dot{\boldsymbol{\beta}}_{\mathrm{ra}} + \boldsymbol{\omega}_{\mathrm{p}}] \times \{\boldsymbol{I}_{\mathrm{s}}[\dot{\boldsymbol{\beta}}_{\mathrm{ra}} + \boldsymbol{\omega}_{\mathrm{p}}]\} \\ &\quad + \boldsymbol{I}_{\mathrm{s}}\dot{\boldsymbol{\omega}}_{\mathrm{p}} + \boldsymbol{I}_{\mathrm{s}}\boldsymbol{\omega}_{\mathrm{p}}^{\times}\dot{\boldsymbol{\beta}}_{\mathrm{ra}} - \tilde{\boldsymbol{T}}_{\mathrm{dinter}}\end{aligned} \tag{5-12}$$

式中,$\boldsymbol{\kappa}_{\mathrm{psa}} \in \boldsymbol{R}^{3\times3}$、$\boldsymbol{\kappa}_{\mathrm{dsa}} \in \boldsymbol{R}^{3\times3}$为正定对角增益矩阵,是控制律的核心设计参数;$[\dot{\boldsymbol{\beta}}_{\mathrm{ra}} + \boldsymbol{\omega}_{\mathrm{p}}] \times \{\boldsymbol{I}_{\mathrm{s}}[\dot{\boldsymbol{\beta}}_{\mathrm{ra}} + \boldsymbol{\omega}_{\mathrm{p}}]\}$为服务舱自身旋转陀螺效应补偿力矩,$\boldsymbol{I}_{\mathrm{s}}\dot{\boldsymbol{\omega}}_{\mathrm{p}}$为跟踪载荷舱角加速度的补偿力矩;$\boldsymbol{I}_{\mathrm{s}}\boldsymbol{\omega}_{\mathrm{p}}^{\times}\dot{\boldsymbol{\beta}}_{\mathrm{ra}}$为舱间牵连角速度补偿力矩;$\tilde{\boldsymbol{T}}_{\mathrm{dinter}}$为作动干扰补偿力矩估计值。这些补偿项都可以根据舱间相对姿态角速度测量值、载荷舱惯性角速度和角加速度测量值、服务舱转动惯量、作动执行机构布局参数和输出力,实时计算得到。

将该控制律代入系统动力学方程,得到:

$$\ddot{\boldsymbol{\beta}}_{\mathrm{ra}} + \boldsymbol{I}_{\mathrm{s}}^{-1}\boldsymbol{\kappa}_{\mathrm{dsa}}\dot{\boldsymbol{\beta}}_{\mathrm{ra}} + \boldsymbol{I}_{\mathrm{s}}^{-1}\boldsymbol{\kappa}_{\mathrm{psa}}\boldsymbol{\beta}_{\mathrm{ra}} = \boldsymbol{I}_{\mathrm{s}}^{-1}\hat{\boldsymbol{T}}_{\mathrm{s}\delta} \tag{5-13}$$

式中,$\hat{\boldsymbol{T}}_{\mathrm{s}\delta}$为补偿作动干扰力矩之后的残余干扰力矩。

可见,采用上述控制律,系统转化为舱间相对姿态的线性定常二阶动力学系统,对应自由系统描述为

$$\ddot{\boldsymbol{\beta}}_{\mathrm{ra}} + \boldsymbol{I}_{\mathrm{s}}^{-1}\boldsymbol{\kappa}_{\mathrm{dsa}}\dot{\boldsymbol{\beta}}_{\mathrm{ra}} + \boldsymbol{I}_{\mathrm{s}}^{-1}\boldsymbol{\kappa}_{\mathrm{psa}}\boldsymbol{\beta}_{\mathrm{ra}} = \boldsymbol{0} \tag{5-14}$$

基于二阶动力学系统稳定性判据,考察各阶状态系数矩阵,由于$\boldsymbol{I}_{\mathrm{s}}$、$\boldsymbol{\kappa}_{\mathrm{dsa}}$、$\boldsymbol{\kappa}_{\mathrm{psa}}$均为正定矩阵,得到:

$$\boldsymbol{I}_{3\times3} > 0,\ (\boldsymbol{I}_{\mathrm{s}}^{-1}\boldsymbol{\kappa}_{\mathrm{dsa}})^{\mathrm{T}} + \boldsymbol{I}_{\mathrm{s}}^{-1}\boldsymbol{\kappa}_{\mathrm{dsa}} > 0,\ \boldsymbol{\kappa}_{\mathrm{psa}} > 0 \tag{5-15}$$

满足闭环系统渐近稳定条件,因此,采用上述 PD 控制律后,服务舱相对于载荷舱的舱间相对姿态控制闭环系统渐近稳定。

2. 滑模控制

采用相对姿态四元数 $\boldsymbol{q}_{rv}$ 和相对角速度 $\boldsymbol{\omega}_r$ 作为状态量,得到舱间相对姿态动力学方程如下:

$$\ddot{\boldsymbol{q}}_{rv} = -\frac{1}{4}\|\boldsymbol{\omega}_r\|^2\boldsymbol{q}_{rv} + \frac{1}{2}\boldsymbol{Q}_{rv}\boldsymbol{U}_{\mathrm{as}} - \frac{1}{2}\boldsymbol{Q}_{rv}\boldsymbol{W}_{\mathrm{sp}} + \frac{1}{2}\boldsymbol{Q}_{rv}\boldsymbol{\delta}_{\mathrm{M}} \quad (5-16)$$

舱间相对姿态控制的目标即为将相对姿态四元数和相对角速度控制到 0。基于传统滑模控制理论,定义滑模面的切换函数为

$$\boldsymbol{s} = \dot{\boldsymbol{q}}_{rv} + \boldsymbol{\lambda}\boldsymbol{q}_{rv} \quad (5-17)$$

式中,$\boldsymbol{\lambda}$ 为六阶正定对角矩阵,即

$$\boldsymbol{\lambda} = \mathrm{diag}(\lambda_1, \cdots, \lambda_6),\ \lambda_i > 0,\ i = 1, 2, \cdots, 6 \quad (5-18)$$

滑模面的一阶导数可以表示为

$$\dot{\boldsymbol{s}} = \ddot{\boldsymbol{q}}_{rv} + \boldsymbol{\lambda}\dot{\boldsymbol{q}}_{rv} \quad (5-19)$$

代入上述动力学方程,可以得到:

$$\dot{\boldsymbol{s}} = -\frac{1}{4}\|\boldsymbol{\omega}_r\|^2\boldsymbol{q}_{rv} + \frac{1}{2}\boldsymbol{Q}_{rv}\boldsymbol{U}_{\mathrm{as}} - \frac{1}{2}\boldsymbol{Q}_{rv}\boldsymbol{W}_{\mathrm{sp}} + \frac{1}{2}\boldsymbol{Q}_{rv}\boldsymbol{\delta}_{\mathrm{M}} + \boldsymbol{\lambda}\dot{\boldsymbol{q}}_{rv} \quad (5-20)$$

为保证 $\boldsymbol{s}$ 从初始状态收敛到滑模面 $\boldsymbol{s} = 0$ 上,设计滑模面切换函数的指数趋近律:

$$\dot{\boldsymbol{s}} = -\boldsymbol{k}\boldsymbol{s} - \boldsymbol{\varepsilon}\mathrm{sign}(\boldsymbol{s}) \quad (5-21)$$

式中,$\boldsymbol{k}$ 和 $\boldsymbol{\varepsilon}$ 为六阶正定对称阵; $\mathrm{sign}(\boldsymbol{s})$ 为 $\boldsymbol{s}$ 对应的符号函数取值。

联立上述各式,得到控制量:

$$\boldsymbol{U}_{\mathrm{as}} = \frac{1}{2}\boldsymbol{Q}_{rv}^{-1}\|\boldsymbol{\omega}_r\|^2\boldsymbol{q}_{rv} + \boldsymbol{W}_{\mathrm{sp}} - \boldsymbol{\delta}_{\mathrm{M}} - 2\boldsymbol{Q}_{rv}^{-1}[\boldsymbol{\lambda}\dot{\boldsymbol{q}}_{rv} + \boldsymbol{k}\boldsymbol{s} + \boldsymbol{\varepsilon}\mathrm{sign}(\boldsymbol{s})] \quad (5-22)$$

将控制量代入动力学方程,得到:

$$\ddot{\boldsymbol{q}}_{rv} + (\boldsymbol{k} + \boldsymbol{\lambda})\dot{\boldsymbol{q}}_{rv} + \boldsymbol{k\lambda q}_{rv} + \boldsymbol{\varepsilon}\mathrm{sign}(\boldsymbol{s}) = \frac{1}{2}\boldsymbol{Q}_{rv}\hat{\boldsymbol{\delta}}_{\mathrm{M}} \tag{5-23}$$

式中,$\hat{\boldsymbol{\delta}}_{\mathrm{M}}$ 为补偿后残余干扰力矩项。可见系统转化为典型二阶动力学系统,且各阶状态的系数矩阵均为正定阵。

考虑滑模面的切换函数为状态量 $\boldsymbol{q}_{rv}$ 和 $\dot{\boldsymbol{q}}_{rv}$ 的函数,采用李雅普诺夫第二方法,选取 Lyapunov 函数 $V = \boldsymbol{s}^{\mathrm{T}}\boldsymbol{s}/2$,可以证明其一阶导数满足 $\dot{V} < 0$(过程同前面舱间相对位置滑模控制稳定性证明),因此,采用上述滑模控制律,舱间相对姿态控制闭环系统渐近稳定。

5.1.4.2　主从协同控制系统的闭环稳定性

主从协同控制相比整体稳定控制的主要区别在于服务舱姿态控制由自身姿态控制变为跟踪载荷舱姿态的相对姿态控制。基于主从协同控制的总体方案,舱间相对姿态控制结合第 4 章设计的载荷舱姿态控制和舱间相对位置控制律,共同构成浮体式航天器主从协同控制系统。

基于前述所建立的动力学模型,证明了主从协同控制系统的完全可控、可观,并分别设计了 PD 控制律和滑模控制律,证明了相应闭环系统的渐近稳定性。由此可以看出,主从协同控制方法是完全可行的,并且在不考虑载荷舱所受的外部空间环境干扰时,载荷舱姿态收敛到 0,来自服务舱的内干扰隔绝得以实现,即微振动对载荷指向控制的影响这一历史性难题得以有效解决。为方便和完整起见,将主从协同控制方法所涉及的控制律汇总如下。

1. 对地稳态下的浮体式航天器主从协同控制系统

对地稳态的小角度假设下,设计载荷舱姿态控制律:

$$\boldsymbol{T}_{\mathrm{pc}} = -\boldsymbol{K}_{\mathrm{ppa}}\boldsymbol{X}_{\mathrm{pa0}} - \boldsymbol{K}_{\mathrm{dpa}}\dot{\boldsymbol{X}}_{\mathrm{pa0}} \tag{5-24}$$

舱间相对位置 PD 控制律:

$$\boldsymbol{a}_{\mathrm{p}} = (-\boldsymbol{K}_{\mathrm{pr}}\boldsymbol{e}_{\mathrm{r}} - \boldsymbol{K}_{\mathrm{dr}}\dot{\boldsymbol{e}}_{\mathrm{r}} - \tilde{\boldsymbol{O}}_1\boldsymbol{r}_{\mathrm{d}})\gamma_{\mathrm{m}}^{-1} \tag{5-25}$$

舱间相对位置滑模控制律:

$$\boldsymbol{a}_{\mathrm{p}} = -[(\tilde{\boldsymbol{O}}_1 + \boldsymbol{k\lambda})\boldsymbol{e}_{\mathrm{r}} + (\tilde{\boldsymbol{O}}_2 + \boldsymbol{\lambda} + \boldsymbol{k})\dot{\boldsymbol{e}}_{\mathrm{r}} + \tilde{\boldsymbol{O}}_1\boldsymbol{r}_{\mathrm{d}} + \boldsymbol{\varepsilon}\mathrm{sign}(\boldsymbol{s})]\gamma_{\mathrm{m}}^{-1} \tag{5-26}$$

舱间相对姿态 PD 控制律：

$$\begin{aligned} \boldsymbol{T}_{\mathrm{sc}} = & -\boldsymbol{\kappa}_{\mathrm{psa}}\boldsymbol{\beta}_{\mathrm{ra}} - \boldsymbol{\kappa}_{\mathrm{dsa}}\dot{\boldsymbol{\beta}}_{\mathrm{ra}} + [\dot{\boldsymbol{\beta}}_{\mathrm{ra}} + \boldsymbol{\omega}_{\mathrm{p}}] \times \{\boldsymbol{I}_{\mathrm{s}}[\dot{\boldsymbol{\beta}}_{\mathrm{ra}} + \boldsymbol{\omega}_{\mathrm{p}}]\} \\ & + \boldsymbol{I}_{\mathrm{s}}\dot{\boldsymbol{\omega}}_{\mathrm{p}} + \boldsymbol{I}_{\mathrm{s}}\boldsymbol{\omega}_{\mathrm{p}} \times \dot{\boldsymbol{\beta}}_{\mathrm{ra}} - \tilde{\boldsymbol{T}}_{\mathrm{dinter}} \end{aligned} \tag{5-27}$$

舱间相对姿态滑模控制律：

$$\boldsymbol{U}_{\mathrm{as}} = \frac{1}{2}\boldsymbol{Q}_{rv}^{-1}\|\boldsymbol{\omega}_{r}\|^{2}\boldsymbol{q}_{rv} + \boldsymbol{W}_{\mathrm{sp}} - \boldsymbol{\delta}_{\mathrm{M}} - 2\boldsymbol{Q}_{rv}^{-1}[\boldsymbol{\lambda}\dot{\boldsymbol{q}}_{rv} + \boldsymbol{k}\boldsymbol{s} + \boldsymbol{\varepsilon}\mathrm{sign}(\boldsymbol{s})] \tag{5-28}$$

2. 姿态跟踪下的浮体式航天器主从协同控制系统

对日定向、对惯性空间定向或者姿态机动等模式下，姿态需要跟踪期望姿态时，设计如下的载荷舱姿态控制律：

$$\boldsymbol{T}_{\mathrm{pc}} = -\boldsymbol{\lambda}_{\mathrm{ppa}}\delta\boldsymbol{\upsilon}_{\mathrm{p}} - \boldsymbol{\lambda}_{\mathrm{dpa}}\delta\dot{\boldsymbol{\upsilon}}_{\mathrm{p}} + \dot{\boldsymbol{\upsilon}}_{\mathrm{p}}^{\times}\boldsymbol{I}_{\mathrm{p}}\dot{\boldsymbol{\upsilon}}_{\mathrm{p}} + \boldsymbol{I}_{\mathrm{p}}\ddot{\boldsymbol{\upsilon}}_{\mathrm{pd}} \tag{5-29}$$

舱间相对位置 PD 控制律：

$$\boldsymbol{a}_{\mathrm{p}} = (-\boldsymbol{K}_{\mathrm{pr}}\boldsymbol{e}_{\mathrm{r}} - \boldsymbol{K}_{\mathrm{dr}}\dot{\boldsymbol{e}}_{\mathrm{r}} - \tilde{\boldsymbol{O}}_{1}\boldsymbol{r}_{\mathrm{d}} - \tilde{\boldsymbol{O}}_{2}\dot{\boldsymbol{r}}_{\mathrm{d}} + \ddot{\boldsymbol{r}}_{\mathrm{d}})\gamma_{\mathrm{m}}^{-1} \tag{5-30}$$

舱间相对位置滑模控制律：

$$\boldsymbol{a}_{\mathrm{p}} = -[(\tilde{\boldsymbol{O}}_{1} + \boldsymbol{k}\boldsymbol{\lambda})\boldsymbol{e}_{\mathrm{r}} + (\tilde{\boldsymbol{O}}_{2} + \boldsymbol{\lambda} + \boldsymbol{k})\dot{\boldsymbol{e}}_{\mathrm{r}} + \tilde{\boldsymbol{O}}_{1}\boldsymbol{r}_{\mathrm{d}} + \tilde{\boldsymbol{O}}_{2}\dot{\boldsymbol{r}}_{\mathrm{d}} - \ddot{\boldsymbol{r}}_{\mathrm{d}} + \boldsymbol{\varepsilon}\mathrm{sign}(\boldsymbol{s})]\gamma_{\mathrm{m}}^{-1} \tag{5-31}$$

舱间相对姿态 PD 控制律：

$$\begin{aligned} \boldsymbol{T}_{\mathrm{sc}} = & -\boldsymbol{\kappa}_{\mathrm{psa}}\boldsymbol{\beta}_{\mathrm{ra}} - \boldsymbol{\kappa}_{\mathrm{dsa}}\dot{\boldsymbol{\beta}}_{\mathrm{ra}} + [\dot{\boldsymbol{\beta}}_{\mathrm{ra}} + \boldsymbol{\omega}_{\mathrm{p}}] \times \{\boldsymbol{I}_{\mathrm{s}}[\dot{\boldsymbol{\beta}}_{\mathrm{ra}} + \boldsymbol{\omega}_{\mathrm{p}}]\} \\ & + \boldsymbol{I}_{\mathrm{s}}\dot{\boldsymbol{\omega}}_{\mathrm{p}} + \boldsymbol{I}_{\mathrm{s}}\boldsymbol{\omega}_{\mathrm{p}}^{\times}\dot{\boldsymbol{\beta}}_{\mathrm{ra}} - \tilde{\boldsymbol{T}}_{\mathrm{dinter}} \end{aligned} \tag{5-32}$$

舱间相对姿态滑模控制律：

$$\boldsymbol{U}_{\mathrm{as}} = \frac{1}{2}\boldsymbol{Q}_{rv}^{-1}\|\boldsymbol{\omega}_{r}\|^{2}\boldsymbol{q}_{rv} + \boldsymbol{W}_{\mathrm{sp}} - \boldsymbol{\delta}_{\mathrm{M}} - 2\boldsymbol{Q}_{rv}^{-1}[\boldsymbol{\lambda}\dot{\boldsymbol{q}}_{rv} + \boldsymbol{k}\boldsymbol{s} + \boldsymbol{\varepsilon}\mathrm{sign}(\boldsymbol{s})] \tag{5-33}$$

综合前面证明，对于式(5-1)描述的动力学系统，在对地稳定模式和姿态跟踪模式下，分别采用上述对应控制律，载荷舱姿态控制渐近稳定到期望姿态,舱间相对位置控制渐近稳定到期望位置,舱间相对姿态控制渐近稳定到0,即渐近稳定跟踪载荷舱姿态。由此得到如下定理。

定理20: 对于式(5-1)描述的主从协同控制下的动力学系统,在对地稳态模式和姿态跟踪模式下,分别采用式(5-24)~式(5-28)描述的对地稳定控制律和式(5-29)~式(5-33)描述的姿态跟踪控制律,在有界干扰下,载荷舱姿态渐近稳定到期望姿态,服务舱姿态渐近稳定跟踪载荷舱姿态,舱间相对位置渐近稳定到期望位置,整体系统渐近稳定。

考虑上述控制律在主从协同控制系统的具体实现,与前述整体稳定控制系统类似,舱间作动执行机构只需按照载荷舱本体所需的控制力和控制力矩输出作用力,在舱间相对位置控制律中考虑放大系数 γ_m 并补偿。此外,服务舱上飞轮输出舱间相对姿态控制力矩 $\boldsymbol{T}_{sc}$(或 $\boldsymbol{U}_{as}$),控制律中对舱间作动执行机构作用在服务舱上的干扰力矩 $\boldsymbol{T}_{dinter}$ 进行估计和补偿:$\tilde{\boldsymbol{T}}_{dinter} = \boldsymbol{A}_{sT}\boldsymbol{F}_{all}$。通过这些具体的实现设计,采用舱间作动执行机构和服务舱上飞轮,可以有效输出三部分控制所需的力和力矩,并有效避免和抑制相互之间复杂的耦合干扰。

5.2 与整体稳定控制的对比分析

主从协同控制与整体稳定控制的主要区别在于服务舱的姿态控制方式。整体稳定控制中,服务舱按照期望状态控制自身姿态,在稳定到期望状态附近时,保证两舱的相对悬浮稳定、舱间不发生碰撞。主从协同控制中,服务舱直接控制相对于载荷舱的姿态,使得自身姿态直接跟踪载荷舱姿态,从而更加直接、准确地保证服务舱本体坐标系与载荷舱本体坐标系保持平衡,不仅能够保证舱间不发生碰撞,在理论上也可以为提升载荷舱姿态控制性能,简化服务舱姿态控制系统设计创造条件。

在舱间姿态控制的性能方面,整体稳定控制下,服务舱和载荷舱分别控制各自姿态,尽管通过设计期望姿态可以保证两者不发生碰撞,但是由于两者控制相对独立,两舱本体坐标系的平行关系难以准确保证,而会在一定范围内震荡,这种震荡可能使得舱间作动执行机构产生执行偏差,进而在载荷舱上产生干扰力矩,影响载荷舱的姿态控制性能。主从协同控制下,服务舱直接将相对姿态作为姿态控制输入,并将相对姿态控制到0,这在理论上能够更加有效的保证两舱本体坐标系的平行关系，更有利于抑制舱间作动执行机构可能带来的干扰力矩，从而有利于载荷舱获得更优的控制性能。

在服务舱控制系统组成方面，由于服务舱直接控制舱间相对姿态，该相对姿态可以直接由舱间相对位置传感器测量计算得到，也就不需要在服务舱上安装星敏等惯性姿态敏感器，从而可以简化服务舱控制系统配置。

通过以上分析可以看出，主从协同控制是一种特别的整体稳定控制方法。整体稳定控制是前提，主从协同控制是在实现整体稳定控制的前提下，对服务舱的姿态控制加以进一步约束的控制方法。这一系统设计思想的变化却对载荷指向的控制性能带来了质的飞越。整体稳定控制实现了微振动的空间有效隔离和两舱的相对悬浮，而主从协同控制保证了两舱间的相对姿态趋于零，这样不仅减小了舱间干扰对载荷舱姿态控制的影响，显然也可以同时有效地降低两舱相对位置的控制频次，所以更加有利于载荷指向高精高稳控制的实现。

综合以上两点可以看出，主从协同控制从本质上看是一种总体设计优化和高性能的姿态控制优化设计方案，并且真正实现了以载荷舱姿态控制为核心，更加直接服务于载荷指向精度和稳定度提升的最终控制目标，在控制性能、系统优化上具有明显优势。

5.3 与传统航天器控制性能对比

浮体式航天器将载荷舱与服务舱空间分离，帆板、天线、飞轮等振动干扰源全部安装在服务舱，将干扰影响最大限度地隔离在载荷舱之外。针对这种浮体式航天器所面临的新的动力学与控制问题，前面已经证明，采用整体稳定控制或主从协同控制，三部分动力学系统均可以保证闭环系统渐近稳定；通过设计舱间作动执行机构和服务舱飞轮的力与力矩的输出分配，可以有效解决相互耦合干扰。下面进一步从理论上深入分析浮体式航天器控制系统的稳态精度、带宽等控制性能，并与传统航天器的控制性能进行对比分析。

5.3.1 传统航天器控制性能分析

传统航天器姿态控制在刚体运动基础上，同时受到环境干扰力矩、帆板/

天线转动与挠性振动耦合力矩、飞轮/力矩陀螺振动耦合力矩等干扰因素影响。对于光学对地观测卫星,这些影响最终传递到光学载荷的光轴指向上,导致指向控制精度和稳定度性能受限,制约光学载荷成像品质。下面采用经典控制理论,分析传统航天器的稳态误差和带宽性能。

5.3.1.1 稳态误差

对于传统的刚性固连式航天器控制系统,不失一般性,某一轴姿态在外界干扰情况下稳态误差的系统传递函数一般表达式为

$$e(s)=\frac{1}{Is^2+K_p+\dfrac{K_i}{s}+K_ds}T(s) \tag{5-34}$$

式中,I 为航天器某一轴相对于质心的转动惯量;K_p、K_i、K_d 分别为航天器该轴姿态控制的 PID 参数。

航天器受到轨道环境干扰、飞轮和驱动机构等转动部件干扰、液体晃动以及挠性附件振动等周期性干扰,一般形式可以如式(5-35)所示:

$$T_{sd}=c_1+c_2\cos(\omega_0t)+c_3\cos(\omega_1t)+c_4\cos(\omega_2t)+\cdots \tag{5-35}$$

式中,ω_0 为轨道角速度;ω_1、ω_2 为挠性附件及转动部件的扰动周期;系数 $\boldsymbol{c}_1$、$\boldsymbol{c}_2$、$\boldsymbol{c}_3$、$\boldsymbol{c}_4$ 表示不同周期干扰的幅值。航天器的稳态误差为

$$e_{ss}(t)=\frac{c_2}{I}A_0\cos(\omega_0t)+\frac{c_3}{I}A_1\cos(\omega_1t)+\frac{c_4}{I}A_2\cos(\omega_2t)+\cdots \tag{5-36}$$

式中,A_0、A_1、A_2 表示不同周期干扰的幅值常数。

通过上述分析可知,由于航天器存在复杂的振动环境,导致控制稳态误差较大。

5.3.1.2 带宽

对于传统的刚性固连式航天器,姿态控制系统中某一轴姿态的输入和输出开环传递函数为

$$G(s)=\frac{K_ds^2+K_ps+K_i}{Is^3} \tag{5-37}$$

将式(5－37)表示为频域形式如下：

$$G(i\omega)=-\frac{K_{\mathrm{p}}}{I\omega^{2}}+\frac{K_{\mathrm{i}}-K_{\mathrm{d}}\omega^{2}}{I\omega^{3}}j \tag{5-38}$$

其幅频特性和相频特性表达式如下：

$$\begin{cases}A(\omega)=\dfrac{1}{I\omega^{2}}\sqrt{K_{\mathrm{p}}^{2}+\dfrac{(K_{\mathrm{i}}-K_{\mathrm{d}}\omega^{2})^{2}}{\omega}}\\ \varphi(\omega)=\arctan\left(-\dfrac{K_{\mathrm{p}}}{I\omega^{2}},\dfrac{K_{\mathrm{i}}-K_{\mathrm{d}}\omega^{2}}{I\omega^{3}}\right)\end{cases} \tag{5-39}$$

根据上面的幅频和相频特性表达式，通过系统的 Bode 图可得系统的控制带宽和稳定裕度。

传统的刚性固连式航天器通过飞轮或控制力矩陀螺实现姿态控制，考虑到飞轮/力矩陀螺输出力矩限制、航天器转动惯量以及挠性附件的错频设计等因素，传统的刚性固连式航天器控制带宽一般设计的较低，通常为帆板基频的 1/10~1/5(0.1 Hz 左右)。

5.3.2　浮体式航天器控制性能分析

对于浮体式航天器，无论是整体稳定控制，还是主从协同控制，都将载荷舱姿态控制作为独立主体，舱间作动执行机构主要提供载荷舱所需控制力和力矩，而挠性和微振动等内干扰则主要由服务舱飞轮加以抑制或控制，由此使得载荷舱和服务舱控制性能呈现显著差异。

5.3.2.1　稳态误差

考虑到浮体式航天器主从协同控制系统中，舱间相对姿态控制同样是由服务舱利用飞轮控制自身姿态实现，因此，无论是整体稳定控制，还是主从协同控制，服务舱姿态控制系统在外界干扰情况下稳态误差形式相同。同样以其中任意一轴为例，其传递函数表达式为

$$e(s)=\frac{1}{Is^{2}+K_{\mathrm{p}}+\dfrac{K_{\mathrm{i}}}{s}+K_{\mathrm{d}}s}T(s) \tag{5-40}$$

同上述分析可知，服务舱除了受到空间环境干扰、挠性与转动耦合干扰、飞轮/力矩陀螺振动耦合干扰等干扰因素外，还受到舱间作动执行机构所产生的反作用力的干扰力矩影响，尽管可以进行在线估计和前馈补偿，但仍然会有残差影响，因此服务舱某一轴姿态稳态误差的一般形式为

$$e_{ss}(t)=\frac{c_2}{I_s}A_0\cos(\omega_0 t)+\frac{c_3}{I_s}A_1\cos(\omega_1 t)+\frac{c_4}{I_s}A_2\cos(\omega_2 t)+\cdots+c_{mutual}^{s}(t) \tag{5-41}$$

式中，I_s 为服务舱某一相应轴的转动惯量；ω_0 为轨道角速度；ω_1、ω_2 为挠性附件及转动部件的扰动周期；系数 c_2、c_3、c_4 表示不同周期干扰的幅值；$c_{mutual}^{s}(t)$ 为舱间作动干扰补偿残差；A_0、A_1、A_2 表示不同周期干扰的幅值常数。对于浮体式航天器，服务舱姿态控制、舱间相对姿态控制的稳态误差理论上并不会优于传统的刚性固连式航天器。

由于载荷舱无转动和挠性部件，可以看作是刚体，仅受到轨道周期的环境干扰力矩，且无论是整体稳定控制还是主从协同控制，都旨在消除服务舱对载荷舱的干扰影响，在物理上和控制算法上尽力做到与服务舱姿态解耦，以使载荷舱与服务舱的挠性及微振动彻底隔绝。因此载荷舱可以从理论上通过前馈补偿外部环境干扰力矩，实现载荷舱姿态指向误差为零的闭环控制。因此可以将载荷舱姿态控制系统可看作一个典型的二阶控制系统，以任意一轴为例，在外界干扰情况下，其稳态误差的传递函数表达式为

$$e(s)=\frac{1}{I_p s^2+K_{pp}+\dfrac{K_{pi}}{s}+K_{pd}s}T(s) \tag{5-42}$$

式中，I_p 为载荷舱某一轴相对于质心的转动惯量；K_{pp}、K_{pi}、K_{pd} 分别为载荷舱该轴姿态控制的 PID 参数。

考虑载荷舱在轨受到的干扰力矩主要为随轨道周期变化的环境干扰，可以表示为

$$f=c_1+c_2\cos(\omega_0 t) \tag{5-43}$$

式中，ω_0 为轨道周期；系数 c_1、c_2 表示不同周期干扰的幅值。

将式(5-43)求拉普拉斯变换，并带入式(5-42)，有

$$
\begin{aligned}
e(s) &= \frac{1}{I_{\mathrm{p}}s^2 + K_{\mathrm{pp}} + \dfrac{K_{\mathrm{pi}}}{T_{\mathrm{i}}s} + K_{\mathrm{pd}}s}\left(c_1 + c_2\frac{s}{s^2 + \omega_0^2}\right) \\
&= \frac{c_1 s}{I_{\mathrm{p}}s^3 + K_{\mathrm{pd}}s^2 + K_{\mathrm{pp}}s + K_{\mathrm{pi}}} + \frac{c_2 s}{I_{\mathrm{p}}s^3 + K_{\mathrm{pd}}s^2 + K_{\mathrm{pp}}s + K_{\mathrm{pi}}}\frac{s}{s^2 + \omega_0^2}
\end{aligned}
\tag{5-44}
$$

式(5－44)表明,若设计的控制器稳定,控制系统的特征值均在左半平面,常值干扰引起的稳态误差为0,则周期干扰引起的稳态误差为

$$
\begin{aligned}
e(s) &= \frac{c_2 s}{I_{\mathrm{p}}s^3 + K_{\mathrm{pd}}s^2 + K_{\mathrm{pp}}s + K_{\mathrm{pi}}}\frac{s}{s^2 + \omega_0^2} \\
&= \frac{c_2}{I_{\mathrm{p}}}\left(\frac{A_0}{s} + \frac{A_1}{s + a_0} + \frac{A_2}{s + a_1} + \frac{A_3}{s + a_2}\right)\frac{s}{s^2 + \omega_0^2}
\end{aligned}
\tag{5-45}
$$

则载荷舱该轴姿态控制稳态误差为

$$
e_{\mathrm{ss}}(t) = \frac{c_2}{I_{\mathrm{p}}}A_0\cos(\omega_0 t) \tag{5-46}
$$

对比传统固连设计的航天器姿态控制的稳态误差分析可以看出,由于载荷舱姿态控制不会受挠性、微振动等干扰影响,所以理论上其稳态误差可以明显更优。此外,考虑到浮体式航天器采用的舱间作动执行机构可以高精度地控制输出力的大小和脉宽,所以能够实现比飞轮高一个量级以上的精度输出,因此,在相同测量精度情况下,浮体式航天器的载荷舱姿态控制可以达到更高的精度和稳定度。这就为更高性能的对地成像提供了核心的能力支撑。

5.3.2.2 带宽

由于安装了帆板/天线等挠性附件、飞轮/力矩陀螺等执行机构,浮体式航天器的服务舱受到与传统的刚性固连式航天器相同的低频挠性、高低频微振动等复杂的内干扰影响。除此以外,服务舱还受到舱间作动执行机构所产生的干扰力矩影响。因此,服务舱姿态控制系统、舱间相对姿态控制系统的带宽设计不仅需要考虑远离挠性附件基频的要求、舱间作动干扰力矩实时准确补偿的要求,还要受到质量特性以及执行机构性能参数等影响。因此,服务舱姿

态控制系统的带宽设计需要考虑抑制的干扰因素错综复杂，系统难以实现高精度和高稳定度的控制。

一般地，其幅频特性和相频特性表达式如下：

$$\begin{cases} A_s(\omega) = \dfrac{1}{I_s\omega^2}\sqrt{K_{sp}^2 + \dfrac{(K_{si} - K_{sd}\omega^2)^2}{\omega}} \\ \varphi_s(\omega) = \arctan\left(-\dfrac{K_{sp}}{I_s\omega^2}, \dfrac{K_{si} - K_{sd}\omega^2}{I_s\omega^3}\right) \end{cases} \tag{5-47}$$

而对于载荷舱，其转动惯量相对整星而言更小，并可视作刚体。由于只需要克服外部环境扰动和舱间耦合作用所引起的低频干扰，并且舱间作动执行机构相对于传统的飞轮而言，其输出响应时间极小(ms级)、输出精度更高，因此与固连模式下整器姿态控制系统相比，载荷舱的姿态闭环控制可实现较大的带宽设计，并且更易于实现姿态的高精度和高稳定度。

由于载荷舱姿态控制只与当前载荷舱的姿态角和角速度有关，与服务舱的姿态无关，故载荷舱的幅频特性和相频特性表达式如下：

$$\begin{cases} A_p(\omega) = \dfrac{1}{I_p\omega^2}\sqrt{K_{pp}^2 + \dfrac{(K_{pi} - K_{pd}\omega^2)^2}{\omega}} \\ \varphi_p(\omega) = \arctan\left(-\dfrac{K_{pp}}{I_p\omega^2}, \dfrac{K_{pi} - K_{pd}\omega^2}{I_p\omega^3}\right) \end{cases} \tag{5-48}$$

综合上述两方面分析，与传统固连设计航天器相比，浮体式航天器通过将服务舱和载荷舱分离，设计整体稳定控制和主从协同控制系统，采用舱间作动执行机构和服务舱飞轮输出控制力和力矩，可以使得载荷舱成为受到最少环境干扰的刚体，使其姿态控制系统在理论上能够达到更小的稳态误差，从而使得载荷光轴获得更高的指向精度和稳定度。同时，服务舱姿态控制则面临更复杂的干扰影响，理论上稳态误差更大，带宽的设计考虑也更加复杂，控制性能一般不会优于传统的刚性固连式航天器。但是，对于浮体式航天器，服务舱姿态控制的主要目的在于避免与载荷舱发生碰撞，因此，对服务舱姿态控制的精度和稳定度要求可以大大放宽，如放宽到0.1°、0.01°/s，这就使得服务舱姿态控制系统设计可以大大简化。

5.4 与传统航天器控制方法比较

5.4.1 总体设计思想不同

浮体式航天器设计不是单纯地从控制系统单一学科设计优化的角度来思考问题和解决问题，而是采用系统思维的方法，从总体的角度和观点出发，从构型设计与控制系统设计的关联关系出发，从载荷舱与服务舱的设计耦合、服务舱姿态与载荷舱指向控制的指标分解入手，是一个典型的总体多学科设计优化(MDO, multidisciplinary design optimization)范例。

作为当前航天器总体设计的主流方法，诞生于20世纪80年代的多学科设计优化方法是一种复杂工程系统总体设计方法，旨在通过任务分析和系统分解并利用系统间相互作用的协同机制和并行设计思想，进行复杂工程系统多学科协同设计、分析和优化。其主要思想在于通过多学科并行协同设计来提高设计效率，并利用学科间相互影响和耦合作用来充分挖掘设计潜力，以寻求系统总体性能指标的最优。

航天器总体MDO方法的一项重要工作是通过对总体与分系统间的指标规划、协调及指标分解，明确分系统间的耦合关系，建立总体优化模型，实现航天器系统的全局优化。对于遥感卫星而言，这其中一个非常核心而重要的指标就是卫星的指向精度和稳定度的指标分解。

传统航天器控制系统均采用载荷舱与服务舱固连一体化设计形式，控制系统以服务舱控制为主、载荷舱从动于服务舱，在轨姿控主要针对航天器服务舱三轴进行三自由度的控制。服务舱控制的测量部件一般为星敏感器、陀螺等，执行部件一般为飞轮、推力器或控制力矩陀螺。星上计算机根据测量部件的测量值，通过姿态控制算法(如PID等)得到所需的执行力矩，最终输出至相应的执行部件，由此实现整体的三自由度控制。

传统的刚性固连式设计中，遥感卫星的核心指标——载荷的指向精度与稳定度，与服务舱的姿态精度与稳定度是一致的。由于难以避免挠性附件、结构热变形、结构微振动等复杂因素的影响，因此站在载荷的角度来看，指向精度和稳定度这一核心技术指标很难实现进一步的优化与提升。

而浮体式航天器的总体设计基于动静隔离的设计思想，通过非接触分体式构型设计，并配合以两舱九自由度系统的主从协同控制，在控制系统设计中采用载荷舱主动控制，服务舱则依据与载荷舱的相对姿态采取从动跟随的控制方法。考虑到涉及卫星的构型、结构、热控、姿态动力学与姿态控制系统的复杂耦合问题，从载荷的指向精度和稳定度作为遥感卫星的核心技术指标的角度来看，浮体式航天器主从协同控制设计将控制目标细分为二，分区域设计，并将两舱作为有机的整体进行协同控制，实现了两舱姿态协同，简单有效地避免了挠性附件、结构热变形、结构微振动等复杂因素对载荷指向控制的影响，使得载荷舱的指向精度和稳定度大幅提升得以实现。

作为航天器系统的一种总体和控制优化设计策略，主从协同控制之所以能够实现系统控制的优化，主要依赖于浮体式航天器的总体构型设计和浮体式航天器的非接触稳定控制新方法。其中航天器分体式非接触构型设计为优化控制提供了前提条件，而载荷舱姿态相对于服务舱姿态的主从协同控制则使得载荷舱的高精度指向控制得以有效实现。

图5-2为局部控制MDO方法框图。

5.4.2　控制对象和力学模型不同

浮体式航天器在设计时与传统航天器整体建模的思路不同，针对载荷舱、服务舱以及舱间相对运动，分别建立各自的被控对象数学模型，分别独立进行动力学建模和控制系统设计，隔离服务舱挠性与微振动对载荷舱的影响，实现对载荷舱的高精度控制。对比传统航天器，浮体式航天器在控制理论上的差异集中体现在控制维度的增加。传统航天器的姿态控制采用的是三自由度控制模型，通过错频设计和主被动隔振实现振动抑制，控制系统设计具有较多的约束。而浮体式航天器则通过分体设计，两舱无物理接触，实现服务舱振动的全频带隔离。为了避免微振动的传递，将航天器上静态和活动的部件分舱布局，载荷舱作为主体，只安装载荷、光纤陀螺、星敏感器等静态部件，服务舱作为次体，与传统航天器的设计方法一致，安装太阳翼、飞轮、推力器、贮箱等活动部件以保证航天器的能源、信息等供应。因此载荷舱无挠性和转动部件，能够建立起高精度的刚体动力学模型。如第4章所述，浮体式航天器控制对象一般运动模型是双六自由度模型，其姿态控制和载荷的指向控制采用的则是九自由度控制模型，比传统航天器的三自由度控制模型要复杂得多。

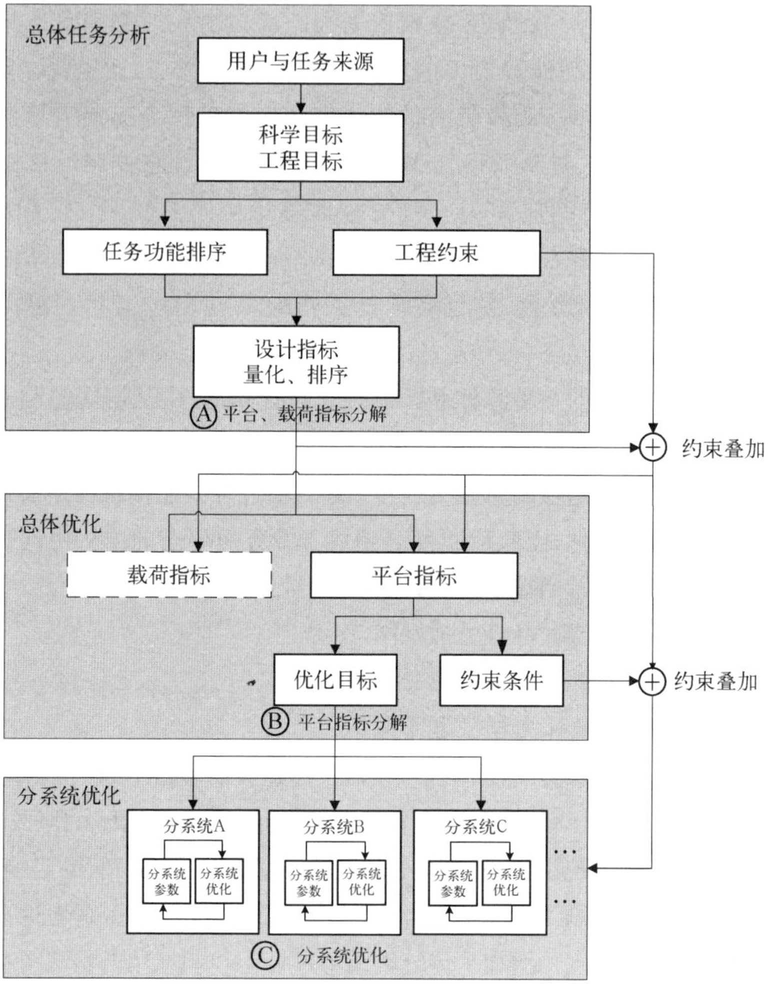

图 5-2 局部控制 MDO 方法框图

5.4.3 控制方法与设计不同

浮体式航天器控制采用整体稳定控制和主从协同控制方法，在控制系统具体设计方面，与传统固连式航天器相比也存在很大差别，是传统航天器控制系统所没有的新型控制模式。浮体式航天器一般需要具有三个相互关联的控制环路，各控制环路的控制策略各不相同，并且三个控制环路的控制目标除稳定以外，控制精度需求各不相同，同时还需要满足互不碰撞等约束。最后，浮体式航天器的敏感器与执行机构配置一般情况下也与传统航天器具有较大的差异。

1. 控制环路不同

载荷舱和服务舱分离后，系统控制从原来的航天器姿态单闭环控制系统演变为整体稳定控制的服务舱姿态、载荷舱姿态和两舱相对位置三闭环控制系统，或者演变为主从协同控制的舱间相对姿态、载荷舱姿态和两舱相对位置三闭环控制系统。在此分体状态下，舱间执行机构根据载荷舱的姿态控制指令力矩和两舱的相对位置控制指令力，输出相应的作用力，服务舱上的飞轮则按照服务舱姿态控制指令力矩或舱间相对姿态控制指令力矩输出相应力矩。

根据整体稳定控制原理，需要进行 3 个部分的控制律设计，分别是载荷舱姿态控制、服务舱姿态控制、舱间相对位置控制。

根据主从协同控制原理，也需要对 3 个部分的控制律进行设计，分别是载荷舱姿态控制、舱间相对姿态控制、舱间相对位置控制。

2. 解耦内涵不同

传统航天器姿态解耦控制是指利用状态反馈解耦控制等方法实现滚动、俯仰、偏航三轴姿态的相对独立控制。本书所述浮体式航天器的解耦控制与传统航天器的解耦内涵有很大的区别。

浮体式航天器在轨稳态运行时，其服务舱与载荷舱保持非接触主从协同控制稳定，此时载荷舱姿态控制相对于服务舱姿态实现解耦。即服务舱姿态随动载荷舱姿态，且载荷舱的姿态闭环控制律中仅包含载荷舱的姿态与状态反馈，而与服务舱的姿态与状态无关。因此载荷舱姿态控制相对于服务舱的姿态解耦。该解耦作用能够有效解决服务舱的姿态运动、挠性振动、液体晃动、结构微振动以及热变形等问题对载荷舱姿态的影响，为实现载荷舱的高精度高稳定度指向控制提供了一种简单而切实有效的技术途径。这也正是浮体式航天器采用分体式非接触设计的主要目的。

容易看出，主从协同控制很明显是一种简单易行、实效性高的单边解耦控制，即载荷舱姿态控制相对于服务舱姿态实现解耦，反之则不然。主从协同控制的单边解耦控制策略，在为载荷舱的指向控制创造了有利条件的同时，将两舱间相对姿态的控制全部转移至服务舱来处理，这样就细分了控制需求，合理地分配了控制指标，从而将一个整体优化的控制难题合理地转化为一个局部优化的控制问题，并使得载荷舱指向的局部优化控制变得简单易行，从而圆满解决了航天器姿态控制与载荷指向控制高度耦合的历史性难题。

浮体式航天器的解耦控制逻辑如图5－3所示。显然，当两舱有效地实现了空间物理隔离和姿态解耦控制后，服务舱中活动部件产生的高频微振动以及服务舱自身的微振动物理上才能与载荷舱姿态控制有效隔离。

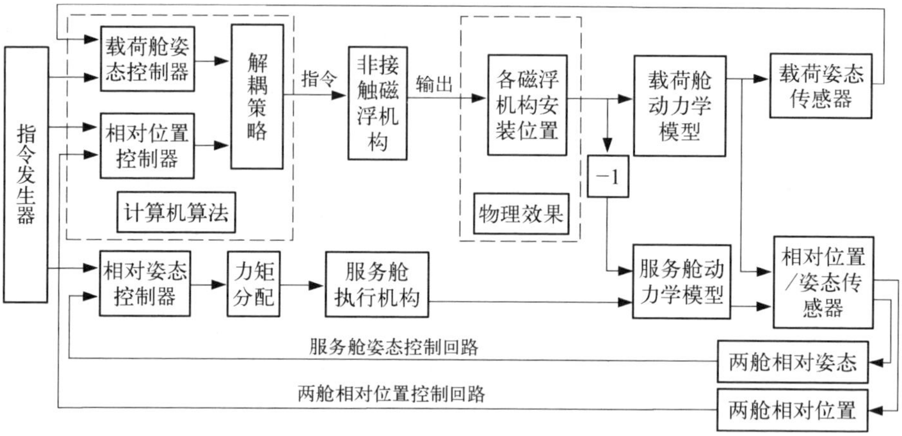

图5－3　解耦控制逻辑图

5.5　小　　结

本章重点阐述了浮体式航天器主从协同控制系统，从基本原理、主要思想出发，提出了主从协同控制系统的总体设计方案，分别证明了系统可控性和可观性。针对对地稳定和姿态跟踪两种模式，分别设计了载荷舱姿态控制、舱间相对位置控制、舱间相对姿态控制三部分的控制律，并分别证明了闭环系统稳定性。将主从协同控制与前述整体稳定控制系统进行了对比，说明了其控制思路变化带来的控制性能的提升。将浮体式航天器控制系统与传统航天器控制系统进行对比，理论分析说明了其稳态误差和带宽的有效提升原因；进而分别从总体设计思想、控制对象和力学模型、控制系统设计方法三个方面分析了浮体式航天器与传统航天器的显著不同。

第 6 章
数学仿真与分析

前面分别针对整体稳定控制和主从协同控制两种控制策略,完成了系统设计、可控可观性分析、控制器设计与稳定性分析,证明了整体稳定控制和主从协同控制均完全可控可观,且基于设计的控制律,系统能够收敛到期望状态;进而分析对比了浮体式航天器和传统航天器的稳态误差和带宽边界,从理论上证明了浮体式航天器控制系统的可行性和性能优势。

本章将在理论证明和分析的基础上,给出典型浮体式航天器的设计实例,并以某典型光学载荷航天器的系统参数和主要精度指标为仿真依据,分别针对传统固连航天器姿态控制、浮体式航天器的整体稳定控制和主从协同控制三类系统,开展数学仿真和对比分析,进一步阐明主从协同控制方法的优势所在。

6.1 浮体式航天器设计实例

浮体式航天器在空间上打破固连,实现动静隔离,是一种主从协同式非接触超高精度超高稳定度航天器,载荷舱与服务舱互不接触,浮体式航天器构型设计如图 6-1 所示。

典型浮体式航天器由载荷、结构与机构、热控、供配电、综合电子、测控、数传、服务舱控制、载荷舱磁浮与两舱协同控制、推进 10 个分系统组成,系统组成框图如图 6-2 所示。

1. 载荷分系统

载荷分系统包括航天器上的多种不同类型的载荷,主要负责完成各类空间探测或应用任务。依据航天器任务不同,载荷的类型不尽相同,一般可分为光学类和微波类等。

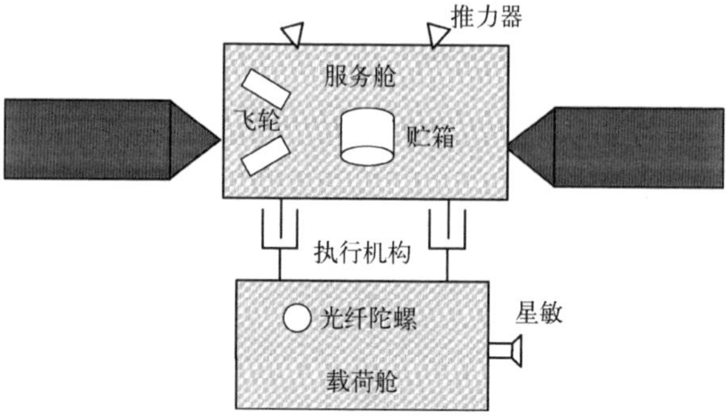

图 6-1 浮体式航天器构型设计

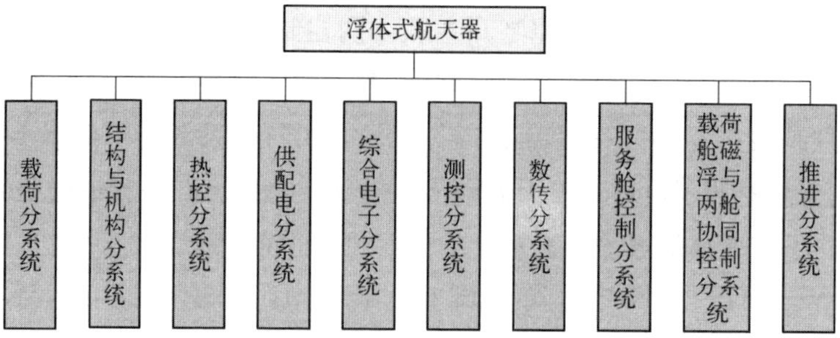

图 6-2 典型浮体式航天器系统组成框图

2. 结构与机构分系统

浮体式航天器结构分为载荷舱和服务舱，服务舱结构采用中心承力筒加隔板组合结构形式。发射主动段载荷舱和服务舱之间通过火工解锁装置锁紧，星箭分离后择机解锁分离。

3. 热控分系统

热控分系统采用被动为主、主动为辅的热控方案，由热管、电加热器、多层隔热组件、热敏电阻、热控涂层等组成。通过合理设计散热面，将整器的温度水平控制在要求的范围之内，保障星上设备正常工作。

4. 供配电分系统

供配电分系统由电源、总体电路、太阳电池阵、无线能源传输等子系统组成。无线能源传输子系统可为两舱在非接触状态下提供能源传输通道。

5. 综合电子分系统

综合电子分系统由服务舱管理单元、载荷舱扩展单元等单机组成。服务舱管理单元负责整器遥测遥控、程控、姿态与轨道控制、整器安全管理等；载荷舱扩展单元负责载荷舱遥测遥控、程控、能源管理等；服务舱管理单元与载荷舱下位机通过舱间信道实现信息交互。

6. 测控分系统

测控分系统由测控应答机、测控天线等组成，完成航天器遥测数据下传、遥控数据接收，并协同地面测控站完成对航天器的跟踪和测轨。

7. 数传分系统

数传分系统完成器地高速数据传输。载荷舱与服务舱之间可通过无线通信终端，实现两舱在非接触状态下的数据双向传输。

8. 服务舱控制分系统

服务舱控制分系统主要负责服务舱姿态控制与整器轨道控制。测量部件包括光纤陀螺、太阳敏感器、星敏感器等，执行机构包括飞轮、磁力矩器、推力器等。

9. 载荷舱磁浮与两舱协同控制分系统

载荷舱磁浮与两舱协同控制分系统主要负责载荷舱姿态控制，并与服务舱协同完成两舱相对位置和相对姿态控制。载荷舱姿态控制的测量部件为星敏感器、光纤陀螺、位移传感器，执行机构为磁浮作动器。

10. 推进分系统

推进分系统主要用于提供初始轨道捕获、轨道高度保持以及必要时的飞轮卸载和姿态喷气控制所需的力和力矩。

6.2 仿真用航天器系统参数

下面以某典型光学载荷航天器为例，进行浮体式航天器闭环控制系统仿真与分析，具体参数如下。

1. 载荷舱

（1）载荷舱质量：150 kg；

（2）载荷舱惯量阵：$\begin{bmatrix} 15.8 & 0 & 0 \\ 0 & 14 & 0 \\ 0 & 0 & 15.5 \end{bmatrix}\mathrm{kg\cdot m^2}$；

（3）载荷舱执行机构力臂：$L_1 = 1\,200\ \mathrm{mm}$，$L_2 = 1\,000\ \mathrm{mm}$，$L_3 = 1\,200\ \mathrm{mm}$；

（4）舱间执行机构力输出能力：$[-0.1,\ 0.1]\mathrm{N}$；

（5）舱间执行机构最小控制脉冲：20 ms；

(6) 控制周期：250 ms。

2. 服务舱

(1) 服务舱质量：350 kg；

(2) 服务舱惯量阵：$\begin{bmatrix} 19.2 & 0 & 0 \\ 0 & 40.8 & 0 \\ 0 & 0 & 35 \end{bmatrix}$ kg · m^2；

(3) 反作用飞轮最大控制力矩：0.1 Nm。

3. 太阳电池阵

两块太阳电池阵对称安装在卫星±X_b 轴，单翼太阳电池阵有限元模型质量为 14.2 kg，单翼太阳电池阵尺寸为 2 564 mm×1 300 mm。+X 太阳电池阵质心在+X 太阳电池阵局部坐标系中坐标为(1.381 1, 0, 0.128 7) m；−X 太阳电池阵质心在−X 太阳电池阵局部坐标系中坐标为(−1.381 1, 0, 0.128 7) m。

4. 空间干扰力矩

考虑重力梯度力矩、太阳光压力矩、剩磁力矩和气动力矩等。

6.3 数值仿真

6.3.1 传统固连航天器控制

按照常规 PD 控制，采用的执行机构为反作用飞轮。仿真结果如图 6－3、

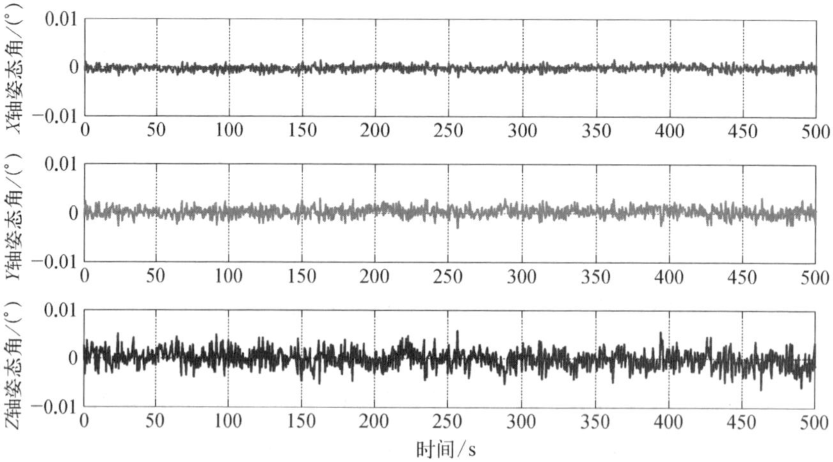

图 6－3 航天器姿态角曲线(固定连接控制)

图 6-4 所示，经过对误差进行统计分析，稳态下姿态指向精度为 5×10^{-3}°，姿态稳定度为 5×10^{-4}°/s。

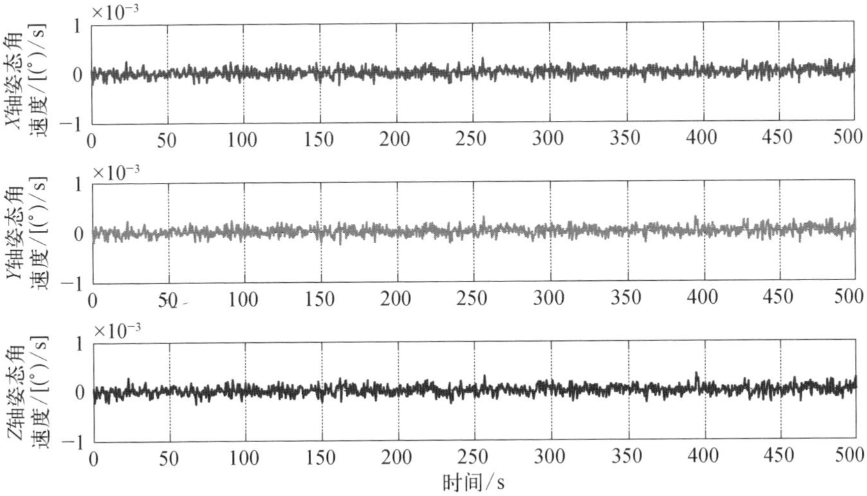

图 6-4° 航天器姿态角速度曲线（固定连接控制）

传统固定连接控制系统的幅频相频特性曲线如图 6-5 所示，其控制带宽为 0.1 rad/s（即 0.016 Hz）。因航天器上安装有太阳帆板等挠性部件，其

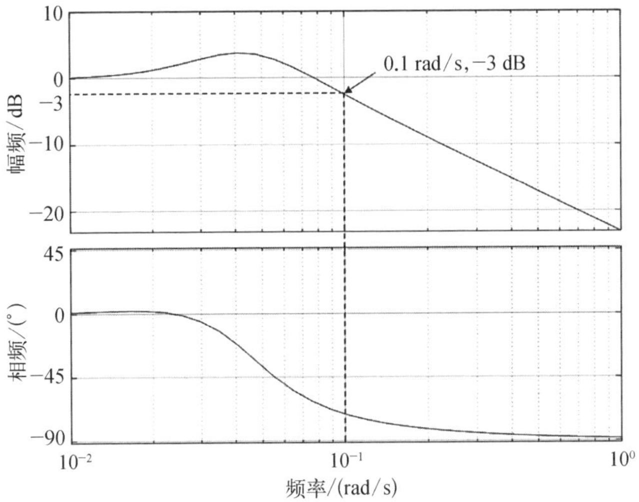

图 6-5 传统固连航天器姿态控制系统的幅频相频特性曲线

振动基频一般较低(0.3~1 Hz)。根据错频设计等条件限制,传统固定连接航天器的控制系统带宽一般设计得较低,并与帆板基频错开,一般为0.01~0.05 Hz,对微振动的抑制作用有限,尤其是对高频微振动无法起到抑制作用。

6.3.2 整体稳定控制

整体稳定控制状态下,载荷舱三轴姿态角曲线如图6-6所示,载荷舱三轴姿态角速度曲线如图6-7所示,载荷舱控制力矩如图6-8所示。整体稳定控制状态下,载荷舱和服务舱空间隔离。载荷舱采用作动器作为执行机构,平台舱采用飞轮作为执行机构。经过仿真分析,稳态下载荷舱姿态指向精度优于5×10^{-4}°,载荷舱姿态稳定度优于2×10^{-5}°/s,较固定连接控制,载荷舱控制精度提升明显。

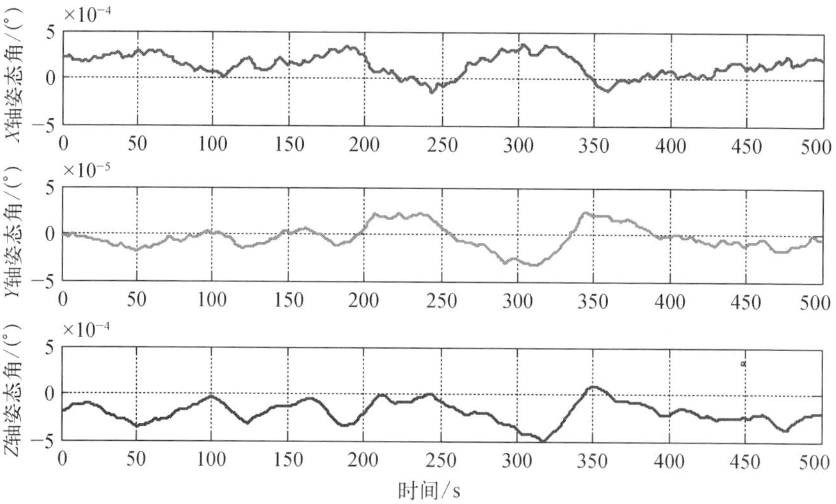

图6-6 载荷舱三轴姿态角曲线(整体稳定控制)

整体稳定控制状态下,服务舱控制仿真结果如图6-9、图6-10所示,稳态下姿态角可控制在5×10^{-3}°以内,姿态角速度可控制在5×10^{-4}°/s以内。

整体稳定控制状态下,两舱物理隔离,三轴相对位置控制误差要求不超过5 mm,由两舱相对位置控制仿真结果可见(如图6-11所示),两舱三轴相对位置控制误差均不超过0.01 mm。

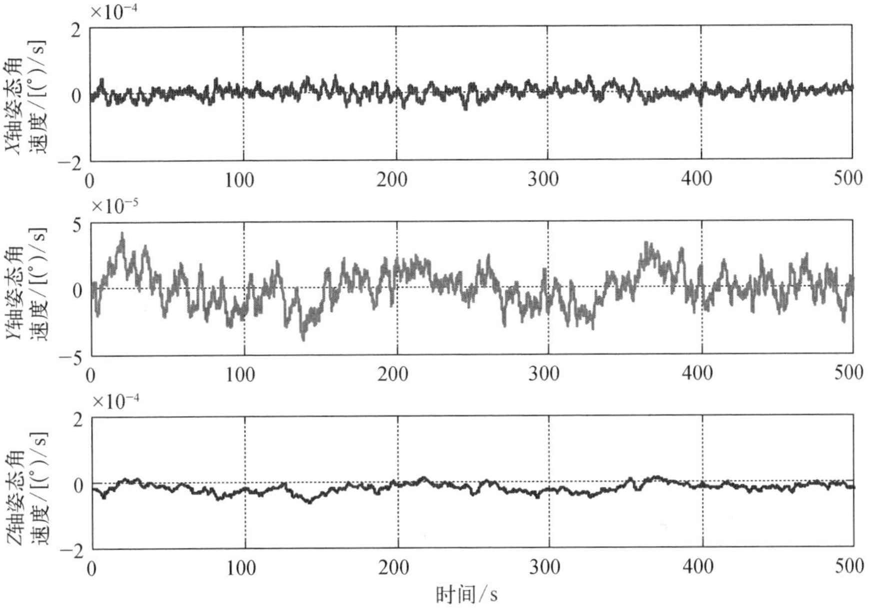

图 6-7　载荷舱三轴姿态角速度曲线(整体稳定控制)

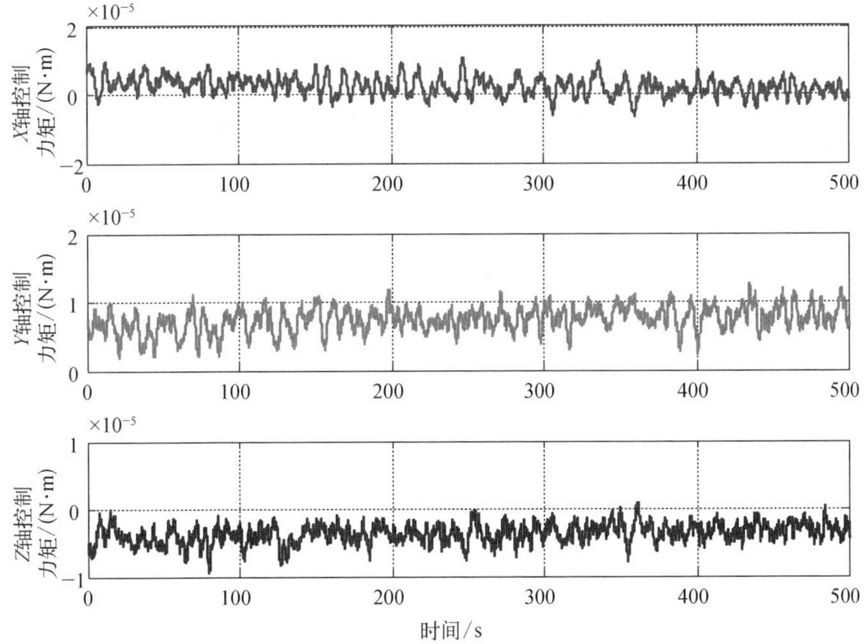

图 6-8　载荷舱控制力矩

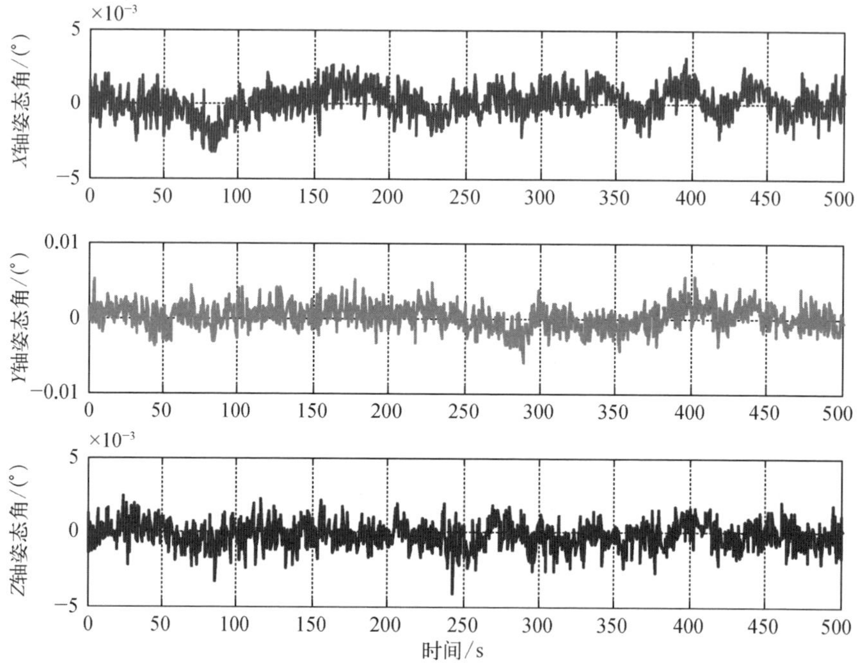

图 6-9 服务舱三轴姿态角曲线(整体稳定控制)

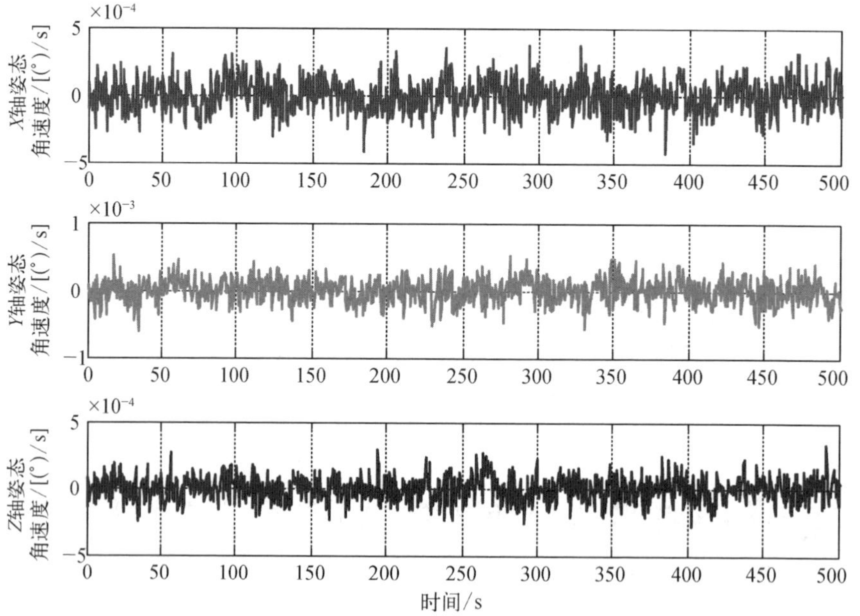

图 6-10 服务舱三轴姿态角速度曲线(整体稳定控制)

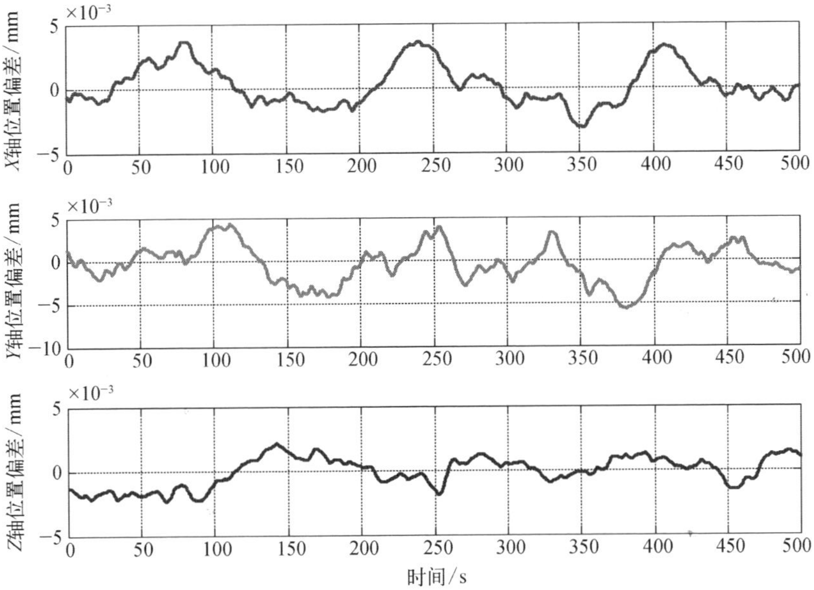

图 6-11 两舱相对位置曲线(整体稳定控制)

由于采用浮体式设计,两舱分离后载荷舱控制系统的设计不再受服务舱挠性的影响,源自服务舱的微振动全部被隔离,因此其带宽设计更加自由,一般其控制带宽为 1 rad/s(即 0.16 Hz),能够做到固连设计控制系统十倍的带宽。载荷舱控制系统的幅频相频特性曲线如图 6-12 所示。

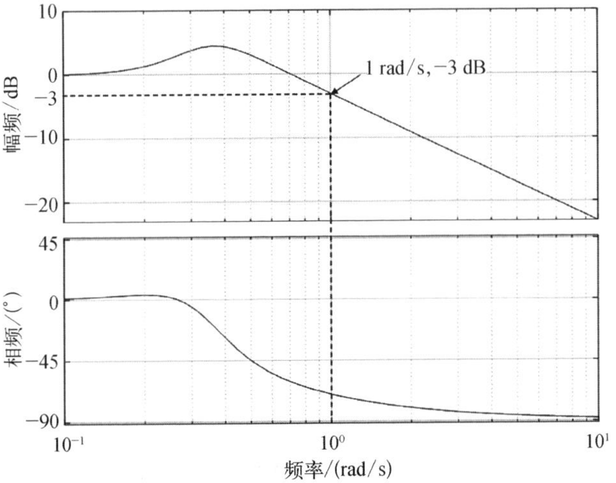

图 6-12 载荷舱控制系统的幅频相频特性曲线

6.3.3 主从协同控制

主从协同控制状态下，载荷舱主动控制，按常规 PD 控制，服务舱随动载荷舱控制。稳态工作期间，经统计分析，载荷舱控制仿真结果为：姿态指向精度为 3×10^{-4}°，较整体稳定控制有小幅提升，而姿态稳定度则为 5×10^{-6}°/s，较整体稳定控制有大幅提升。载荷舱姿态角如图 6-13 所示；载荷舱姿态角速度如图 6-14 所示；载荷舱控制力矩如图 6-15 所示；磁浮作动器输出力如图 6-16 所示。

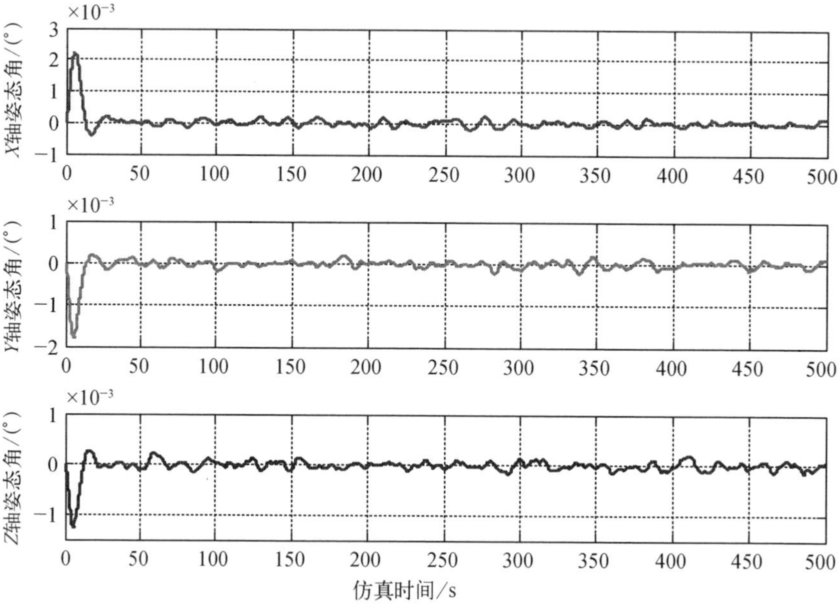

图 6-13 载荷舱姿态角

主从协同控制状态下，服务舱控制仿真结果如图 6-17~图 6-19 所示，稳态下姿态角可控制在 0.02°以内，姿态角速度可控制在 0.002°/s 以内。

主从协同控制过程中，服务舱随动载荷舱，两舱相对距离控制仿真结果如图 6-20 所示。两舱相对位置控制误差三轴均不超过 0.01 mm。

舱间相对位置测量装置对每个舱间执行机构的行程加以测量，然后根据每个传感器读数相对初始状态读数的变化量，星上实时计算两舱间质心相对位置相对初始状态的变化，控制器以此为输入计算平动控制力分配至舱间执行机构，实现两舱相对位置的闭环控制。稳态下，两舱间相对位置控制误差三轴均在±100 μm 以内。

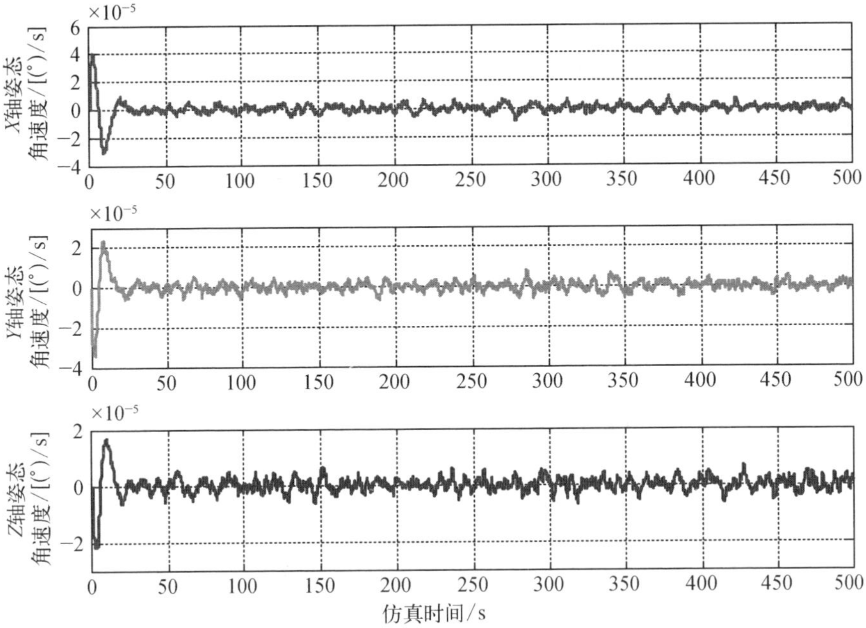

图 6-14　载荷舱姿态角速度

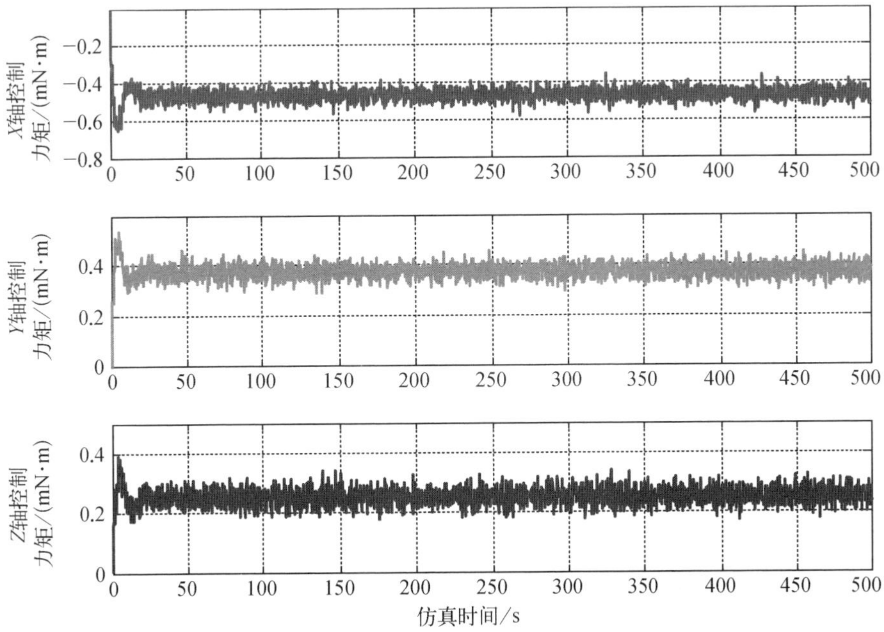

图 6-15　载荷舱控制力矩

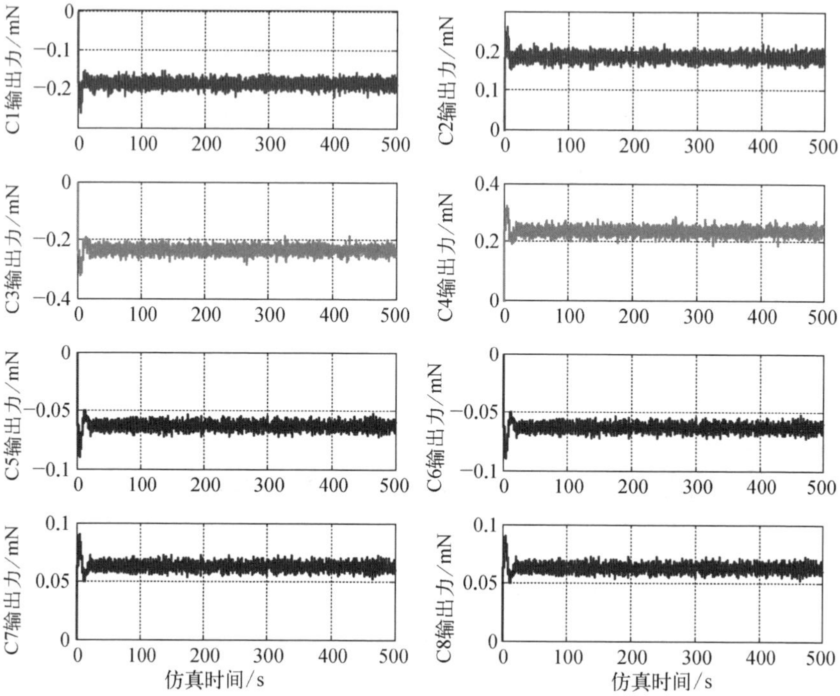

图 6-16 磁浮作动器输出力

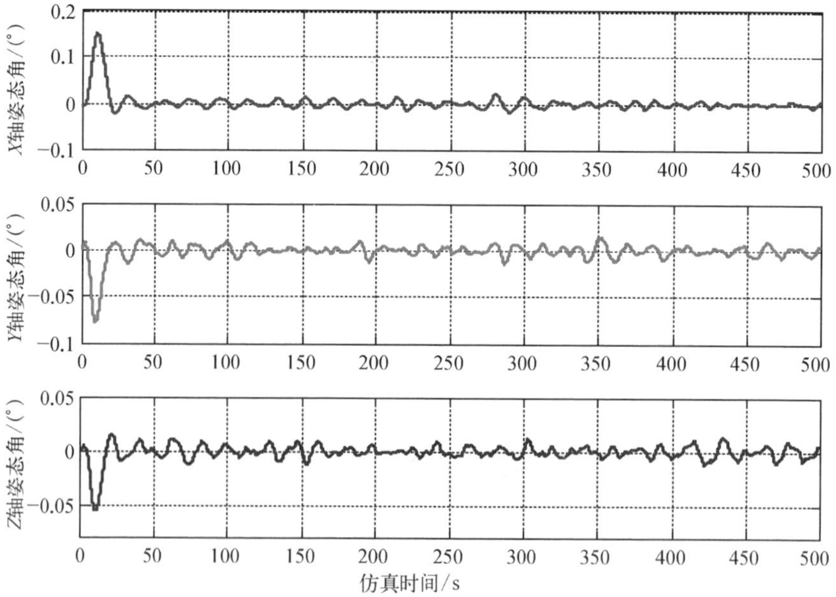

图 6-17 服务舱三轴姿态角(主从协同控制)

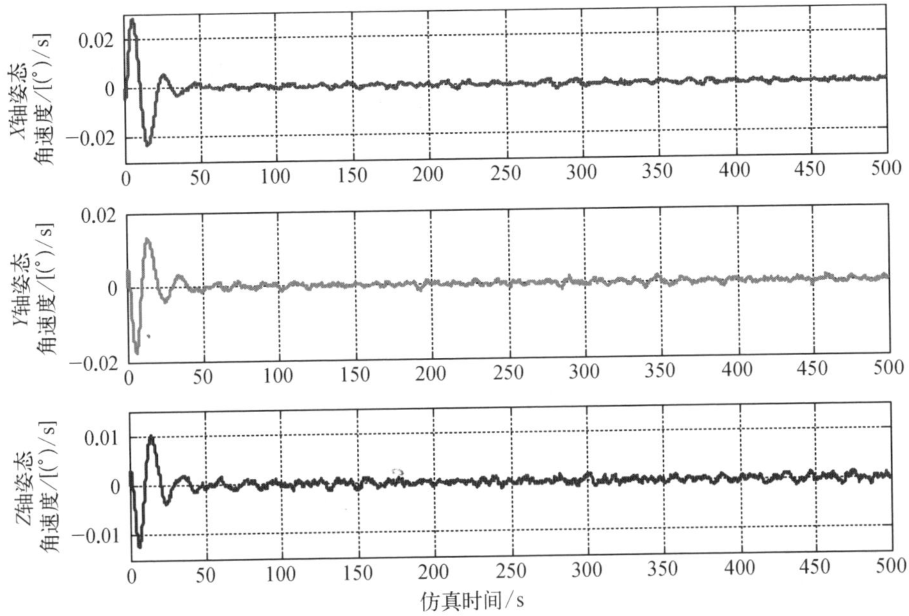

图6-18　服务舱三轴姿态角速度(主从协同控制)

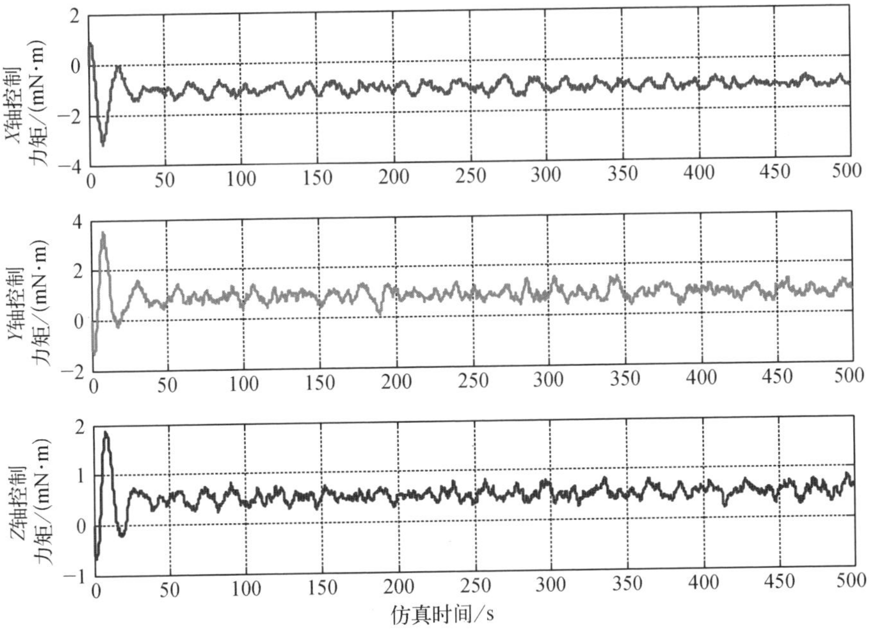

图6-19　服务舱控制力矩(主从协同控制)

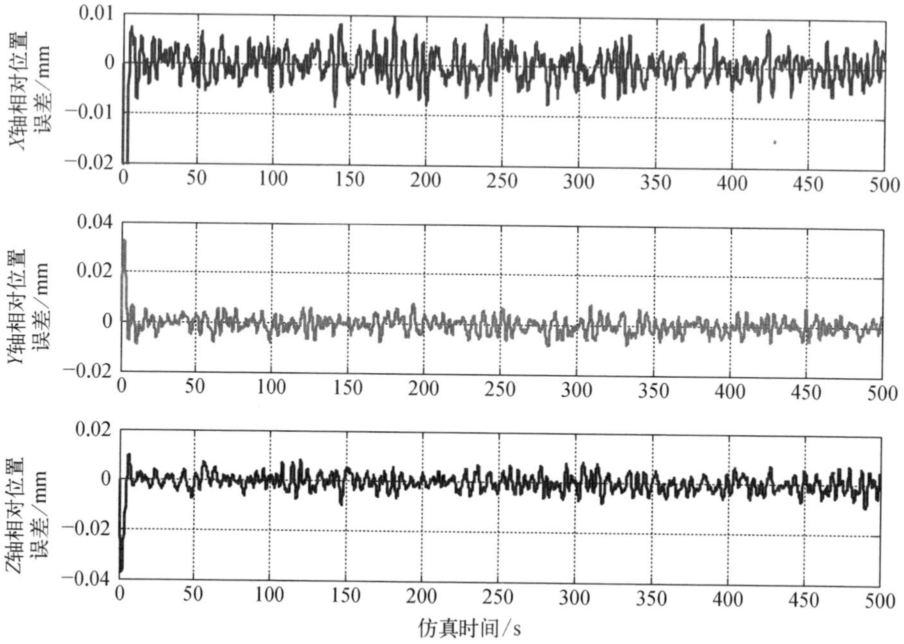

图 6－20　两舱三轴相对距离(主从协同控制)

经过统计分析,仿真结果表明:在主从协同控制状态下,载荷舱指向的控制精度可达 10^{-4}°量级,稳定度可达 10^{-6}°/s 量级,相对于传统固连航天器姿态控制得到大幅提升,相对于整体稳定控制进一步得到提升,实现了航天器载荷指向的超高精度与超高稳定度控制。

6.4　总 结 分 析

本章对传统固连航天器姿态控制、浮体式航天器的整体稳定控制和主从协同控制三类系统,开展了数学仿真和对比分析,验证说明了浮体式航天器相对传统航天器在控制性能上具有明显的优势。

参考文献

[1] 彭成荣. 航天器总体设计[M]. 北京：中国科学技术出版社,2011.

[2] 王希季,李大耀. 卫星设计学[M]. 上海：上海科学技术出版社,1997.

[3] James R. Wertz, Wiley J. Larson. 航天任务的分析与设计[M]. 王长龙,等译. 北京：航空工业出版社,1992.

[4] 徐福祥. 卫星工程概论[M]. 北京：中国宇航出版社,2003.

[5] 谭维炽,胡金刚. 航天器系统工程[M]. 北京：中国科学技术出版社,2009.

[6] 褚桂柏,马世俊. 宇航技术概论[M]. 北京：航空工业出版社,2002.

[7] 高耀南,王永富,等. 宇航概论[M]. 北京：北京理工大学出版社,2018.

[8] 王希季. 20世纪中国航天器技术的进展[M]. 北京：中国宇航出版社,2002.

[9] 孙泽洲,等. 深空探测技术[M]. 北京：北京理工大学出版社,2018.

[10] 杨嘉墀. 航天器轨道动力学与控制(上)[M]. 北京：中国宇航出版社,1995.

[11] 宋保维. 系统可靠性设计与分析[M]. 西安：西北工业大学出版社,2000.

[12] 章仁为. 静止卫星的轨道和姿态控制[M]. 北京：科学出版社,1987.

[13] 褚桂柏. 空间飞行器设计[M]. 北京：航空工业出版社,1996.

[14] 戚发轫. 载人航天器技术[M]. 北京：国防工业出版社,1999.

[15] 戚发轫. 中国航天器工程进展[M]. 北京：中国科学技术出版社,1999.

[16] 高志亮,李忠良. 系统工程方法论[M]. 西安：西北工业大学出版社,2004.

[17] 屠善澄. 卫星姿态动力学与控制[M]. 北京：中国宇航出版社,2000.

[18] 李立涛,荣思远. 航天器姿态动力学与控制[M]. 哈尔滨：哈尔滨工业大学出版社,2019.

[19] 都亨,叶宗海. 低轨道航天器空间环境手册[M]. 北京：国防工业出版社,1996.

[20] 杨晓宁,杨勇. 航天器空间环境工程[M]. 北京：北京理工大学出版社,2018.

[21] 邱吉宝,张正平,向树红,等. 结构动力学及其在航天工程中的应用[M]. 合肥：中国科学技术大学出版社,2015.

[22] 莱昂纳多・马兹尼. 挠性航天器动力学、控制与制导[M]. 吴限德,孙俊,杨海威,译. 北京：国防工业出版社,2018.

[23] 黄文虎,邵成勋,等. 多柔体系统动力学[M]. 北京：科学出版社,1996.

[24] 李东旭. 挠性航天器结构动力学[M]. 北京：科学出版社,2010.

[25] 黄圳圭,航天器姿态动力学[M]. 长沙：国防科技大学出版社,1997.

[26] 董瑶海. 航天器微振动——理论与实践[M]. 北京：中国宇航出版社,2015.

[27] 苗建印,钟奇,赵啟伟,等. 航天器热控制技术[M]. 北京：北京理工大学出版社,2018.

[28] 闵桂荣,郭舜. 航天器热控制[M]. 北京：科学出版社,1998.

[29] 闵桂荣. 卫星热控制技术[M]. 北京：中国宇航出版社,1991.

[30] 陈琦,刘治钢,张晓峰,等. 航天器电源技术[M]. 北京：北京理工大学出版社,2018.

[31] 李国欣. 航天器电源系统技术概论[M]. 北京：中国宇航出版社,2008.

[32] 吕海寰,蔡剑铭,甘仲民,等. 卫星通信系统[M]. 北京：人民邮电出版社,1993.

[33] 韩飞. 空间非合作漂旋目标的逼近与跟踪控制[D]. 哈尔滨：哈尔滨工业大学,2018.

[34] 段广仁. 线性系统理论[M]. 哈尔滨：哈尔滨工业大学出版社,2004.

后　记

在本书的写作过程中，得到了南京大学方成院士、中国航天科技集团有限公司包为民院士、王巍院士、于登云院士及北京航空航天大学房建成院士的悉心指导和关怀，谨在此对他们表示诚挚的谢意。

谨以此书深切缅怀孟执中院士，并向他致以崇高的敬意。

本书的完成需要特别感谢上海卫星工程研究所的施伟璜研究员、赵艳彬研究员、方宝东研究员、彭攀研究员和张健博士，他们为本书所提方法的工程试验验证付出了艰苦的努力，并对本书的编写给予了大力支持。

特别感谢上海卫星工程研究所深空探测与空间科学研究室的陈晓博士，感谢他组织黄庆龙、张恒、袁渊、许俊、张晓等研究人员对书稿开展了积极而有益的研讨、编写和图文整理工作。此外，上海卫星工程研究所的吕旺博士、北京航空航天大学的李东禹博士对书稿进行了认真地校对和审核，在此一并致谢。

特别感谢上海航天控制技术研究所的韩飞博士，感谢他为本书的力学建模与系统分析等重要内容写作所做出的重要贡献。

特别感谢哈尔滨工业大学的葛升民教授对作者的大力支持，在书稿编写过程中，葛升民教授给予了作者许多有益的建议和启发。特别感谢哈尔滨工业大学的马广富教授、李传江教授，南京航空航天大学的陈卫东教授、廖鹤副教授，中科院力学所张珩研究员及北京理工大学崔平远教授，感谢他们在本书编写过程中与作者所进行的诸多有益探讨，尤其是在动力学及控制算法复核复算方面所给予作者的热情帮助。

本书涉及的研究工作得到了国家重点研发计划“基于双超平台的超敏捷动中成像集成验证技术”、国家国防科技工业局民用航天技术预先研究项目等科研项目的资助。

航天器设计及控制的理论与方法仍在不断发展,限于作者的知识和水平,书中内容的错误与不妥之处在所难免,敬请读者批评指正。

张伟

2022 年 7 月